JIXIE ZHITU YU SHITU
NANDIAN JIEXI

机械制图与识图
难点解析

冯仁余　白丽娜　主编

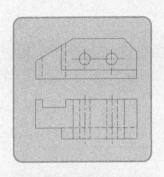 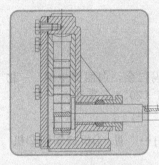 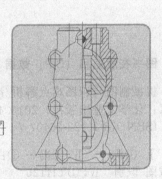

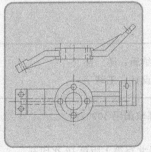 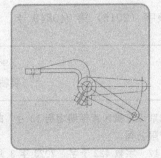 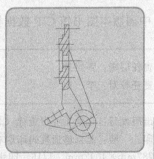

化学工业出版社

·北京·

本书针对学生学习机械制图和识图时经常遇到的难点问题，通过大量的经典实例，从培养分析问题、解决问题的能力和创新能力角度出发，对重点和难点进行梳理和分析，着重对解题的具体方法进行了指导和总结，可有效避免学生在学习上走弯路。书中提供的解题方法尽量贴近学生的思维方式，每个实例都给出了解题分析、难点解析与常见错误；并且采用视图和立体图对照的方法，给出了详细的分析解答和解题步骤。形象直观，易读易懂。主要内容包括：基本几何元素的投影，基本几何体的投影，被截切基本几何体的投影，相交立体的投影，组合体视图，机件的常用表达方法，螺纹、齿轮、常用标准件及其连接的表达方法，零件图，装配图等。

　　本书依照最新国家标准，内容由浅入深、由简入繁，循序渐进，实用性强。本书可供高等工科院校学生使用，也可供职业技术大学、函授大学、电视大学、成人高校、自学考试及中等专业技术学校的学生学习《画法几何及机械制图》和《工程制图》等课程使用，也是教师及工程技术人员有益的技术参考资料。

图书在版编目（CIP）数据

机械制图与识图难点解析/冯仁余，白丽娜主编. —北京：化学工业出版社，2016.4（2023.3重印）
ISBN 978-7-122-26407-7

Ⅰ.①机…　Ⅱ.①冯…　②白…　Ⅲ.①机械制图②机械图-识别　Ⅳ.①TH126

中国版本图书馆 CIP 数据核字（2016）第 040849 号

责任编辑：张兴辉　　　　　　　　　　　　文字编辑：陈　喆
责任校对：李　爽　　　　　　　　　　　　装帧设计：王晓宇

出版发行：化学工业出版社（北京市东城区青年湖南街 13 号　邮政编码 100011）
印　　装：北京盛通数码印刷有限公司
787mm×1092mm　1/16　印张 17　字数 422 千字　2023 年 3 月北京第 1 版第 10 次印刷

购书咨询：010-64518888　　　　　　　　　售后服务：010-64518899
网　　址：http://www.cip.com.cn
凡购买本书，如有缺损质量问题，本社销售中心负责调换。

定　　价：69.00 元

FOREWORD　前　言

　　"机械制图"是一种工程技术语言，是工科院校学生必须掌握的一门重要技术基础课，也是从事工程技术人员必备的基本技能。在教学过程中，常有学生能听懂课、能看懂书，但就是绘图时一画就错，读图时却无从下手。为了解决这一学习怪象，我们结合多年的教学实践经验和学生在学习过程中经常出现的问题，编写了本书。

　　本书主要针对学生学习机械制图时经常遇到的有难度的经典实例，从培养分析问题、解决问题的能力和创新能力角度出发，根据课程特点，将各章节的重点和难点进行梳理，就如何学好本章内容和学习中应注意的重点问题进行了论述，并着重对解题的具体方法进行了指导和总结，可有效避免学生在学习上走弯路。书中提供的解题方法尽量贴近学生的思维方式，力求总结出一套符合学生思维方式的解题技巧。

　　本书主要内容包括：基本几何元素的投影；基本几何体的投影；被截切基本几何体的投影；相交立体的投影；组合体视图；机件的常用表达方法；螺纹、齿轮、常用标准件及其连接的表达方法；零件图；装配图，共9章。每章都列举了大量典型的解题实例，每个实例都给出了解题分析、难点解析与常见错误；并且采用视图和立体图对照的方法，给出了详细的分析解答和解题步骤。形象直观，简单，易读易懂。

　　本书依照最新国家标准，内容由浅入深、由简入繁，循序渐进，实用性强。本书可供高等工科院校学生使用，也可供职业技术大学、函授大学、电视大学、成人高校、自学考试及中等专业技术学校的学生学习《画法几何及机械制图》和《工程制图》等课程使用，也是教师及工程技术人员有益的技术参考资料。

　　本书由军事交通学院冯仁余、白丽娜主编，张丽杰、孙爱丽任副主编，参加编写的还有路学成、马雅丽、刘文开、柴树峰、王文照、郝振洁、李改灵、李若蕾、刘雅倩。本书由徐来春、田广才主审。

　　限于水平有限，书中难免出现不足之处，恳请广大读者及同行给予批评指正！

编　者

CONTENTS 目 录

第9章　装配图

参考文献

第**1**章
基本几何元素的投影

━━━━━━━━━━━ 💡 本章指南 ━━━━━━━━━━━

目的和要求　熟练掌握正投影原理特点和三视图投影规律；掌握点、线和平面的投影特点；初步培养空间立体感，改变单一固定的思维方式。

地位和特点　本章在工程制图课程中起指导作用，是学习和掌握后续各章的前提和关键。

1.1　本章知识导学

　　通过本章的学习，运用正投影法的理论，研究点、线、面的投影及线与面、面与面的相对位置；并在熟练掌握直线与直线、平面与平面、直线与平面的相对位置关系的基础上，能应用点、线、面的基本投影特性解决一些基本的、综合的图解几何问题。掌握工程技术语言的基本语法，为后续投影作图的学习打下基础；由浅入深、由简入繁，改变单一、固定的思维方式，养成从不同角度全面观察对象的良好习惯，培养几何感觉和空间感觉，为提高空间思维能力进行反复的基础训练。

1.1.1　内容要点

（1）点的投影

① **点的三面投影形成**　如图 1-1（a）所示，将空间点 A 分别向 H、V、W 面进行投射，得到水平投影 a、正面投影 a' 和侧面投影 a''。三投影面展开在同一平面上的方法是：V 面固定不动，沿 OY 轴将 H 面、W 面分开，H 面向下旋转，W 面向右旋转，使三个投影面展成一个面。

　　点 A 的三个投影随投影面展开后，如图 1-1（b）所示。这时，OY 轴分别成 H 面上的 OY_H 和 W 面上的 OY_W。同样，也可以将投影面的框线和名称省略，形成如图 1-1（c）所示的点的三面投影图。

② **两点的相对位置**　在三面投影体系中，两点的相对位置由其坐标差决定，分为上下、左右和前后三个方位。

③ **重影点和可见性**　当空间两点位于某一投影面的同一条垂线上时，这两点在该投影面上的投影重合于一点，该重合投影称为重影点。重影点有两组坐标值相同，它们的可见性由不相等的坐标值决定，坐标值大的可见，坐标值小的不可见。

（2）直线的投影

① **直线的三面投影形成**　由于直线可由线段的两个端点来表示，即两点确定一直线，

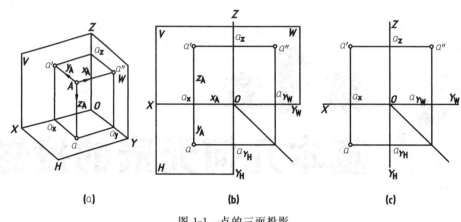

图 1-1　点的三面投影

因此，直线的投影可由线段的两个端点的投影来确定。直线上两点在同一投影面上的投影（简称同面投影）的连线，就是直线在该投影面上的投影。

已知 AB 直线上 A、B 两点的坐标，如图 1-2（c）所示，便可作出 A、B 两点的三面投影，如图 1-2（b）所示，然后用粗实线将两点的同面投影相连，即得到 AB 直线的三面投影，如图 1-2（a）所示。

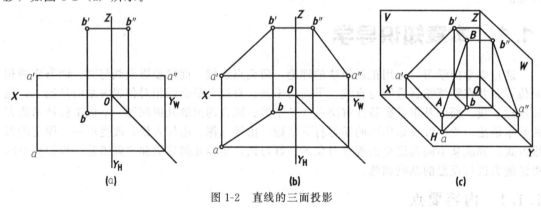

图 1-2　直线的三面投影

② 直线上的点　直线上的点有以下特性。

a. 点在直线上，则点的投影必在该直线的同面投影上。反之，如果点的投影均在直线的同面投影上，则点必在该直线上，否则点不在该直线上。

b. 直线上的点分割直线之比，在投影后保持不变。判断点是否在直线上，在一般情况下，根据两面投影即可判定。但当直线为某一投影面平行线，而已知的两个投影为该直线所不平行的投影面的投影时，则不能直接判定，需要通过补充第三投影或利用定比法。

③ 直线对投影面的相对位置　直线的投影特性是由直线对投影面的相对位置决定的。

a. 一般位置直线　直线与三个投影面都倾斜。一般位置直线是指对三个投影面既不平行也不垂直的直线，所以又称为投影面倾斜线。

b. 投影面平行线　直线只平行于一个投影面。投影面平行线是指直线平行于某一个投影面，而与另外两个投影面倾斜，投影面平行线有水平线、正平线和侧平线三种。

c. 投影面垂直线　直线垂直于一个投影面，平行于另外两个投影面。投影面垂直线是指直线垂直于某一个投影面，而与另外两个投影面平行，投影面垂直线有正垂线、铅垂线和侧垂线三种。

④ 空间两直线的相对位置　空间两直线的相对位置有三种：平行、相交（两直线交于

一点）和交叉（既不平行又不相交）。在特殊情况下，两直线可相互垂直。

(3) 平面的三面投影

① 平面的表示法 在投影图中表示平面的方法有：几何元素表示法和迹线表示法。

由初等几何知道，不属于同一直线的三点确定一平面。根据几何原理也可转换为：一直线及直线外一点、相交两直线、平行两直线或任何一平面图形来确定平面。因此，可以用下列任一组几何元素的投影表示平面的投影。

a. 不属于同一直线的三点，如图 1-3（a）所示。

b. 一直线和不属于该直线的一点，如图 1-3（b）所示。

c. 相交两直线，如图 1-3（c）所示。

d. 平行两直线，如图 1-3（d）所示。

e. 任一平面图形，例如三角形、圆及其他图形，如图 1-3（e）所示。

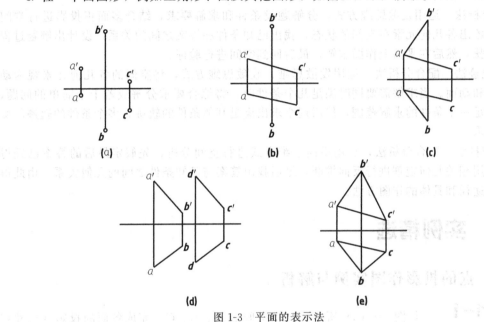

图 1-3 平面的表示法

② 平面对投影面的相对位置及投影特性 平面在三投影面体系中，按其对投影面的相对位置可分为三类：一般位置平面、投影面垂直面、投影面平行面。

a. 一般位置平面 一般位置平面对各个投影面都处于倾斜的位置，所以各个投影都不会积聚成直线，也不反映出实形以及平面对投影面倾斜角度的真实大小，各个投影都是空间原图形的类似形。

b. 投影面垂直面 平面垂直一个投影面而对另外两个投影面倾斜，称为投影面垂直面。对不同的投影面，垂直面可分为铅垂面（垂直 H 面）、正垂面（垂直 V 面）及侧垂面（垂直 W 面）三种。

c. 投影面平行面 平行于一个投影面同时必垂直于另外两个投影面的平面称为平行面。对不同的投影面，平行面分为水平面（平行 H 面）、正平面（平行 V 面）及侧平面（平行 W 面）三种。

1.1.2 重点与难点分析

(1) 重点分析

熟悉建立三面投影体系的有关规定，掌握点、线、面的投影规律；能够判断两点的相对位置、重影点及其可见性；能根据直线的投影想象和判断其空间位置；熟练掌握在平面上取点和取线的作图方法，并能注意作图技巧。

（2）难点分析

掌握几何元素之间的平行、相交、垂直的投影特性和作图方法。点的投影中重影点、点的位置判断和直线的投影中一般位置直线由投影求实长、求与投影平面的倾角以及平面与各种位置直线的投影关系均为本章的难点内容。

1.1.3　解题指导

本章主要训练基本几何元素点、线、面的投影及线与面、面与面的相对位置，要求能够运用正投影原理解决几何问题。初步建立空间立体感，为后续的课程打下良好的基础。针对综合题目时，主要采用以下几种方法解题。

① 分析法　运用发散思维方式，分解题设条件和求解要求，结合多面正投影进行空间分析，想象出各几何元素在空间的状态，找出已知条件和答案之间的关系，设计出解题过程的具体步骤，然后在平面上作图求解，最后回到空间进行验证。

② 轨迹法　配合分析法，运用发散思维、收敛思维方式，将空间的各几何元素视为动点、动线和动面。当求解需要同时满足几个条件时，将综合要求分解成若干个简单的问题，先找出满足一个条件的求解范围，然后逐个求出满足其他条件的轨迹，多个条件的轨迹的交集即为所求。

③ 逆推法　配合分析法，运用逆向思维方式进行空间分析，先假定最后的答案已经得出，再应用相关几何定理进行反向推断，最后找出答案与已知条件之间的几何关系，由此得到解题的途径和具体的作图方法。

1.2　实例精选

1.2.1　点的投影作图实例与解析

实例 1-1　如图 1-4（a）所示，已知空间点 A、B、C，完成各面的投影（尺寸在轴测图上量取）。

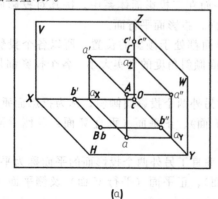

(a)

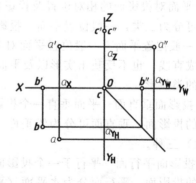

(b)

图 1-4

解题分析

① 点 A 在第一角，其 H 面投影图 a 到 OX 轴的距离（aa_x），等于空间点 A 到 V 面的

距离（Aa'）。点 A 的 V 面投影 a' 到 OX 轴的距离（$a'a_x$），等于空间点 A 到 H 面的距离（Aa）。点 A 的 W 面的投影 a'' 到 OZ 轴的距离（$a''a_z$），等于空间点 A 到 W 面的距离（Aa''）。

　②点 B 在 H 面上，其 H 面投影 b 与空间点 B 重合，另两个投影 b'、b'' 分别在相应投影轴上，点 b 到 OX 轴和点 b'' 到原点 O 的距离，等于空间点 B 到 V 面的距离（bb'，即 b'' O）。点 b' 到原点 O 和点 b 到 OY 轴的距离（$b'O$ 和 bb''），等于空间点 B 到 W 面的距离（Bb''）。

　③点 C 位于投影轴 OZ 上，其 V 面投影 c'、W 面投影 c'' 都与空间点 C 重合，H 面投影 c 与原点 O 重合，$c'c$ 等于空间点 C 到 H 面的距离（Cc）。

作图过程

　①点 A 的投影。按 $1:1$ 的比例沿三面体系轴测图中 OX、OY、OZ 轴上分别取点 a_x、a_y、a_z，再分别过点 a_x、a_y、a_z 作 X、Y、Z 轴的垂线，在 H、V、W 面上分别相交，即得到点 A 的三面投影 a、a'、a''。

　②点 B 的投影。在 OX、OY 轴上根据 Ob'、Ob'' 分别取点 b'、b''，再分别过投影点 b'、b'' 作 X、Y 轴的垂线，在 H 面上分别相交，即得到点 b。b、b'、b'' 是点 B 的三面投影。

　③点 C 的投影。在 OZ 轴上根据 OC 分别取投影点 c'、c''，即是点 C 的 V、W 面投影，其水平投影 c 与原点 O 重合，如图 1-4（b）所示。

难点解析与常见错误

　　不管点在空间处于什么位置，它们的投影将与坐标一一对应，在投影图上，它们的正面投影与水平投影有"长对正"关系（x 坐标相等），正面投影与侧面投影有"高平齐"关系（z 坐标相等），侧面投影与水平投影有"宽相等"关系（y 坐标相等）。对初学者来说，投影轴或者投影面上的点是学习难点，容易犯错，需要理解点的哪些坐标此时为 0。

实例1-2

已知空间点 A、B、C、D 的两面投影，判断各点的可见性。

解题分析

如图 1-5 所示，点 A 和点 B 的 x、y 坐标均相同，z 坐标不同。由于点 A 的 z 坐标大，可知点 A 位于点 B 的正上方，即点 A、B 位于同一条对 H 面的投射线上，它们的水平投影重合在一起。故点 A 和点 B 称为对 H 面的重影点。同理，由于两点 C、D 的 x、z 坐标均相同，这两点必位于同一条对 V 面的投射线上，它们的正面投影重合在一起，所以点 C 和点 D 称为对 V 面的重影点。在图 1-6 的立体图中，明显看到一

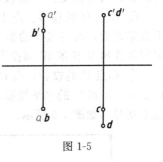

图 1-5

对有两个坐标分别相同的点，必然有一组同面投影重合。由于一对重影点有一组同面投影重合，在对该投影面投射时，存在一点遮住另一点的问题，即重合的投影存在着可见与不可见的问题。

作图过程

　点 A 和点 B 为对 H 面的重影点，沿着对 H 面投射线方向观察，点 A 的 z 坐标大于点

B 的 z 坐标，则点 A 遮住了点 B，即点 A 的水平投影可见，点 B 的水平投影不可见，在 H 面上的点 b 两侧加上括号（规定在不可见投影的符号上加括号），但其正面投影均为可见，如图1-7所示。

点 C 和点 D 为对 V 面的重影点，沿着对 V 面投射线方向观察，由于点 D 的 y 坐标大于点 C 的 y 坐标，所以点 D 遮住了点 C，即点 D 的正面投影可见，点 C 的正面投影不可见，在 V 面上的点 c' 两侧加上括号，如图1-7所示。

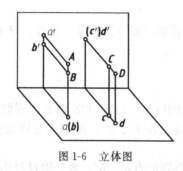
图1-6　立体图

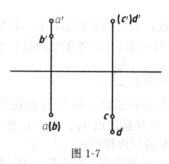
图1-7

实例1-3　如图1-8所示，已知点 B 在点 A 的下方20mm，点 C 在点 A 的后方15mm，完成各点的各面投影。

解题分析

① 点 A 的两面投影，实际反映了空间 X、Y、Z 三个方位，且 A、B、C 三点同处于一个三面投影体系中，已知点 A 的两面投影 a、a''，因此45°斜线便是唯一位置，由点 A 的两面投影 a、a'' 确定其位置。因此必须先从点 A 开始作图，然后再作点 B、点 C 的投影。

② 当两点的某两个坐标值相等时，该两点会处于同一条投射线上，因而对某一投影面的投影重合。

作图过程

① 完成点 A 的投影。根据三等规律分别作出过点 a 的竖直投影连线和过点 a'' 的水平投影连线，两者相交得 V 面投影 a'，如图1-9所示。

② 作点 B 的投影。点 B 位于点 A 的右后下方，在 V 面投影 a' 下方量取20mm作出水平投影连线，与过点 b 的铅垂投影连线相交得 V 面投影 b'，根据"高平齐，宽相等"的投影规律作出点 B 的 W 面投影 b''，如图1-9所示。

③ 作点 C 的投影。点 C 位于点 A 的正后方，以点 A 的 Y 坐标为基准，向其后方量取15mm作出点 C 的水平投影 c 及 W 面投影 c''，点 C 的 V 面投影 c' 与 a' 重合，且不可见，应加上括号，如图1-9所示。

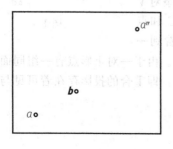
图1-8

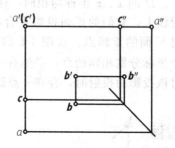
图1-9

在点的投影作图中，应清楚坐标与方位的关系；而且在投影图中，投影轴的位置实际上反映投影面的位置，当不必考虑几何元素与投影面之间的距离时，一般用无轴投影图。在无轴投影图中，同一点的投影规律不变。

1.2.2　直线的投影作图实例与解析

实例1-4　如图 1-10 所示，已知线段 $AB=60$mm，求 $a'b'$。

解题分析

① 若直线 AB 的水平投影 $ab>60$mm，则此题无解；若直线 AB 的水平投影 $ab=60$mm，则直线是水平线，此题一解；若直线 AB 的水平投影 $ab<60$mm，则直线是一般位置直线，此题有两解。由于本题 $ab<60$mm，是一般位置直线，有两解，可应用直角三角形求解。

② 若选用含 α 角的直角三角形求解，此时已知线段实长 AB、水平投影 ab，则可作出含 α 角的直角三角形求出 α 角及 ΔZ_{AB}。若选用含 β 角的直角三角形求解，又可作出另一个直角三角形。

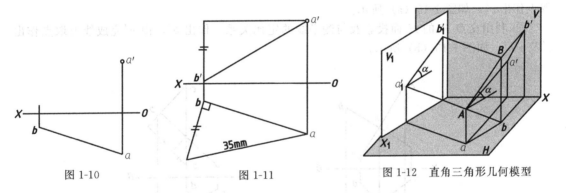

图 1-10　　　　　　　　图 1-11　　　　　　　　图 1-12　直角三角形几何模型

作图过程

① 选作含 α 角的直角三角形，以水平投影 ab 为直角边作直角三角形，使斜边反映实长（等于 AB），另一直角边则为 ΔZ_{AB}，如图 1-11 所示。

② 过点 A 的 V 面投影 a' 作线平行于 OX 轴，与 b 的投影线相交后，向下（解 1）或向上（解 2）量取 ΔZ_{AB} 得 b'，如图 1-11 所示。

本题主要应用直角三角形法解题，如图 1-12 所示的立体模型，在解决此类问题时，应注意以下几点。

① 首先应在头脑中建立清晰的直角三角形空间模型，然后借助模型来推导作图方法或加以验证，还可以在空间模型与投影对应的过程中训练形象思维能力。

② 由图可知，一般位置直线与三个投影面都有倾角，它对应有三组直角三角形，每组直角三角形中有四个不同的参数，只要已知其中的任意两个参数，就可作出另外两个参数。

实例1-5 如图 1-13 和图 1-14 所示，分别已知两直线为相交直线，完成其投影。

解题分析

若两投影中的相交直线为一般位置直线，则交点根据其公有性和从属性即可由一个投影作出另一个投影。若相交两直线中有一条为投影面的平行线时，则要作出第三面投影或利用直线上点的定比性作出另外的投影。在运用定比性作图时，需要注意线段基准点的选取。

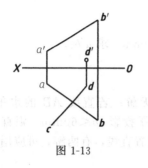

图 1-13

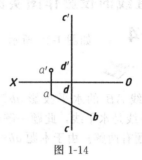

图 1-14

作图过程

① 利用交点 K 的 H 面投影点与直线的从属关系，作出交点的 V 面投影 k'，完成线上取点作出 c'，如图 1-15（a）所示。

② 利用交点 K 的 H 面投影及与侧平线的定比关系，作出 k'，由 k' 完成线上取点作出 c' 及 $a'b'$，如图 1-15（b）所示。

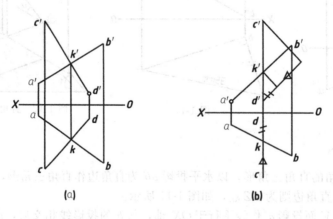

(a)   (b)

图 1-15

实例1-6 如图 1-16 所示，已知点 A 到直线 CD 的距离为 25mm，求点 A 的 H 面投影。

解题分析

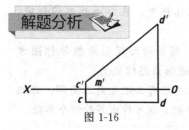

图 1-16

若直线 AM 的 V 面投影 $a'm' > 25mm$，则此题无解；若 $a'm' = 25mm$，则 AM 是正平线，此题有一解；若 $a'm' < 25mm$，则 AM 是一般位置直线，此题有两解。由于 $a'm' < 25mm$，可运用直角三角形法求作距离 AM。

作图过程 ✎

① 过点 a' 作直线 $a'm' \perp c'd'$，运用直角三角形，利用实长 25mm 及投影长 $a'm'$，求作 ΔY_{AM}，如图 1-17（a）所示。

② 根据 ΔY_{AM} 求作点 A 的 H 面投影 a，作出 AM 的 H 面投影 am，如图 1-17（b）所示。

实例1-7　如图 1-18 所示，作一直线与 AB 平行，与 CD、EF 相交。

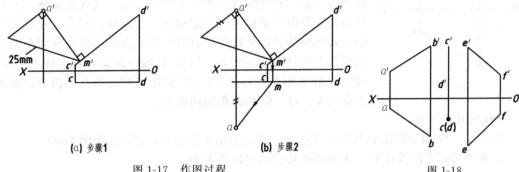

图 1-17　作图过程 图 1-18

解题分析 ✎

① 由两直线平行的几何条件可知，两直线的各同面投影必相互平行。

② 由两直线相交的几何条件可知，两直线必交于一点，其交点是两直线的共有点。

作图过程 ✎

① 过铅垂线的 H 面投影 c（d）作直线 MN 的 H 面投影 mn 与 ab 平行，与 ef 相交于 n，如图 1-19（a）所示。

② 在直线 $e'f'$ 上求得 n'，过点 n' 作直线投影 $m'n'$ 与 $a'b'$ 平行，与 $c'd'$ 相交，如图 1-19（b）所示。

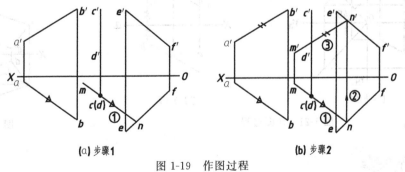

图 1-19　作图过程

难点解析与常见错误 🔍

在解决此类问题时，应注意以下两点。

① 当有几何元素具有积聚性投影时，不但可以简化作图过程，还能提示解题应从具有积聚性的投影入手。

② 线段 MN 的长短可任取，但两面投影应符合对应关系。

1.2.3 平面的投影作图实例与解析

实例1-8 如图 1-20 所示，在线段 *AB* 上取一点 *K*，使其与 *V*、*H* 面等距离。

解题分析

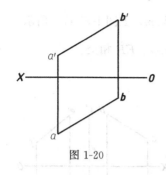

图 1-20

若直线 *AB* 在 *H*、*V* 面的角平分面内，则直线 *AB* 上任一点都为所求；若直线 *AB* 平行于角平分面，则此题无解；若直线与角平分面不平行，则一定相交，交点就是所求。在投影图中，投影轴的位置反映投影面的位置，点的投影到轴间距离反映空间点到投影面的距离。如与 *X* 轴的距离，表示该点与 *V*、*H* 面的距离相等；与 *X*、*Y*、*Z* 轴距离相等的点的投影，表示该点与 *V*、*H*、*W* 面的距离均相等。

在作图时应注意：
① 在 *V*、*H* 面等距离的点集合应在 *V*、*H* 面的角平分面上，该平面为侧垂面；
② 角平分面上的线在 *V*、*H* 面的投影互相对称于 *X* 轴。

作图过程

本题可以用两种方法作图，如图 1-21 所示。

方法 1：利用 *V*、*H* 面角平分面的积聚性投影与直线侧面投影的交点 *k″* 确定点 *K* 的另外两面投影，如图 1-21（a）所示。

方法 2：利用 *V*、*H* 面角平分面上的线的投影与直线投影的交点 *k′* 确定点 *K* 的 *H* 面投影 *k*，如图 1-21（b）所示。

实例1-9 如图 1-22 所示，完成平面图形 *ABCD* 上的三角形 *EFG* 的正面投影。

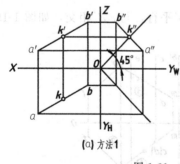 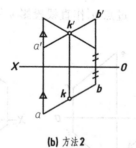 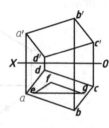

(a) 方法1　　(b) 方法2

图 1-21　作图过程　　　图 1-22

解题分析

① 因三角形 *EFG* 在平面图形 *ABCD* 上，由图 1-22 可知，*cd* ∥ *fg*，那么可知 *FG* ∥ *CD*。

② 若直线在平面上，则该直线一定在过该平面上的一个点且平行于该平面上的另一条直线上。

作图过程

① 在平面 *ABCD* 的 *H* 面投影上过 *f*、*g* 作直线平行于边线 *CD*，完成 *f′g′* 投影，如图

1-23（a）所示。

② 在平面 $ABCD$ 的 H 面投影上过 f、e 作直线，完成三角形的正面投影 $e'f'g'$，如图 1-23（b）所示。

难点解析与常见错误

在解决此类问题时，应注意同一个平面上的直线有两种关系：平行或者相交。在观察、分析平面图形与直线间的关系后，运用直线平行投影特性、相交具有公共点的特点作图就比较简单、便捷。

实例1-10 如图 1-24 所示，求三角形 ABC 与 H 面的倾角 α 及与 V 面的倾角 β。

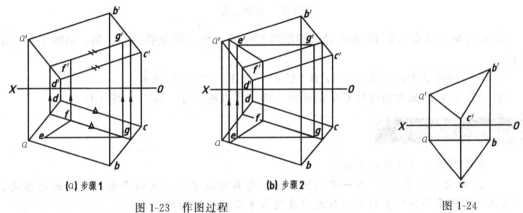

(a) 步骤1　　　　　　　　(b) 步骤2

图 1-23 作图过程　　　　　　　　图 1-24

解题分析

① 平面三角形 ABC 为一般位置平面，其各面投影均不反映平面对投影面的倾角，因此可利用平面内对投影面的最大斜度线求平面对投影面的倾角。

② 根据平面上对某投影面的最大斜度线的几何意义，平面上对 H 面的最大斜度线的 α 角等于平面的 α 角，平面上对 V 面的最大斜度线的 β 角等于平面的 β 角。

作图过程

① 在三角形 ABC 平面内作水平线 AD，再作 H 面的最大斜度线 CM（$AD \perp CM$），如图 1-25（a）所示。

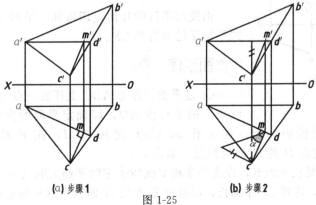

(a) 步骤1　　　　　　　　(b) 步骤2

图 1-25

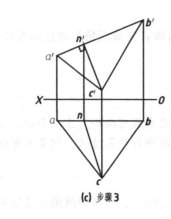 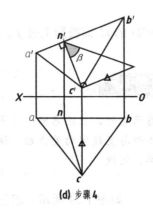

(c) 步骤3　　　　　　　　　　(d) 步骤4

图 1-25　作图过程

② 用直角三角形法求 H 面的最大斜度线 CM 的 α 角，即为平面的 α 角，如图 1-25（b）所示。

③ 作 V 面的最大斜度线 CN（$AB\perp CN$），如图 1-25（c）所示。

④ 求作 V 面的最大斜度线 CN 的 β 角，即为平面的 β 角，如图 1-25（d）所示。

难点解析与常见错误

在作图时，应注意以下几点。

① 平面三角形 ABC 为一般位置平面，其各面投影均不反映平面对投影面的倾角，因此可利用平面内对投影面的最大斜度线求平面对投影面的倾角。

② 根据平面上对某投影面的最大斜度线的几何意义，平面上对 H 面的最大斜度线的 α 角等于平面的 α 角，平面上对 V 面的最大斜度线的 β 角等于平面的 β 角。

③ 平面上的最大斜度线与相应投影面平行线垂直。

1.2.4　综合实例解题

实例 1-11　如图 1-26 所示，已知直线 EF 平行于三角形 ABC，求作三角形 ABC 的正面投影。

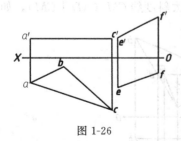

图 1-26

解题分析

由线面平行的几何定理可知，平面 ABC 内必有一条直线平行于已知直线 EF。

作图过程

① 过平面三角形 ABC 上任意一点（如点 A）作已知直线 EF 的平行线 AD，以确定平面的空间位置，如图 1-27（a）所示。在 H 面投影面上，过 a 作 $ad \parallel ef$ 交 bc 于 d，在 V 投影上，过 a' 作 $a'd' \parallel e'f'$，再通过点 D 的 H 面投影点 d 确定 d'。

② 连接 CD 并延长至点 B，在由两条相交线所确定的平面上取点 B，如图 1-27（a）所示。在 V 投影面上，连接 cd 并延长，再通过 B 点的 H 面投影点 b 确定 b'。

③ 完成平面 ABC 的 V 面投影，如图 1-27（b）所示。

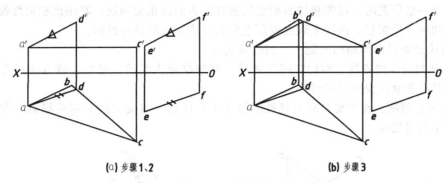

(a) 步骤 1、2　　　　　　　　　　　　**(b) 步骤 3**

图 1-27　作图过程

实例1-12　　　如图 1-28 所示，已知三角形 ABC 平行于直线 EF、DG，求作平面 DE∥FG 的水平投影。

解题分析

由面面平行的几何定理可知，两平面内必各有相交直线互相平行。

作图过程

① 在已知平面 ABC 上作两条相交直线，与由两平行直线所确定的平面内的两条相交直线平行，如直线 DE、EF，如图 1-29（a）所示。

② 过点 D 作直线 DE 的水平投影 de 后，由点 e 可作出点 f，如图 1-29（b）所示。

③ 完成平面 DE、FG 的 H 面投影，如图 1-29（b）所示。

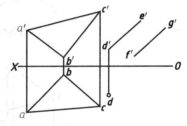

图 1-28

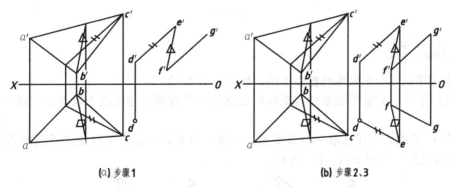

(a) 步骤 1　　　　　　　　　　　　**(b) 步骤 2、3**

图 1-29　作图过程

实例1-13　　　如图 1-30 所示的四种情况题（1）、题（2）、题（3）、题（4），分别求直线 AB 与平面三角形 CDE 的交点，并判断其可见性。

解题分析

线面相交需要处理好的两个问题。

① 解决线面共有问题——求公共点。当相交元素之一具有积聚性投影时，可利用该积

聚性投影直接获得交点的一个投影后，由线上取点或面上取点完成交点的另外投影。当相交元素均处于一般位置时，可先将线面相交问题转化为面面相交问题，利用该积聚性投影直接获得交点的一个投影后，由线上取点或面上取点完成交点的另外投影。

② 解决线面投影间遮挡问题——判断可见性。

a. 直观判断。想象线、面的空间位置后，判断投影直线的可见性。该方法适合于相交元素之一具有积聚性投影时的情况。

b. 重影点判断。在需要判断可见性的投影上，任选一对交叉线上的重影点，判断直线在该投影中的可见性。

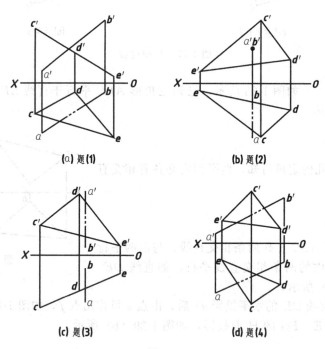

(a) 题(1)　　　　(b) 题(2)

(c) 题(3)　　　　(d) 题(4)

图 1-30

作图过程

① 利用平面具有积聚性的投影作图，如图 1-31 所示。

a. 利用平面在 V 面的积聚性投影确定交点的一个投影，完成线上取点，如图 1-31（a）所示。

b. 在 H 面投影中任选取一对重影点Ⅰ、Ⅱ，由重影点的上下位置关系判断直线在 H 面投影的可见性，如图 1-31（b）所示。

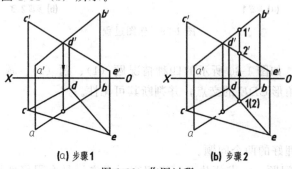

(a) 步骤1　　　　(b) 步骤2

图 1-31　作图过程

② 利用直线具有积聚性的投影作图，如图 1-32 所示。

a. 利用直线在 V 面的积聚性投影确定交点的一个投影，完成面上取点，如图 1-32（a）所示。

b. 在 H 面投影中任选取一对重影点 I、II，由重影点的上下位置关系判断直线在 H 面投影的可见性，如图 1-32（b）所示。

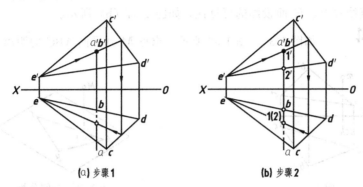

图 1-32 作图过程

③ 利用平面具有积聚性的投影及运用分比法在直线上取点作图，如图 1-33 所示。

a. 利用平面在 H 面的积聚性投影确定交点的一个投影，完成线上取点，如图 1-33（a）所示。

b. 在 V 面投影中任选取一对重影点 I、II，由重影点的前后位置关系，判断直线在 V 面投影的可见性，如图 1-33（b）所示。

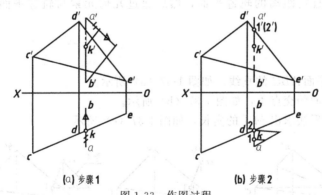

图 1-33 作图过程

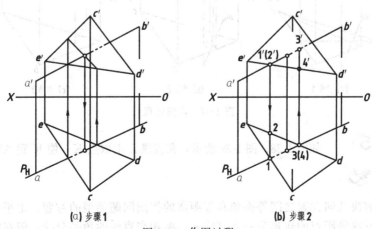

图 1-34 作图过程

④ 运用辅助面法作图，如图 1-34 所示。

a. 包含直线 AB 作一铅垂面 P，由求两平面间交线，进而求得线面之间交点的一个投影，完成线上取点，如图 1-34 （a）所示。

b. 在 V、H 面投影中分别任选取一对 Ⅰ、Ⅱ 和 Ⅲ、Ⅳ，由各对重影点的前后、上下位置关系，判断直线在 V、H 面投影的可见性，如图 1-34 （b）所示。

实例1-14 如图 1-35、图 1-36 所示，求点 M 到平面 ABC 的距离。

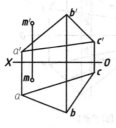

图 1-35

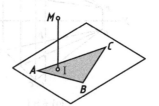

图 1-36 空间分析

解题分析

本题属于解决定距的作图问题类型的习题，在作图过程中涉及相对位置和度量。相关几何元素间（点线、点面、线线、线面、面面）定距的作图问题都可转化为两点之间距离的问题来求解。在解决定距类问题时，一般可间接作图，如过一点作出与已知几何元素（直线、平面）垂直或平行且定距离的轨迹平面，然后通过几何元素与轨迹平面相交求出另一个端点。

作图过程

① 过点 M 作平面 ABC 的垂线，如图 1-37 （a）所示。
② 求垂线与平面的交点 Ⅰ，如图 1-37 （b）所示。
③ 用直角三角形法求出 MⅠ 的实长，如图 1-37 （c）所示。

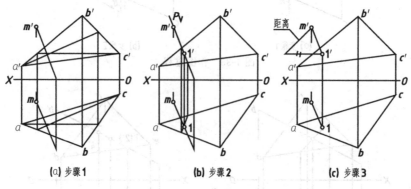

(a) 步骤1　　　　　(b) 步骤2　　　　　(c) 步骤3

图 1-37 作图过程

实例1-15 如图 1-38、图 1-39 所示，在直线 L 上取点 K，使 K 到 AB、AC 等距。

解题分析

本题属于解决几何元素之间等夹角和等距离的作图问题类型的习题。由平面几何知识可知，与两相交直线等距点的轨迹为一条直线——两相交直线的角平分线，但在空间与两相交

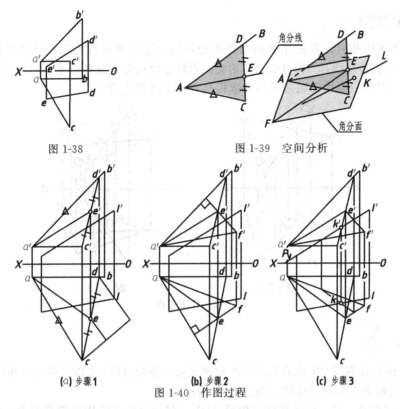

图 1-38　　　　　　　图 1-39　空间分析

(a) 步骤1　　　(b) 步骤2　　　(c) 步骤3
图 1-40　作图过程

直线等距点的轨迹为一条平面——过两相交直线的角平分线且与两相交直线 $AB \times AC$ 垂直的平面。本题解题过程分为三步：①作出两相交直线 $AB \times AC$ 角平分线的投影；②过角平分线作平面 $AB \times AC$ 的垂直的投影；③求直线 L 与垂直的交点的投影。

作两相交直线 $AB \times AC$ 角平分线的投影有两种作图方法：①由求平面 $AB \times AC$ 的实线而作出角平分线；②分别在直线 AB、AC 上取等长线，由两端点连线的中点与两相交直线 $AB \times AC$ 的交点连接。

作图过程

如图 1-40 所示，作图时可利用直线 AB、AC 均为投影面平行线的投影特点。

① 取 $a'd' = ac$，得等腰三角形 ADC，取线段 DC 的中点 E 得角平分线 AE，如图 1-40（a）所示。

② 过点 E 作三角形 AEF 垂直于三角形 ABC，如图 1-40（b）所示。

③ 求得直线 L 与三角形 AEF 的交点 K，如图 1-40（c）所示。

实例1-16　　如图 1-41、图 1-42 所示，过点 A 作一直线，并与已知直线 BC 和 DE 均相交。

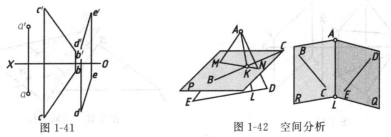

图 1-41　　　　　　　图 1-42　空间分析

解题分析 📝

本题属于解决相对位置的作图问题类型的习题，这类题通常用轨迹法或逆推法分析求解。过点 A 与已知直线 BC 和直线 DE 相交的直线之轨迹分别是两个平面，所求直线必在两轨迹平面上，因此只要做出轨迹平面并求得交点或交线即为所求。

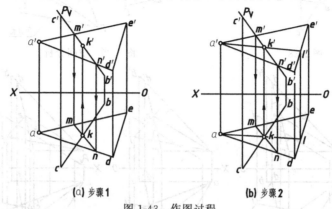

(a) 步骤1　　　　(b) 步骤2

图 1-43　作图过程

作图过程 ✐

过点 A 作包含直线 CB 或直线 DE 的轨迹平面三角形 ABC 或轨迹平面三角形 ADE，由求与轨迹平面相交的交点而得解，如图 1-43 所示。

① 连接三点 A、D、E 成平面三角形 ADE，包含直线 BC 作辅助平面 P，求得平面 P 和三角形 ADE 的交线 MN，直线 MN 与 BC 的交点即为点 K，如图 1-43（a）所示。

② 连线 AK 并延长至直线 DE，交与点 L，得连线 AL，如图 1-43（b）所示。

难点解析与常见错误 🔍

在作图时，应注意在思考过一点作一直线与另一直线相交时，所求直线实际上是在由已知点和已知直线所确定的平面上完成作图，这一直线和线外一点确定的平面即为一个满足条件的轨迹平面。

实例1-17　如图 1-44、图 1-45 所示，过点 M 作直线平行于平面三角形 ABC，且与直线 DE 交与点 N。

解题分析 📝

本题属于解决相对位置的作图问题类型的习题。

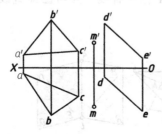

图 1-44

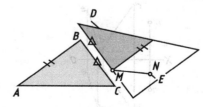

图 1-45　空间分析

① 用轨迹法。在所作直线 MN 需满足的两个条件中，若要与三角形 ABC 平行，则直线 MN 在与过点 M 作的三角形 ABC 平行的轨迹平面上。若要与直线 DE 交于点 N，则交点 N 必为直线 DE 与轨迹平面的交点。

　　② 用逆推法。假设所求的直线 MN 已作出，则根据几何原理可知，直线 MN 必过点 M，且既平行于三角形 ABC 又与直线 DE 交与点 N。因此，要求直线 MN，只要先将平面三角形 ABC 平移到点 M 处，然后求该平面与直线 DE 的交点即可得解。

作图过程

　　① 过点 M 作平面 P 平行于 ABC，如图 1-46（a）所示。
　　② 求直线 DE 与平面 P 的交点 N 并与点 M 连接，如图 1-46（b）所示。

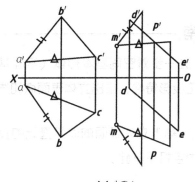
(a) 步骤1

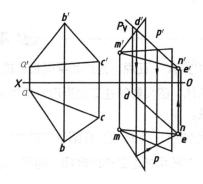
(b) 步骤2

图 1-46　作图过程

第2章

基本几何体的投影

📖 **本章指南**

<u>目的和要求</u>　在点、直线和平面投影的基础上，进一步对空间基本形体（平面基本体和曲面基本体）的投影特性变化进行分析讨论，根据正投影特性，求出立体表面点和线的投影及其特性。

<u>地位和特点</u>　本章主要介绍基本立体的投影特性、基本立体表面的点和直线的投影的作图方法，为后续学习立体的截切、相贯、组合体等内容打下基础。

2.1　本章知识导学

基本立体分为平面立体和曲面立体两大类，表面都是平面的立体，称为平面立体；表面由曲面或曲面与平面所围成的立体，称为曲面立体。

立体的投影，实质上是对立体表面的面进行投射。立体的投影图由其各表面的投影确定。在立体表面取点或取线时，如果点属于投影面垂直面，且在该面有积聚性的那个投影图上，一般不判别该点的可见性，正面投影图和侧面投影图高度相等且上下平齐，水平投影图和侧面投影图宽度相等。

2.1.1　内容要点

① 平面立体的投影特性。
② 平面立体表面取点、取线。
③ 曲面立体的投影特性。
④ 曲面立体表面取点、取线。

2.1.2　重点与难点分析

（1）　重点分析

① 平面立体三视图的绘图方法。利用积聚性和辅助直线法求作平面立体表面上的点和线，分析所求点和线的投影可见性。

② 曲面立体三视图的绘图方法。利用积聚性和直素线法、纬圆法求作曲面立体表面上的点和线，分析所求点和线的投影可见性。

（2）　难点分析

① 用辅助直线法求作锥体表面上的点和线，并判别点和线的投影可见性。

② 用直素线法和纬圆法求作圆锥体表面上的点和线，用纬圆法求作圆球体表面上的点和线，并判断点和线的投影可见性。

2.1.3　解题指导

基本立体表面取点、取线要遵循正投影规律，下面介绍主要的解题方法。

（1）　绘制平面立体的方法

平面立体是各表面都是平面图形的实体，面与面的交线称棱线，棱线与棱线的交点称为顶点，绘制平面立体的投影，只需绘制它的各个表面的投影，也可以认为是绘制其各表面的交线及各顶点的投影。

（2）　平面立体表面取点、取线

在平面立体表面取点和直线，其原理和方法与在平面上取点和直线的原理和方法相同。但应正确判断平面立体表面上点和直线的可见性，位于可见棱面上的点和线是可见的，而位于不可见棱面上的点和直线是不可见的。

① 求平面立体表面上的点和直线的作图步骤。

a. 分析点和直线位于立体的哪一个平面上。

b. 找出该点和直线的其他投影，可根据平面上取点和直线的方法求得。若所属面的投影有积聚性，则先在积聚的投影上求；若所属面的投影无积聚性，则过点作平面内辅助直线求。

c. 由点、直线的两面投影，求出第三投影。

d. 分析所求点和直线的投影的可见性。

② 平面立体表面上的点和直线的求作方法。

a. 积聚性法。积聚性法的实质是利用立体棱面的积聚性投影作图。当点和直线所在棱面是特殊位置平面时，可用此种方法作图。

b. 辅助直线法。当点和直线所在表面是一般位置平面时，三面投影都无积聚性，故必须在平面内过点（或直线端点）作辅助直线确定该点的投影。此辅助直线是过点且位于点所在棱面上的任何直线。

（3）　绘制曲面立体的方法

绘制回转体的投影，就是绘制围成回转体的回转曲面和其他平面的投影，应画出曲面相对于 V 面、H 面和 W 面的转向轮廓线，以及回转体的轴线、圆的中心线等。

（4）　曲面立体表面取点、取线

常见的曲面立体有圆柱体、圆锥体、球体、圆环体等，它们的表面是光滑曲面，不像平面体那样有明显的棱线，所以在画图和看图时，要抓住曲面的特殊本质，即曲面的形成规律和曲面轮廓的投影。

① 圆柱体是圆柱面与平面围成的实体，投影图形是两个相同的矩形和一个圆形。圆柱面上的点和线（由一系列的点构成）在圆柱面的素线上，必须利用圆柱面的积聚性投影作图。

② 圆锥体是由圆锥面与平面围成的实体，投影图形是两个相同的等腰三角形和一个圆形。圆锥面上的点和线（由一系列的点构成）在圆锥面的素线和纬圆上，圆锥面没有积聚性投影，必须利用圆锥面的素线或纬圆作图。

③ 圆球体是由圆球面围成的实体，投影图形是三个等直径的圆形，圆球面上的点和线（由一系列的点构成）在圆球面的纬圆上，圆球面没有积聚性，必须利用圆球面的纬圆作图。

④ 圆环体是圆环面围成的实体，投影图形是两个相同的由圆弧与直线构成的图形和一个圆形。圆环面上的点和线（由一系列的点构成）在圆环面的纬圆上，圆环面没有积聚性投影，必须利用圆环面的纬线圆作图。

2.2 实例精选

2.2.1 平面立体的特性与绘制

已知如图 2-1 所示为正六棱柱轴测图，18 条线段（6 条棱线和 12 条边）对投影面的相对位置可以分成三种情况：①六条棱线如 AA_1、BB_1 等皆垂直于 H 面；②八条边如 AB、A_1B_1 等均平行于 H 面；③四条边如 BC、FE 等都垂直于 W 面。

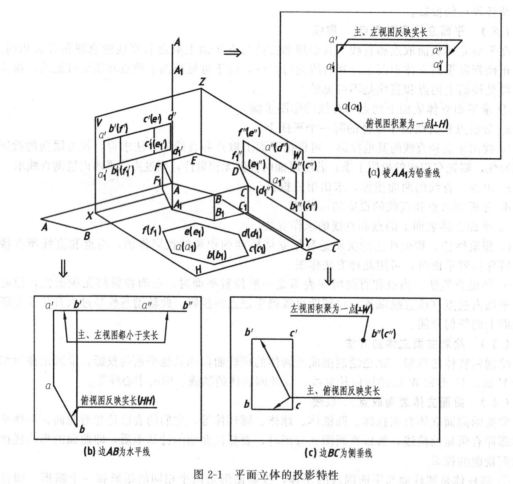

(a) 棱 AA_1 为铅垂线

(b) 边 AB 为水平线

(c) 边 BC 为侧垂线

图 2-1 平面立体的投影特性

如图 2-1（a）所示，棱线 AA_1 为铅垂线，其水平投影即俯视图积聚为一点，主、左视图各自反映实长；如图 2-1（b）所示，边线 AB 为水平线，其水平投影即俯视图反映实长，主、左视图都小于实长；如图 2-1（c）所示，边线 BC 为侧垂线，其侧面投影即左视图积聚为一点，主、俯视图均反映实长。

图 2-2 所示是一个正三棱锥，从图中可以看出，正三棱锥的底面 ABC 是水平面，棱面 SAB、SBC 为一般位置平面，棱面 SAC 是侧垂面。

正三棱柱的投影特点如下。

① 正面投影　棱面 SAB、SBC、SAC 与正投影面均倾斜，投影为类似形，底面 ABC 的正确投影积聚为一条直线，作出锥顶 S 和底面各顶点 A、B、C 的正面投影，分别连接即可得出正三棱锥的正面投影。

② 水平投影　底面平行于水平投影，其投影反映实形，三个棱面都与水平投影面倾斜，在该投影面上的投影均为类似形。

③ 侧面投影　底面和棱面 SAC 垂直于侧投影面，其他两个棱面的侧面投影为类似形，且两者重合。

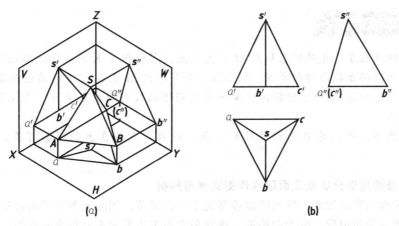

图 2-2　正三棱锥的投影

2.2.1.1　棱柱的投影分析及表面取点作图实例与解析

棱柱由棱面和顶面、底面围成。通常用底面多边形的边数来区分不同的棱柱，如底面为四边形，称为四棱柱；侧棱垂直于底面的棱柱，称为直棱柱；当直棱柱的底面为正多边形时，称为正棱柱；而侧棱倾斜于底面的棱柱，则称为斜棱柱。

实例2-1　如图 2-3（a）所示，已知正六棱柱表面上点 M 的正面投影和点 N 的水平投影，求其另外两面投影，并判别可见性。

解题分析

在棱柱表面上取点，首先要根据点的投影位置和可见性，确定点在哪个面上，对于特殊位置平面上点的投影，可以利用平面的积聚性作出，对于一般位置平面上的点，则须用辅助线的方法作出。立体表面上点的投影的可见性，由点所在表面投影的可见性来决定。

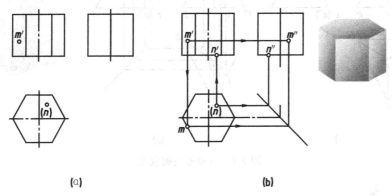

（a）　　　　　　　　（b）

图 2-3　正六棱柱表面取点

作图过程

由图 2-3（a）可知，由于 m′ 可见，则点 M 在正六棱柱的左前棱面上，该棱面为铅垂面，水平投影积聚为直线段，因此点 M 的水平投影 m 必在该积聚投影上，然后再根据 m' 和 m 即可求出 m''。由于点 N 的水平投影 n 不可见，因此点 N 在正六棱柱的底面上，该面的正面投影和侧面投影都积聚为直线段，因此点 N 的正面投影 n' 和侧面投影 n'' 在底面的积聚性投影上。具体作图步骤如图 2-3（b）所示。

难点解析与常见错误

本题难点在于：先确定已知点 M 的主视图投影和 N 点的俯视图投影位于棱柱的哪个面上，再根据正投影的积聚性、从属性，分别求出 M 点和 N 点的其他两面投影。

要注意已知点 N 的投影特性，N 点在俯视图的投影为不可见点，其投影应在棱柱的下表面上。

在作图时，要注意点的积聚性和从属性特性，点所在面的投影可见，点必是可见点。

2.2.1.2　棱锥的投影分析及表面取点作图实例与解析

棱锥由棱面和底面围成，所有的侧棱都交于一点锥顶。用底面多边形的边数来区别不同的棱锥，如底面为四边形，称为四棱锥。锥顶和底面多边形的重心相连的直线，称为棱锥的轴线。轴线垂直于底面的称为直棱锥，轴线不垂直于底面的称为斜棱锥，当棱锥的底面为正多边形时，称为正棱锥。

实例2-2　　如图 2-4（a）所示，已知三棱锥表面上 M、N 两点的正面投影，求其水平投影和侧面投影，并判别可见性。

解题分析

在棱锥表面上取点，作图方法与在棱柱表面取点相似。在作棱面上的点时，要注意充分利用棱锥的形状及投影取点。

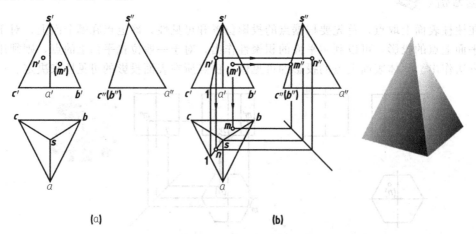

(a)　　　　　　(b)

图 2-4　三棱锥表面取点

作图过程

由图 2-4（a）可知，由于 m' 不可见，所以可以确定点 M 在棱面 SBC 上，棱面 SBC 是侧垂面，其侧面投影为直线 $s''c''$（b''）。因此，可先求出点 M 的侧面投影 m''，再根据 m' 和 m'' 即可求出 m。点 N 处在一般位置的棱面 SAC 上，需要通过在平面上作辅助线的方法，求

出点 N 的另两面投影。具体作图步骤如图 2-4（b）所示。由于棱面 SBC 的水平投影可见，侧面投影有积聚性，所以 m 和 m″ 均可见。而棱面 SAC 的三面投影都可见，因此点 N 的三面投影也均可见。

难点解析与常见错误

本题难点在于：先确定已知点 N 的主视图投影和 M 点的主视图投影位于棱锥的哪个面上，再使用辅助直线法过锥顶作辅助直线通过 N 点交于 $c'b'$ 上一点 1，根据从属性性质求出 N 点的俯视图投影。尤其要注意作辅助直线，必须过锥顶。

要注意已知点 M 的投影特性，M 点在主视图的投影为不可见点，其投影应在棱柱的后表面上。

在作图时，要注意点的积聚性和从属性特性，点所在面的投影可见，点必是可见点。

2.2.1.3 棱台的投影分析及表面取点作图实例与解析

在棱台表面上取点和取线时，应该考虑点和线在立体上的从属关系。

实例2-3 已知正四棱台棱面 AA_1BB_1 上点 M 的水平投影 m，完成其他两个投影，如图 2-5（a）和图 2-5（b）所示。

解题分析

已知点 M 在棱面 AA_1B_1B 上（点 m 在面 aa_1b_1b 上），该棱面为侧垂面，点 M 的侧面投影 m″ 必然积聚在棱面 $a''a_1''(b_1'')(b'')$ 上。

作图过程

首先过点 m 作投影连线，以俯、左视图宽相等的投影规律求得 m″，然后运用主、俯视图长对正和主、左视图高平齐的投影规律，求得正面投影 m′，如图 2-5（c）所示。

难点解析与常见错误

本题难点在于：要先确定已知点 M 的主视图投影的可见性，然后确定其所在表面的可见性。根据积聚性法求出点 M 的其他两面投影。棱锥台表面取点应注意遵守三等规律，相反，三等规律可检验取点的三面投影的正确性，并根据正投影性质判别点的可见性。

在作图时，要注意点的积聚性和从属性特性，点所在面的投影可见，点必是可见点。

2.2.2 曲面立体

如图 2-6 所示，表面至少有一个面是曲面的立体，称为曲面立体。曲面可以看作是一动线（直线、圆弧或其他曲线）在空间连续运动所形成的轨迹，形成曲面的动线称为母线，母线在曲面上的任一位置，称为素线。母线绕固定轴线作回转运动形成的曲面，称为回转面。

2.2.2.1 圆柱的投影分析及表面取点作图实例与解析

如图 2-7 所示的圆柱体，设其轴线为铅垂线，将该圆柱体分别向 V 面、H 面和 W 面投射，即可得到其三面投影。

圆柱的投影特点如下。

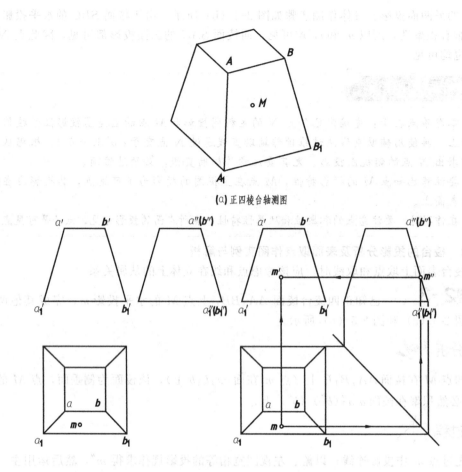

(a) 正四棱台轴测图

(b) 已知正四棱台棱面上的点 M 的水平投影(m)

(c) 完成正四棱台棱面上点 M 的
其余两个投影(m'、m")

图 2-5 正四棱台表面取点

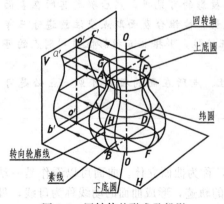

图 2-6 回转体的形成及投影

① 正面投影 正面投影的左、右两边，是前半圆柱面和后半圆柱面的左右分界线的投影，即前、后半圆柱面转向轮廓线的投影。以正面转向轮廓线为界，圆柱的前半部分可见，后半部分不可见。位于后半圆柱面上的点，在正面投影图上不可见。

② 水平投影 圆柱面的投影积聚为一个圆，一般不判别可见性。

③ 侧面投影 侧面投影的前、后两边，是左半圆柱面和右半圆柱面的前后分界线的投影，即左、右半圆柱面转向轮廓线的投影。以侧面转向轮廓线为界，圆柱的左半部分可见，右半部分不可见。位于圆柱面上右半部分的点，在侧面投影图上不可见。

◀ 实例2-4 ▶ 如图 2-8 （a) 所示，已知圆柱表面上 A、B、C、D 点的一面投影，求出点的另两面投影，并判别可见性。

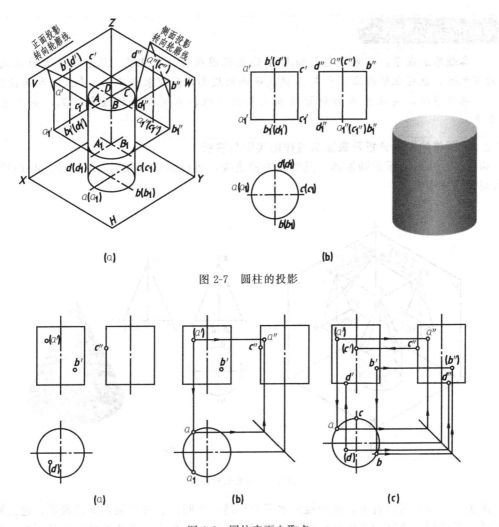

图 2-7　圆柱的投影

图 2-8　圆柱表面上取点

解题分析

　　在圆柱表面上取点，基本方法是利用圆柱面的积聚性来作图。如果给定圆柱表面上点的一面投影，可先在有积聚性的那个投影图上求出它的另一面投影，再根据点的投影规律求出其他投影。

作图过程

　　由图 2-8（a）可知，A 点位于圆柱面上，过给定的 a' 作投影连线，该投影连线与圆柱面的水平投影交于 a、a_1 两点，因 a' 不可见，可知 A 点在圆柱的后半部分上，故可确定 a 是 A 点的水平投影。作 45°辅助线，根据宽相等、高平齐的投影原理，可求出 a''，由 a' 可知 A 点在圆柱面左半部分上，所以 a'' 可见。具体作图步骤如图 2-8（b）所示。

　　根据给定的 c'' 点的位置进行判断，点 C 位于圆柱面的侧面投影转向轮廓线上，可直接根据点的投影规律求出 c、c'，如图 2-8（c）所示。

　　根据给定的 d 的位置进行判断，点 D 位于圆柱体的端面上，因 d 不可见，可判断点 D 位于圆柱体的底面上，据此求出 d'、d''，如图 2-8（c）所示。

难点解析与常见错误

　　本题难点在于：要先确定已知点 A 的主视图投影的可见性，然后确定其所在表面的可见性。根据积聚性法求出点 A 的其他两面投影，同理求出其他 3 个点的两面投影。

　　在作图时，要注意点的积聚性和从属性特性，点所在面的投影可见，点必是可见点。

2.2.2.2　圆锥的投影分析及表面取点作图实例与解析

　　如图 2-9（a）所示的圆锥体，其轴线为铅垂线，将该圆锥体分别向 V、H、W 面投射，即可得到其三面投影。

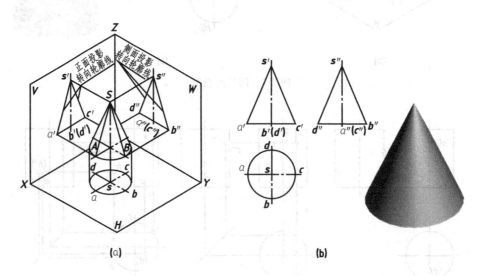

图 2-9　圆锥的投影

　　由图 2-9（a）可以看出，该圆锥的水平投影是一个圆，它既是圆锥面的投影，也是圆锥底面的实形投影。圆锥的正面及侧面投影为相等的等腰三角形，三角形的底边是圆锥底面的积聚投影，长度等于圆的直径。正面投影中三角形的两腰是圆锥最左、最右两条素线 SA、SC 的投影，即圆锥面正面投影的转向轮廓线。侧面投影中三角形的两腰是圆锥最前、最后两条素线 SB、SD 的投影，即圆锥面侧面投影的转向轮廓线。转向轮廓线的其他两个投影都与中心线或轴线重合，不必画出。圆锥面在三个投影面上的投影都没有积聚性。

　　圆锥的投影特点如下。

　　① 正面投影　以转向轮廓线 SA、SC 为界，圆锥的前半部分可见，后半部分不可见。位于圆锥面上后半部分的点，在正面投影图上不可见。

　　② 水平投影　圆锥的水平投影为一个圆，圆的中心线与圆锥面的交点为圆锥顶点的投影位置。圆锥面上的所有素线交于顶点，而下端位于底面圆周上。

　　③ 侧面投影　以转向轮廓线 SB、SD 为界，圆锥体的左半部分可见，右半部分不可见。位于圆锥面上右半部分的点，在侧面投影面上不可见。

　　根据以上分析，画出的圆锥体的三面投影图如图 2-9（b）所示。

实例2-5　　如图 2-10（a）所示，已知圆锥表面上点 A 的一个投影（a'），求出点的另两面投影，并判别可见性。

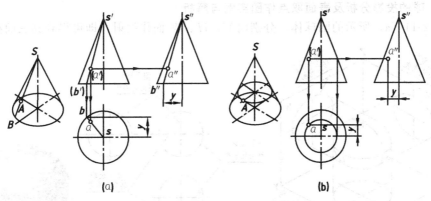

图 2-10　圆锥表面上取点

解题分析

圆锥面上取点的作图原理与在平面上取点的作图原理基本相同。由于圆锥面的各个投影都不具有积聚性，因此，取点时必须先在圆锥面上过点作辅助线，而点的其余投影必在辅助线的同名投影上。在圆锥面上可以作两种简单易画的辅助线：一种是过锥顶的素线，也就是辅助素线法；另一种是垂直于轴线的纬圆，也就是纬圆法。

作图过程

方法一：用素线法作图。

由图 2-10（a）可知，点 A 的正面投影（a'）给定，因为 a' 不可见，所以点 A 应该在圆锥面上的左后方。过（a'）在锥面上作素线 SB 的正面投影 s'（b'），再由 s'（b'）作出水平投影 sb 和侧面投影 $s''b''$，最后根据直线上点的投影规律，作出 a、a''。因为点 A 在圆锥面左后方，所以 a、a'' 均可见。

方法二：用纬圆法作图。

由图 2-10（b）可知，点 A 的正面投影（a'）给定，因为 a' 不可见，所以点 A 应该在圆锥面上的左后方。作图方法：过点 A 在圆锥面上作垂直于轴线的水平辅助纬圆，此圆的正面投影积聚成一条直线，水平投影为圆。利用这个辅助纬圆，由（a'）求作出 a，再由（a'）、a 作出 a'' 均可见。

难点解析与常见错误

本题难点在于：先确定已知点 A 的主视图投影位于圆锥的哪个面上，使用辅助直线法过锥顶作辅助直线通过点 a' 交于圆锥底圆上一点 b'，根据从属性性质求出 A 点的俯视图投影。尤其要注意作辅助直线，必须过锥顶。再利用三等规律，俯、左视图宽相等，在左视图上找到 b' 的左视图投影点，连接 b' 到锥顶，按高平齐找到 A 点的左视图投影。

用纬圆法作图时，要先确定点（a'）在圆锥的后半个圆锥面上，过点（a'）作与底圆平行的一根水平线交于圆锥棱线，按长对正找到俯视图交点的投影，以半径作圆，其点（a'）的俯视图投影必在此圆上，按长对正找出其俯视图投影，再利用三等规律，宽相等、高平齐求出（a'）的左视图投影。

在作图时，要注意作辅助素线时，应过圆锥顶点 S；取纬圆时，半径在其轴线上。并注意点的可见性。

2.2.2.3　球的投影分析及表面取点作图实例与解析

如图 2-11（a）所示的圆球体，分别向 V、H、W 面作投射，即可得到其三面投影。

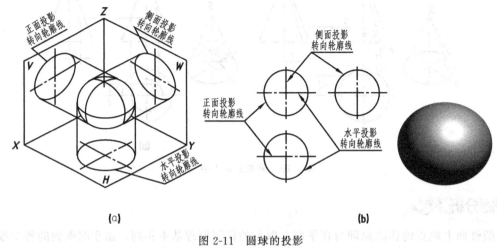

图 2-11　圆球的投影

由图 2-11（a）可以看出，圆球的三面投影都是与圆球直径相等的圆，它们分别是该球面三个投影的转向轮廓线。正面投影的转向轮廓线是球面上平行于 V 面的大圆，它是前、后半球面的分界线；水平投影的转向轮廓线是球面上平行于 H 面的大圆，它是上、下半球面的分界线；侧面投影的转向轮廓线是球面上平行于 W 面的大圆，它是左、右半球面的分界线。

圆球的投影特点如下。

① 正面投影　以正面投影转向轮廓线为界，球的前半部分可见，后半部分不可见。位于球的后半部分的点，在正面投影图上不可见。

② 水平投影　以水平投影转向轮廓线为界，球的上半部分可见，下半部分不可见。位于球的下半部分的点，在水平投影图上不可见。

③ 侧面投影　以侧面投影转向轮廓线为界，球的左半部分可见，右半部分不可见。位于球的右半部分的点，在侧面投影图上不可见。

根据以上分析，画出圆球的三面投影，如图 2-11（b）所示。

实例2-6　如图 2-12（a）所示，已知圆球表面上 A、B、C、D、E 五点的一面投影，求出点的另两面投影，并判别可见性。

解题分析

圆球面的三面投影都没有积聚性，圆球面上也不存在直线。因此，在圆球面上取点时，只能利用圆或圆弧作辅助线。其方法是：过点的已知投影作平行于任一投影面的辅助圆的各面投影，再利用线上取点的作图要求和点的投影规律，求作出该点的其他投影。

作图过程

由题给条件可见，点 A 的正面投影 a' 已知。过 a' 作球面上水平圆的正面投影，与正面投影的转向轮廓线相交于两点，其长度等于水平圆的直径，作出这个水平圆的水平投影和侧面投影，其水平投影反映实形。然后根据点在这个水平圆上，由 a' 引铅垂的投影连线，求出 a，在侧面投影上度量宽 y_1 坐标，得出 a''。由于点 A 在左前上半球面上，所以 a、a'' 都可见，如图 2-12（b）所示。

由图 2-12（b）中可见，点 B 在右下半球面上，且点 B 在球面的正面投影的转向轮廓

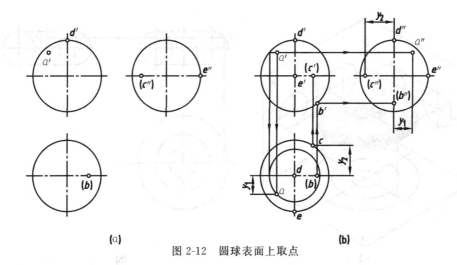

图 2-12　圆球表面上取点

线上，根据点的投影规律，由 (b) 可直接作出 b′、(b″)，点 B 的侧面投影不可见。

从图 2-12 (b) 中可知，点 C 在后半球面上，且点 C 在球面水平投影的转向轮廓线上，根据点的投影关系，由 c″ 通过宽 y_2 坐标，先求出 c，再过点 c 作投影连线，求出 (c′)。由于点 C 在后半球面上，所以点 C 的正面投影不可见。

从图 2-12 (b) 中可知，点 D 为球面上的最高点，在球面正面投影的转向轮廓线上，过 d′ 作投影连线得 d、d″，水平投影 d 在细点画线的交点上。

从图 2-12 (b) 中可知，点 E 为球面上最前点，在球面水平投影的转向轮廓线上，可直接求出其正面投影 e′ 和水平投影 e。

难点解析与常见错误

　　本题难点在于：首先需判断出圆球上的点为特殊位置点还是一般位置点。如是特殊位置点，则用正投影原理点的从属性求出点的三面投影。如是一般位置点，则需要使用纬圆法，过已知点作圆，并根据正投影性质及三等规律来找出其他两点的投影。

2.2.2.4　圆环的投影分析及表面取点作图实例与解析

　　圆环由圆环面所围成。圆环面是由圆母线绕不过母线圆心，但与母线在同一平面上的轴线回转而形成的。远离轴线的半圆母线回转形成外环面，靠近轴线的半圆母线回转形成内环面。图 2-13 (a) 所示为一轴线垂直于水平投影面的圆环，分别向 V、H、W 面作投影，即可得到其三面投影。

　　从图 2-13 (a) 中可以看出，圆环的正面投影中，左、右两个圆是圆环面最左、最右两个素线圆的投影；上、下两条公切线是最高和最低两个圆面的投影，它们都是对正面的转向轮廓线；左、右两实线半圆和上、下公切线形成的线框，是外环面的投影；左、右两虚线半圆和上、下公切线形成的线框，是内环面的投影。圆环的侧面投影与正面投影的图形相同，图上各轮廓线的意义和这正面投影对照分析。圆环的水平投影上，转向轮廓线是圆环面上垂直于轴线的最大圆和最小圆的投影，图中细点画线圆是母线圆心回转轨迹的投影，也是内外环面水平投影的分界线。

　　根据以上分析，画出圆环的三面投影图，如图 2-13 (b) 所示。

实例2-7　　如图 2-14 (a) 所示，已知圆环表面上 A、B、C、D 点的一面投影。求出各点的另一面投影，并判别可见性。

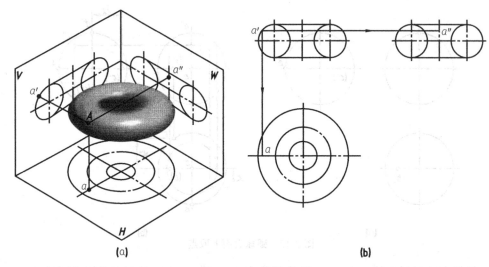

(a)   (b)

图 2-13 圆环的投影

解题分析 📝

在圆环表面上去取点，要利用辅助纬圆法。先作出指定点所在纬圆的三面投影，再根据线上取点的方法，求出指定点的三面投影。

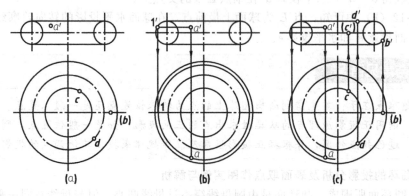

(a)   (b)   (c)

图 2-14 圆环表面上取点

作图过程 🖊

由图 2-14（a）可知，点 A 在上半个外环面上，过点 a′ 在圆环面上作一纬线，求出该纬线在水平投影面上的投影——纬圆，则点 A 的水平投影 a 在此纬圆上。因 a′ 是可见的，故点 A 在前面上半个外圆环面上，所以 a 可见。具体步骤如图 2-14（b）所示。

其他各点均是特殊位置上的点，具体步骤如图 2-14（c）所示。

难点解析与常见错误 🔍

本题难点在于：首先需判断出圆环上的点为特殊位置点还是一般位置点。如是特殊位置点，则用正投影原理点的从属性求出点的三面投影。如是一般位置点，则需要使用纬圆法，过已知点作圆，并根据正投影性质及三等规律来找出其他两点的投影。

第**3**章
被截切基本几何体的投影

目的和要求 了解截交线的定义和性质；掌握各种基本立体被截切的形式以及对应截交线的形状，能够求画基本几何体被截切后的投影。

地位和特点 本章是学习和掌握组合体画图和读图的前期准备，为后续学习机件的常用表达方法做好铺垫。

3.1 本章知识导学

实际的机器零件大部分不是完整的基本形体，而是经过截切后的基本形体，如图3-1所示的触头和接头。

立体被平面所截切，立体表面上形成的交线称为截交线，该平面称为截平面，截交线围成的平面图形称为截断面，如图3-2所示。截断面是被截切后所产生新的立体的其中一个表面，这个表面的外形轮廓线就是截交线。

(a) 触头

(b) 接头

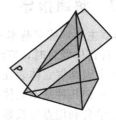

图 3-1

图 3-2

被截切基本几何体的投影，在求解的过程中，关键就是在基本几何体投影的基础上，绘制出截交线的形状。

3.1.1 内容要点

基本立体被平面所截切，产生的截断面由于基本立体的差别以及截切位置的选择而导致形状各异，由此产生截交线的形状也不尽相同。平面立体表面的截交线一般为多边形，有些是规则的，有些是不规则的；曲面立体表面的截交线一般是曲线或与直线共同围成的图形，如图3-3所示。

(a)棱锥表面截交线　　　　(b)圆柱表面截交线　　　　(c)圆锥表面截交线

图 3-3

立体表面的截交线具有以下两条性质。

① 共有性　截交线是截平面和被截切立体表面的共有线，是截平面和被截切立体表面共有点的集合。

② 封闭性　无论是平面基本立体，还是曲面基本立体，表面形成截交线都是封闭的平面图形。

绘制截交线的具体方法，实际上就是依据以上两条性质，首先找到截交线上部分共有点的投影，其次判断可见性，之后按照一定的原则依次连接各点。

3.1.2　重点与难点分析

（1）　重点分析

被平面截切基本立体的投影部分，是基本立体表面取点的延续，也是为下一步接触较为复杂组合体的投影以及机件的常用表达方法打基础，故此本章重点是不同基本几何体表面截交线的画法，要注意在绘制过程中对图线可见性的判断。

（2）　难点分析

求取平面基本立体表面截交线，难点在于对转折点的判断；而求取曲面基本立体表面截交线的难点，除对转折点的判断外，对于初步入门的绘图者来说，能够准确、清晰、美观的徒手完成曲线连接也具有一定的难度。

3.1.3　解题指导

本章主要训练对基本立体表面截交线知识的掌握，强化截交线的绘制方法和步骤。

针对具体题目时，应注意以下几点。

① 牢固掌握立体表面截交线的定义和性质。

② 牢记几种基本立体在特定位置截切时截交线的形状和特点。

③ 学会利用点的投影可见性间接判断图线可见性的能力，关键在于对转折点的判断。

④ 基本立体被平面截切后，有些未被截切部位图线的可见性会发生变化，不要漏画或错画。

⑤ 熟练掌握徒手绘制光滑曲线的基本技能。

3.2　实例精选

3.2.1　被截切的平面基本几何体

平面基本立体由平面围成，决定了其表面截交线一定是以直线围成的一个封闭的平面图形，绘制的关键是要找到截平面与立体一些棱线或底边相交处交点的对应投影，判断可见性后，可见的图线以粗实线连接，不可见的图线以虚线连接。

3.2.1.1　平面截切棱柱表面交线的作图实例与解析

实例 3-1　　如图 3-4（a）所示，已知基本立体被截切后的主视图，补画俯视图和左视图。

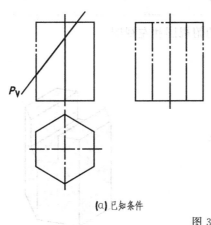

(a) 已知条件　　　　　　　　　　　　　　(b) 立体图形

图 3-4

解题分析

根据图示判断，图 3-4（a）所表达的立体是被一个正垂面 P 所截切的正六棱柱，P 平面与正六棱柱的五个棱面和一个底面相交，形成一个不规则的六边形截断面，如图 3-4（b）所示。因此，求解该题的关键就是求出截平面 P 与四条棱线和两条底边的六个交点，然后将同面投影依次连线即可。

作图过程

① 在主视图中依次找到截平面与正六棱柱的 6 个交点的正面投影 a'、b'、c'、d'、e'、f'。利用棱柱各棱面的积聚性、直线上点的从属性以及三等规律，作出水平面投影 a、b、c、d、e、f 和侧面投影 a''、b''、c''、d''、e''、f''，如图 3-5（a）所示。

② 连接各点的同面投影，并补全棱线所缺的投影，连线时应注意可见性。

③ 检查、整理、清理部分多余图线，加深可见图线，如图 3-5（b）所示。

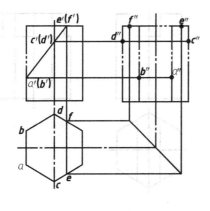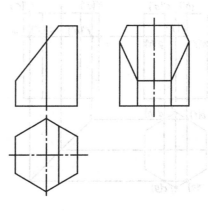

(a) 求共有点的投影　　　　　　　　　　　　(b) 所求结果

图 3-5

难点解析与常见错误

　　对于同面上的重影点，在判断好方位关系后，必须谨慎标示；求得各点连接完毕，需对图形再次进行检查，如实例中最右两条棱线，从左向右看时，部分为不可见，需以虚线在左视图中表达清楚，避免漏画。

实例3-2 补充完成图 3-6（a）中的俯视图和左视图。

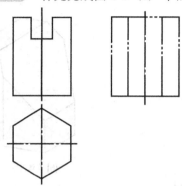

(a) 已知条件　　　　　　　　　　　　**(b)** 立体图形

图 3-6

解题分析

　　根据图示判断，这是一个带缺口的正六棱柱，是由三个相交平面共同截切一个正六棱柱后所得，立体图形如图 3-6（b）所示。解决这类题目的实质仍然是求立体表面的截交线，只是不再单纯的求解一个截切平面的问题，而是几个截切平面共同截切一个立体的问题。绘图的过程只要按照实例 3-1 中求解截交线的方法和步骤，依次画出每个截断面上的截交线即可。

作图过程

　　① 在主视图中依次找到 10 个点即 a'、b'、c'、d'、e'、f'、g'、h'、i'、j'，利用棱柱各棱面的积聚性、直线上点的从属性和三等规律，对应作出水平面投影 a、b、c、d、e、f、g、h、i、j 和侧面投影 a''、b''、c''、d''、e''、f''、g''、h''、i''、j''，如图 3-7（a）所示。

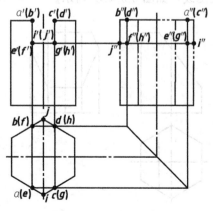
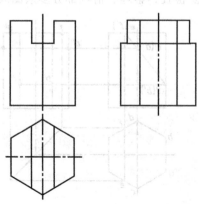

(a) 求共有点的投影　　　　　　　　　　　**(b)** 所求结果

图 3-7

② 根据截断面形状特点，按要求连接各点的同面投影，判断可见性，并补全棱线所缺的投影。

③ 检查、整理、清理部分多余图线，加深可见图线，如图 3-7（b）所示。

难点解析与常见错误

　　在连接图线时，要将处在同一个棱面且在同一个截平面上相邻点的同面投影点相连，避免连接混乱；在处理多个截平面共同截切一个立体类的题目时，特别要注意两个截平面相交线在三视图中的表达以及可见性的判断，如实例中两条交线在左视图中 $e''f''$、$g''h''$ 相重合，且都不可见。

3.2.1.2　平面截切棱锥表面交线的作图实例与解析

实例3-3　　如图 3-8（a）所示，完成被截切棱锥的俯视图和左视图。

解题分析

　　根据图示判断，图 3-8（a）所表达的立体是被一个正垂面所截切的正四棱锥，截平面与正四棱锥的四个棱面相交，形成一个不规则的四边形截断面，如图 3-8（b）所示。因此，求解该题的关键就是求出截平面与四条棱线的四个交点，然后将同面投影依次连线即可。

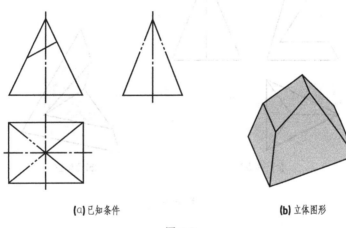

(a) 已知条件　　　　　　　　　　(b) 立体图形

图 3-8

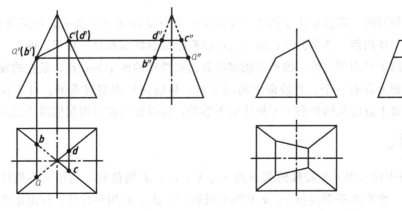

(a) 求共有点的投影　　　　　　　　　　(b) 所求结果

图 3-9

 作图过程

① 在主视图中依次找到截平面与正四棱锥四条棱线的交点 a'、b'、c'、d'，利用三等规律以及直线上点的从属性，作水平面投影 a、b、c、d 和侧面投影 a''、b''、c''、d''，如图 3-9（a）所示。

② 连接各点的同面投影，并补全棱线所缺的投影。

③ 检查、整理、清理部分多余图线，加深可见图线，如图 3-9（b）所示。

难点解析与常见错误

绘图步骤和注意的问题基本与平面截切棱柱相同，只不过在作图的过程中，一定要注意点的从属性问题，避免错画点的投影。

实例3-4 如图 3-10 所示，完成被截切棱锥的俯视图和左视图。

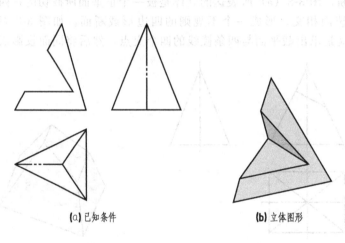

(a) 已知条件　　　　　　(b) 立体图形

图 3-10

解题分析

根据已知条件判断，题目给出立体为三棱锥被一个正垂面和一个水平面共同截切所得，两截平面相交于立体内部。两个截平面截切三棱锥后形成截断面都是三角形，两个三角形有一个共有边，在两个平面相交处。图形中能够找到比较特殊的四个共有点，最左的棱线上有两个，前后的棱面上各有一个，且棱面上的两个点，从前向后观察时重影。对于棱面上取点，仅仅利用直线上点的从属性和三等规律是不够的，这时要考虑利用辅助线法取点。

作图过程

① 在主视图中标示出 4 个特殊的共有点 a'、b'、c'、d' 的位置，利用三等规律以及直线上点的从属性，作出水平面投影 a、d 和侧面投影 a''、d''，利用平行性，作出水平面投影 b、c 和侧面投影 b''、c''，如图 3-11（a）所示。

② 连接各点的同面投影，同时判断可见性，并补全棱线所缺的投影。

③ 检查、整理、清理部分多余图线，加深可见图线，如图 3-11（b）所示。

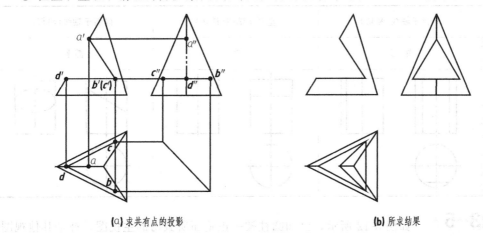

(a) 求共有点的投影　　　　　　　　　　　　　　**(b)** 所求结果

图 3-11

难点解析与常见错误

　　棱锥表面上的点，除了少数棱线上的点可直接根据从属性画出，其余点在找投影点的过程中，需借助辅助线来完成，这需要一定的技巧和经验，辅助线利用的巧妙与否，直接关系到绘图的复杂程度，甚至决定其准确性，如实例中，利用平行性作出平行线辅助线，求得棱面上点的水平投影。对于两个截平面相交处的交线，从上向下观察时不可见，故此，在俯视图中需用虚线表达，容易遗漏。

3.2.2　被截切的曲面基本几何体

　　对于绘制曲面基本立体表面截交线，由于曲面上的图线大部分是曲线（圆柱面和圆锥面上的素线除外），致使取得截交线上共有点时，应该按照先取特殊位置点（包括极限位置点、转向轮廓线上的点、截交线在对称轴上的顶点，当然这些点有重合的情况），再取一般位置点的顺序找出若干个点的投影，判断可见性后，以光滑的曲线依次连接所取得的共有点，而不能简单地采用直线连接两点的方式，当然，取得共有点的数量越多，描述曲线的真实性越强。

3.2.2.1　平面截切圆柱表面交线的作图实例与解析

　　平面截切圆柱，根据截平面与圆柱轴线相对位置的不同，所得截交线对应有三种情况，如表 3-1 所示。

表 3-1

截平面的位置	平行于轴线（竖切）	垂直于轴线（横切）	倾斜于轴线（斜切）
截交线的形状	矩 形	圆	椭 圆
立体图			

续表

截平面的位置	平行于轴线（竖切）	垂直于轴线（横切）	倾斜于轴线（斜切）
截交线的形状	矩　形	圆	椭　圆
投影图			

实例3-5　如图 3-12 所示，已知圆柱被一正垂面所截切的主视图，补全其他视图。

解题分析

根据已知条件，图 3-12 所表达的立体是表 3-1 中截平面斜切圆柱的情况，只是圆柱摆放的形式有变化，立体图以及题目结果通过表 3-1 所示图形简单旋转后可知。

此实例的主要目的是：教会大家如何按照从特殊点到一般位置点的顺序完成点的投影，并顺序连线，完成截交线绘制的作图过程。通过观察，立体表面截交线上的共有点均布于圆柱面上，连成一个椭圆，由积聚性可知，截交线在左视图中的投影与给出圆完全重合，左视图不需再画，只需补画出俯视图中截交线的投影即可。

图 3-12

作图过程

① 选取特殊位置点 a'、b'、c'、d'，并依据点的从属性和三等规律在俯视图和左视图中找到对应点的投影 a、b、c、d 和 a''、b''、c''、d''，如图 3-13（a）所示。

② 在主视图中选取一般位置点 e'、f'、g'、h'，依据点的积聚性和三等规律在左视图和俯视图中找到对应点的投影 e''、f''、g''、h'' 和 e、f、g、h，如图 3-13（b）所示。

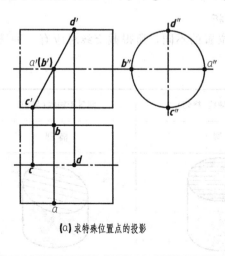

(a) 求特殊位置点的投影

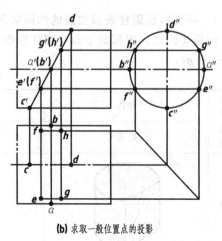

(b) 求取一般位置点的投影

图 3-13

③ 判断可见性，以一条光滑曲线顺序连接俯视图中各点的投影，如图 3-14（a）所示。

④ 检查、整理、清理部分多余图线，加深可见图线，如图 3-14（b）所示。

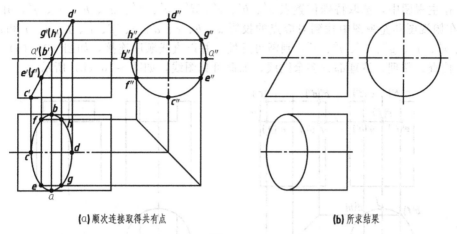

(a) 顺次连接取得共有点　　(b) 所求结果

图 3-14

　　取得一般位置点的数量过少，确定曲线的形状会比较困难；取得一般位置点的数量越多，描述曲线轨迹越清晰，越有利于徒手绘制曲线，但取的点过多，容易使得取点时产生混乱，造成图面不清晰。故此，取得一般位置点的数量要适中。

实例3-6　　如图 3-15（a）所示，圆柱被几个平面所截切，已知主视图，补全其他视图。

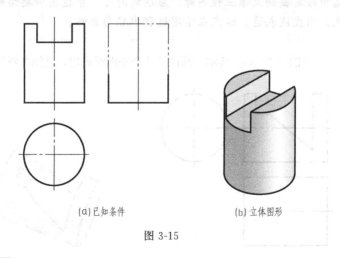

(a) 已知条件　　　　(b) 立体图形

图 3-15

解题分析

　　根据已知条件，图 3-15（a）所表达的立体是表 3-1 中截平面横切和竖切圆柱两种情况的组合，通常情况下，我们可以将此截切立体理解成在圆柱体顶部正中的位置开槽，如图 3-15（b）所示。

　　按照立体的特点以及给定的摆放方式，绘制三视图时，只要找出几个关键点的位置，连接直线后，即可形成所求三视图。

作图过程

① 在主视图中，选取特殊位置点 a'、b'、c'、d'、e'、f'、g'、h'、i'、j'，并依据三等规律在俯视图和左视图中找到对应点的投影 a、b、c、d、e、f、g、h、i、j 和 a''、b''、c''、d''、e''、f''、g''、h''、i''、j''，判断可见性，并以直线顺序连接，如图 3-16（a）所示。

② 检查、整理、清理部分多余图线，加深可见图线，如图 3-16（b）所示。

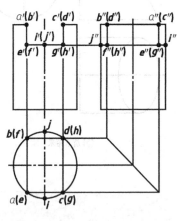
(a) 求特殊位置点的投影

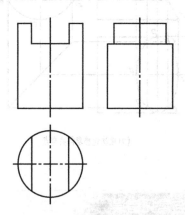
(b) 所求结果

图 3-16

难点解析与常见错误

绘制此题中给定截切立体三视图时，应注意的是，左视图中要绘制出处于凹槽底部不可见的交线，用虚线表达，这点在绘图过程中容易忽略。

实例3-7 如图 3-17（a）所示，圆柱被几个平面所截切，已知主视图，补全其他视图。

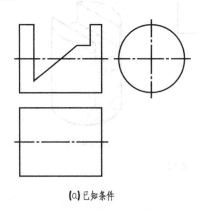
(a) 已知条件

(b) 立体图形

图 3-17

解题分析

如图 3-17（a）所示，根据主视图判断，此立体被四个平面所截切，表 3-1 中所列出的三种截切形式都被包含在内，立体图形如图 3-17（b）所示。完成此类题目，通常情况下都是按照"逐一绘制，最后整合"的步骤来完成。

作图过程

① 完成两端竖切截平面的投影。在主视图中选取特殊位置点 a'、b'、c'、d'、e'、f'，并根据积聚性和三等规律在左视图和俯视图中找到对应点的投影 a''、b''、c''、d''、e''、f'' 和 a、b、c、d、e、f，判断可见性，并以直线对应连接投影图线，如图 3-18（a）所示。

② 完成右侧水平截切平面的投影。在主视图中选取特殊位置点 g'、h'，并根据三等规律在左视图和俯视图中找到对应点的投影 g''、h'' 和 g、h，判断可见性，并以直线对应连接投影图线，如图 3-18（b）所示，俯视图中 e、f、g、h 四个点形成一个矩形，左视图中直线 $g''h''$ 与直线 $e''f''$ 相重合。

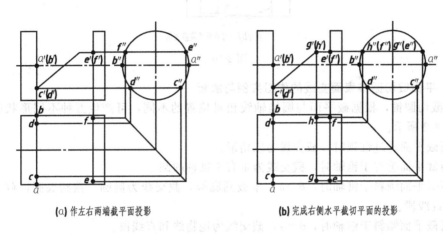

(a) 作左右两端截平面投影　　　(b) 完成右侧水平截切平面的投影

图 3-18

③ 完成左侧倾斜截切平面的投影。具体绘图过程和实例 3-5 基本相同，也是按照先找特殊点，后找一般位置点的作法，区别在于此实例只需绘制部分椭圆即可，需特别注意在找特殊点时，一定要把截交线上最前点 I 和最后点 J 找到，即椭圆弧与圆柱转向轮廓线的交点，以便于判断俯视图中转向轮廓线的有无，完成后如图 3-19（a）所示。

④ 虚线连接左视图中 $g''h''$ 和 $c''d''$。

⑤ 检查、整理、清理部分多余图线，加深可见图线，如图 3-19（b）所示。

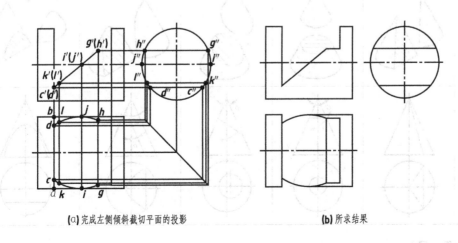

(a) 完成左侧倾斜截切平面的投影　　　(b) 所求结果

图 3-19

难点解析与常见错误

　　绘图结果显示，俯视图中以 i、j 两点为界，ab 至 ij 之间的圆柱转向轮廓线被切掉，而 ij 至 gh 之间的圆柱转向轮廓线没有被切掉，作图过程中，最后检查清理时，很容易忘记将 ai 和 bj 两段转向轮廓线擦除，形成错误俯视图，如图3-20所示。

图中**bj**和**ai**两段线段应去除

图 3-20

3.2.2.2　平面截切圆锥表面交线的作图实例与解析

　　平面截切圆锥，根据截平面与圆锥轴线相对位置的不同，可产生五种不同形状的截交线，如表3-2所示。

　　① 当截平面通过锥顶时，截交线为三角形。

　　② 当截平面垂直于锥轴时，截交线为垂直于锥轴的圆。

　　③ 当截平面倾斜于锥轴时，$\theta > \alpha$，未截到底圆，截交线为椭圆，截到底圆，截交线为椭圆弧和直线段。

　　④ 当截平面倾斜于锥轴时，$\theta = \alpha$，截交线为抛物线和直线段。

　　⑤ 当截平面倾斜于锥轴时，$\theta < \alpha$，截交线为双曲线和直线段。

　　平面截切圆锥所得的截交线为圆、椭圆、抛物线和双曲线，统称为圆锥曲线。

表 3-2

截平面的位置	过锥顶	不过锥顶			
		$\theta = 90°$	$90° > \theta > \alpha$	$\theta = \alpha$	$0° < \theta < \alpha < 90°$
截交线的形状	三角形	圆	椭圆	抛物线	双曲线
立体图					
投影图					

实例3-8　　如图3-21所示，已知圆锥被一正垂面所截切的主视图，补全其他视图。

图 3-21 (a) 所表达的立体是表 3-2 中截平面斜切圆锥，且与所有素线相交的情况，首先可以判断截交线形状为椭圆，立体图形也如表 3-2 中对应所示。本题具体作法仍然按照"先特殊位置点，后一般位置点"的顺序，首先求得截交线上部分点的投影，然后以一条光滑曲线顺序连接各点，即可绘出所求截交线。

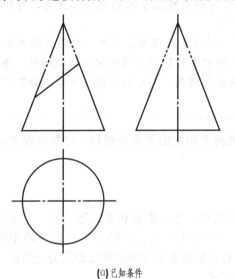

(a)已知条件　　　　　　　　　　(b)求取特殊位置点的投影

图 3-21

① 主视图中选取特殊位置点 a'、b'、c'、d'、e'、f'，其中 c'、d' 在主视图中是重影点，位置在 a'、b' 两投影点连线的中点处，这是截交线椭圆长、短轴的端点。利用三等关系、素线法或者纬圆法，在俯视图和左视图中找到对应投影点 a、b、c、d 和 a''、b''、c''、d''。另外，e'、f' 这两点是截交线椭圆在左视图转向轮廓线投影界线上的点，利用点的从属性作出对应投影点 e、f 和 e''、f''，如图 3-21 (b) 所示。

② 在主视图中任意选取一般位置点 g'、h'，利用素线法或者纬圆法，在俯视图和左视图作出对应点的投影 g、h 和 g''、h''。

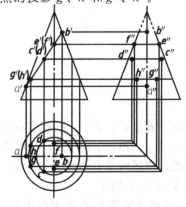
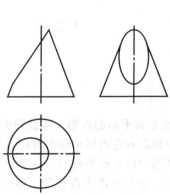

(a)求一般位置点的投影　　　　　　(b)所求结果

图 3-22

③ 分别在俯视图和左视图中用光滑曲线顺序连接所取点的同面投影，如图 3-22（a）所示。

④ 检查、整理、清理部分多余图线，加深可见图线，如图 3-22（b）所示。

难点解析与常见错误

① 根据主视图中已知点的位置，确定俯视图和左视图中点的对应位置时，可以利用素线法或者纬圆法，也可以两种方法交叉使用。

② 作图第一步找特殊位置点时，绘制 c'、d' 两点的投影很重要，它们将作为俯视图和左视图截交线投影椭圆短轴的两个端点。所以在作圆柱和圆锥被平面截切时，要能够对不同截切位置截切立体产生的截交线形状进行预判，利于取点过程中恰当的取得所需点的投影。

实例3-9

如图 3-23（a）所示，圆锥被两个相交的平面所截切，已知主视图，补全其他视图。

解题分析

图 3-23（a）所表达的立体是圆锥被一个水平面和一个正垂面相交截切所得，立体形状如图 3-23（b）所示。水平面垂直圆锥轴线，其截交线为圆弧，它的水平投影反映实际形状，侧面投影积聚成直线；正垂面过圆锥锥顶，其在俯视图和左视图的投影均为三角形。作图时仍然按照"逐一绘出，最后整合"的步骤来完成。

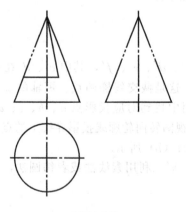 

(a) 已知条件   (b) 立体图形

图 3-23

作图过程

① 完成水平截平面的投影。主视图中选取点 a'、b'、c'、d'、e'，利用点的从属性和三等规律，在俯视图和左视图中作出对应点的投影 a、b、c 和 a''、b''、c''，利用纬圆法和三等规律，在俯视图中以 s 点为圆心，sa 为半径作圆弧，圆弧两端点分别为 d 和 e，左视图中对应作出 d''、e''，以直线连接点 b'' 和 c'' 即可，如图 3-24（a）所示。

② 完成正垂截平面的投影。按照分析可知，该截平面投影在俯视图中是 △sde，其中 de 从上向下看不可见，故为虚线，在左视图中是 △$s''d''e''$，如图 3-24（b）所示。

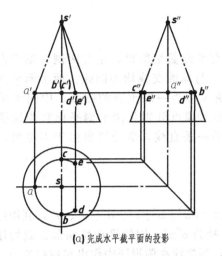

(a) 完成水平截平面的投影

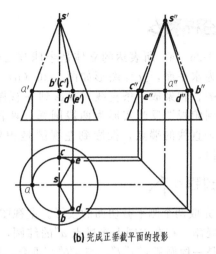

(b) 完成正垂截平面的投影

图 3-24

③ 检查、整理、清理部分多余图线，加深可见图线，注意左视图中 $s''b''$ 和 $s''c''$ 应擦除，因为正垂截平面已将这两段转向轮廓线切除，所求结果如图 3-25 所示。

3.2.2.3　平面截切球表面交线的作图实例与解析

平面截切圆球表面，无论从哪个位置截切，其截交线形状一定是圆。当截平面为投影面平行面时，截交线在该投影面上反映其实际形状；当截平面为投影面垂直面时，截交线在该投影面上积聚成一条直线；当截平面与投影面倾斜时，截交线在此投影面上呈现为椭圆。

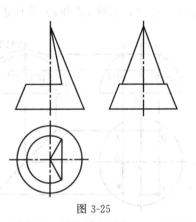

图 3-25

难点解析与常见错误

涉及多个相交平面共同截切一个立体类的题目，绘图时需对多个平面相交线的投影进行重点分析，一方面要考虑它是两个相交平面的终止线，另一方面需注意，当此线不可见时，容易忽略而漏画。

实例3-10　如图 3-26（a）所示，已知半球被几个相交平面所截切的主视图，补全其他视图。

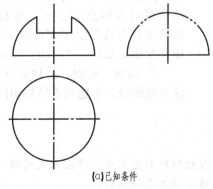

(a) 已知条件

(b) 立体图形

图 3-26

解题分析 ✎

图 3-26（a）所表达的立体是半球被三个相交平面截切所得，左右两侧为侧平面，中间一个为水平面，立体图形如图 3-26（b）所示，与球面交线均为圆弧。两个侧平面投影到俯视图各积聚成一条直线，投影到左视图反映实形为一段重合的圆弧；中间水平截切面投影到俯视图反映实形为两段圆弧，两段圆弧的端点分别是两个侧平面在俯视图中积聚成两条直线的端点，投影到左视图是积聚后的一条直线，部分线段由于不可见，要用虚线绘出。

作图过程 ✐

① 完成两个侧平截切面的投影。主视图中选取点 a'、b'、c'、d'、e'、f'，利用纬圆法和三等规律，在左视图上作过点 a'' 的纬圆，其半径为 $o''a''$，因侧平截切面部分截切球，故截交线是一段圆弧 $c''a''d''$，与 $e''b''f''$ 重合，利用三等规律在俯视图中作出对应投影点 a、b、c、d、e、f，直线 cd 和 ef 为所求截交线，如图 3-27（a）所示。

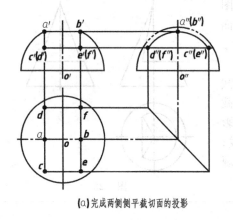

(a) 完成两侧侧平截切面的投影   (b) 完成水平截切面的投影

图 3-27

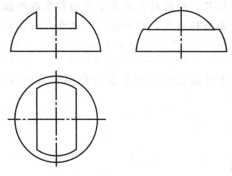

图 3-28

② 完成水平截切面的投影。根据分析可知，该平面在俯视图投影应是两段圆弧，左视图为一条直线，利用纬圆法在俯视图上作过点 c 的纬圆，其半径为 oc，得两段圆弧 ce 和 df，其中 g、h 为此面形成截交线的最前点和最后点，利用三等规律在左视图中找到对应投影点 g''、h''，连接直线 $g''h''$ 即为所求，但直线上 $c''d''$ 段由于不可见，需用虚线绘出，如图 3-27（b）所示。

③ 检查、整理、清理部分多余图线，加深可见图线，本题所求结果如图 3-28 所示。

难点解析与常见错误 🔍

圆球表面没有直线，因此在作平面截切圆球的过程中，涉及取点问题时，仅能够利用纬圆法，如果还利用素线法取点，其结果必然是错误的。

3.2.2.4 平面截切组合回转体表面交线的作图实例与解析

平面截切几个回转体共同组合而成的立体表面，其截交线的形状由立体的组合形式、平面的截切位置共同作用而决定，绘制其投影可按照"形体分析法"的思路和步骤来完成。

所谓的形体分析法，可以理解为先分析组合回转体是由哪些基本回转体组合而成，之后按照基本回转体分别被平面截切独立来看，按照前面所学平面截切基本立体形成截交线的绘制方法和步骤，逐一完成各立体表面截交线的绘制，最后根据几个基本立体的结构特点以及组合方式，综合考虑总体截交线的形状。

绘制复杂立体表面截交线的过程中需要注意，无论组合回转体形状多么复杂，截切平面的截切位置多么特殊，截交线以及截交线上的点仍然要遵循封闭性和共有性。

实例 3-11　　如图 3-29（a）所示，已知一个水平面截切组合回转体形成的主视图，请补全其他视图。

解题分析

图 3-29（a）所表达的是一个水平面截切组合回转体而成的复杂立体，立体图形如 3-29（b）所示。组合回转体是由三个基本回转体组合而成，由左至右依次为圆锥、大圆柱、小圆柱，三个立体同轴，且圆锥底面半径与大圆柱底面半径相同。

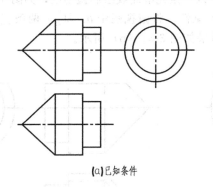

(a)已知条件　　　　　　(b)立体图形

图 3-29

由于截切平面是一个水平面，且与三个基本回转体轴线平行，故此可先利用积聚性断定截交线在左视图的投影为一条直线，再根据前面所学知识，判断俯视图中所得截交线形状对应为抛物线、大矩形、小矩形。左视图中的截交线以及俯视图中两个矩形截交线的绘图较为简单，可直接通过取特殊点后直线连接获得，所以在绘图过程中可以先画出来；但俯视图中抛物线形截交线需按照先取特殊点，再取一般位置点的步骤，取得适量点后以一条光滑的曲线连接起来获得。由于立体的整体性，先后针对各基本回转体绘制截交线取点的过程中，部分特殊位置点要多次用到，所以在分别绘制截交线前，可一次性先将所有特殊位置点都找到，对应完成投影点。

最后，根据三个基本回转体组合的方式，对截交线进行组合、整理。

作图过程

① 主视图中选取特殊位置点 a'、b'、c'、d'、e'、f'、g'、h'、i'，对应在俯视图和左视图标明 a、b、c、d、e、f、g、h、i 和 a''、b''、c''、d''、e''、f''、g''、h''、i''，如图 3-30（a）所示。

② 完成左视图截交线的投影。将所取特殊点用一条直线连接。

③ 完成俯视图两个矩形截交线。按照所取特殊点位置，直线连接 bd、ce、fh 和 gi，

所得矩形线框 *bdec* 和 *fhig* 即为两个圆柱在俯视图中截交线，如图 3-30 (b) 所示。

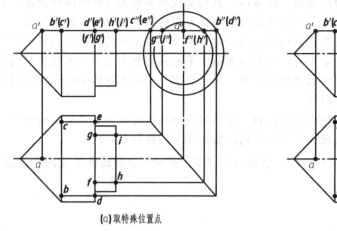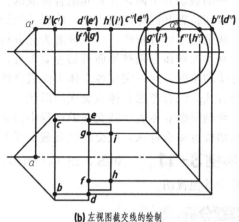

(a) 取特殊位置点　　　　　　　　　　　　　　(b) 左视图截交线的绘制

图 3-30

④ 完成俯视图中抛物线形截交线。取一般位置点 j'、k'、l'、m'，利用纬圆法和三等规律对应找到 j、k、l、m 和 j''、k''、l''、m''，以一条光滑曲线绘制抛物线，如图 3-31 (a) 所示。

⑤ 根据立体的整体性，判断图线的可见性，将俯视图中 *bc* 和 *gf* 两条直线改画成虚线，检查整理图线，加深可见轮廓线，所求结果如图 3-31 (b) 所示。

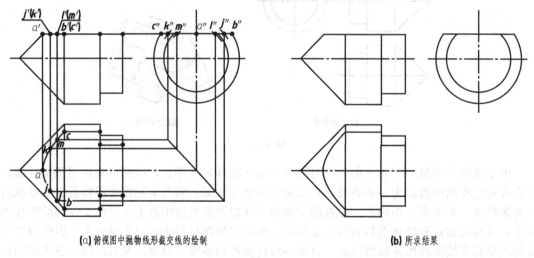

(a) 俯视图中抛物线形截交线的绘制　　　　　　　　　　　　　　(b) 所求结果

图 3-31

难点解析与常见错误

　　虽然，在绘图过程中利用了形体分析法的部分思想和步骤，但最终在完成各基本回转体截交线的绘制后，还要兼顾立体的整体性，尤其是在两个基本回转体相交的部位。

　　如此实例表现在俯视图中，按照独立基本体被水平面截切圆锥以及大圆柱分别形成的截交线，有一部分重合的直线 *bc*，实际上，截平面截切过整个立体后，形成的截断面是一个光滑的平面，并没有产生这条直线，但考虑回转体下面存在的不可见圆弧，所以在所求结果中将这条直线改画成虚线。两个圆柱相结合的部位也存在相同的问题。

第4章

相交立体的投影

▷▷▷ ▶▶▶

本章指南

目的和要求 掌握平面立体、曲面立体的投影特点及其表面上取点、取线的作图方法；熟练掌握平面与立体相交时截交线、两立体表面相交时相贯线的投影特点、形状及其求截交线、相贯线的作图方法，培养解决工程问题的思维方法。

地位和特点 本章是学习和掌握复杂组合体的前期准备，是学好零件表达的重要基础。

4.1 本章知识导学

不同的机器零件有着不同的功用，它们的形状也各不相同。但不管机器零件的形状多么复杂，通常可以看成是由一些基本几何体组成的。常见的基本几何体有棱柱、棱锥、圆柱、圆锥、球、环等。这些基本几何体有时是完整的，有时则被挖切，或者与其他立体相交。基本几何体上有若干表面，根据表面的性质，几何体通常分为两类。

平面立体——其表面为若干个平面的几何体，如棱柱、棱锥等。

曲面立体——其表面为曲面或曲面与平面的几何体，最常见的是回转体，如圆柱、圆锥、圆球、圆环等。

在投影上表示一个立体，就是把这些平面和曲面表达出来，然后根据可见性判别哪些线是可见的，哪些线是不可见的，把其投影分别画成实线或虚线，即得立体的投影图。

4.1.1 内容要点

如图 4-1 所示，工程上经常可以看到机件的某些部分是由平面与立体相交或者两立体相交形成的，这样，在立体表面就会产生交线。在画图时，为了准确地表达它们的形状，必须画出平面与立体相交所产生的交线的投影。

（1）平面与回转体相交

平面与回转体相交时，平面可能只与其回转面相交（交线通常为平面曲线，特殊情况下为直线），也可能既与其回转面相交又与其平面（端面）相交（交线为直线）。故回转体表面的截交线由直线、曲线或直线和曲线组成。当交线为非圆曲线时，一般先求出能确定交线的形状和范围的特殊点，如最高、最低、最前、最后、最左、最右点，可见与不可见部分的分界点等，然后再求出若干中间点，最后光滑地连接成曲线。

① 平面与圆柱体相交　由于平面与圆柱面的轴线的相对位置不同，平面与圆柱面的交

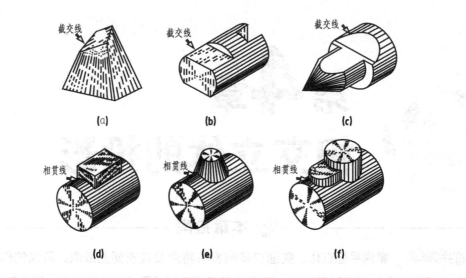

图 4-1　立体表面的交线

线有三种形状：矩形、圆和椭圆。如表 3-1 所示。

② 平面与圆锥体相交　平面与圆锥相交所产生的截交线，取决于平面与圆锥轴线的位置，如表 3-2 列出了平面与圆锥轴线处于不同相对位置时所产生的五种交线。

截交线的形状不同，其作图方法也不一样。交线为直线时，只需求出直线上两点的投影，连直线即可；截交线为圆时，应找出圆的圆心和半径；由于圆规、直尺不能直接画出椭圆、抛物线和双曲线，所以，当交线为椭圆、抛物线和双曲线时，需作出截交线上一系列点的投影。

（2）回转体与回转体相交

通常把两立体相交称为相贯，其表面产生的交线称为相贯线。零件上常见的是两回转体相贯，如图 4-2 所示的实例。为了完整清楚地表达机器零件的形状，画图时要正确地画出相贯线。

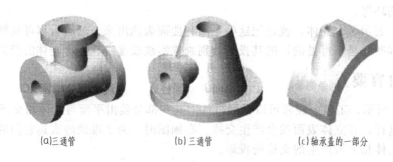

(a)三通管　　　　　(b)三通管　　　　　(c)轴承盖的一部分

图 4-2　机器零件上的相贯线

两回转体的相贯线一般情况下为封闭的空间曲线，特殊情况下为平面曲线或直线。由于相贯线是两立体表面的共有线，也是两立体的分界线，相贯线上的每一点都是两立体表面的共有点。所以，求相贯线的作图可以归纳为找共有点的作图，相贯线具有下列性质。

① 表面性　相贯线位于两立体的表面上。

② 封闭性　相贯线一般为封闭的空间折线（由直线和曲线组成）或光滑的空间曲线。

③ 共有性　相贯线是两立体表面的共有线，相贯线上的点是两立体表面的共有点。所以，求相贯线的实质就是求两立体表面的共有点。

4.1.2　重点与难点分析

（1）重点分析

① 应掌握平面立体与回转体表面相交的特点，其实质是平面立体中的平面与回转体相交的综合作图，要熟记常见截交线的形状，即要弄清不同位置截平面与圆柱、圆锥相交时所产生的不同形状的截交线。

② 应熟练掌握两回转体相交的相贯线的性质及其分析与作图方法。在"两回转体的相贯线"中，辅助平面法是重点。

（2）难点分析

相贯线空间分析、投影分析是本章的一个难点，学习中应多看一些实物，也可以用橡皮泥或黏土等制作一些两立体相贯的模型，以增强空间想象力。

4.1.3　解题指导

两回转体相交，主要是研究其表面交线即相贯线的作图方法。相贯线是两回转体表面的共有线和分界线，相贯线上的点是两回转体表面上的共有点。

由于立体表面是封闭的，因此，相贯线一般为封闭的空间曲线，在特殊情况下，可能是不封闭的，也可能是平面曲线或直线。相贯线的形状取决于相交两回转体的几何性质、相对大小和相对位置。

求相贯线的问题实质上是求两回转体表面上共有点的问题，而求两回转体表面共有点的基本方法是利用三面共点原理的辅助画法。当回转体表面的投影具有积聚性时，可利用积聚性按回转体表面取点的方法作图。

（1）解题的基本方法

① 利用积聚性求作相贯线　利用积聚性求作相贯线，其要点是，相交两回转体中，只要有一个回转体是轴线垂直于投影面的圆柱，此圆柱面在该投影面上的投影即为圆。具有积聚性，相贯线在空间不管是什么形状，它在该投影面上的投影都积聚在这个圆上，是已知的。利用这个已知投影，就可利用在回转体表面上取点、线的方法，求出相贯线的其余投影。

② 采用辅助平面法求作相贯线　当相交两回转体表面的投影都没有积聚性时，就要用辅助平面法进行作图。辅助平面的选取原则：它与两回转体截交线的投影必须是直线或圆。

（2）解题的一般步骤

① 分析立体形状　根据已知投影，结合各种回转体的投影特性，确定回转体的空间几何形状。

② 分析两回转体的相对位置及相贯线的空间形状　相贯线的形状取决于相交两回转体的几何性质、相对大小和相对位置。相贯线一般为封闭的空间曲线，在特殊情况下，可能是不封闭的，也可能是平面曲线或直线。

③ 分析相贯线的投影情况　分析两回转体对投影面的相对位置，主要分析两回转体的投影有没有积聚性。分析相贯线的投影有没有已知的，应求的是哪个投影。若交线的某投影已知，可利用积聚性法求出其余投影，若交线三个投影都未知，则必须用辅助平面法求出相贯线。同时，还要分析相贯线是否属于特殊情况，特殊情况时可直接求作。

④ 投影作图 一般情况下,求相贯线时,首先求出相贯线上的特殊位置点(最高、最低点,最左、最右点,最前、最后点)的投影,再根据连线的需求适当求出一些一般点,并判别其可见性后,依次光滑连接各点,即为所求相贯线,最后画全轮廓线的投影即可。

4.2 实例精选

4.2.1 平面立体与回转体表面相交作图实例与解析

实例4-1 已知俯视图和左视图,完成主视图,如图4-3(a)所示。

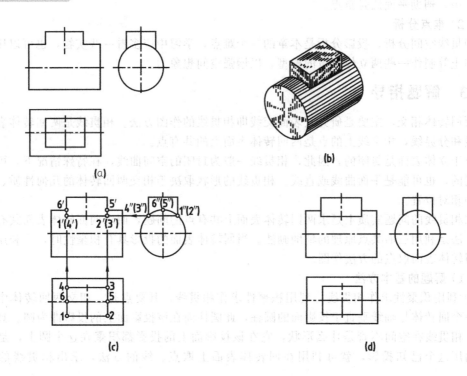

图 4-3

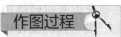

① 空间分析 由俯、左视图可知,空间物体由正四棱柱和圆柱相交而构成,圆柱轴线为侧垂线,正四棱柱与圆柱前后对称表面相交,相贯线由正四棱柱的四个侧棱面与圆柱表面相交组成,其中,前、后两个棱面与圆柱轴线平行,交线为两段与圆柱轴线平行的直线;左、右两棱面与圆柱轴线垂直,交线为两端圆弧,如图4-3(b)所示。

② 投影分析 相贯线在左视图上积聚在4″-6″-1″和3″-5″-2″上,在俯视图上积聚在四边形1-2-3-4上。在主视图上相贯线前后对称投影重合,待求。

作图过程

利用点的投影规律分别求出各点的正面投影,如图4-3(c)所示,依次连接成相贯线的投影,其结果如图4-3(d)所示。

难点解析与常见错误

　　该题目属于平面体与圆柱体相交，求相贯线的问题实质是求出平面立体各表面与圆柱表面的截交线。解题过程应按截交线的分析与作图方法逐段分析并完成其投影，最后还要注意，将两立体的轮廓线补画到交点处。

　　本题常见错误主要是空间分析和投影分析错误，如图 4-4 所示。

　　图 4-4（a）中，①处多画了轮廓线，此线与四棱柱融为实体，无轮廓。②处漏画四棱柱前、后表面与圆柱表面的截交线。③处漏画四棱柱左、右侧面与圆柱表面的截交线。

　　图 4-4（b）中，④处虚线不存在。正四棱柱与圆柱表面相交，以相贯线为界，相交的内部为实体，故多画了圆柱体的最上素线。

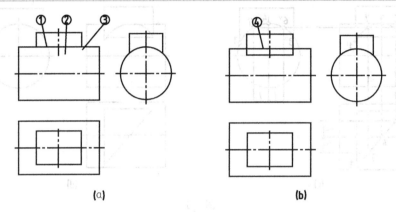

(a)　　　　　　　　　　　　　(b)

图 4-4

实例4-2　　三棱柱与圆柱体相交，已知俯视图和左视图，求作主视图，如图 4-5（a）所示。

解题分析

　　① 空间分析　由左视图的圆对应俯视图中的矩形可知，相交的两立体其中之一是圆柱体；由俯视图中的三角形对应左视图中的矩形可知，另一立体为三棱柱；其相互位置由俯视图可知，前后、左右均不对称，相贯线的空间形状由三棱柱的三个棱面与圆柱面的交线组成。其中，后侧棱面与圆柱面的交线为直线，右侧棱面与圆柱面的交线为部分圆，左前棱面与圆柱面交线为椭圆，立体形状如图 4-5（a）所示。

　　② 投影分析　相贯线投影在左视图上积聚在一段圆弧上，在俯视图上积聚在三角形 1-2-3 上，在主视图中的投影由于前后不对称，所以投影并不重合，应分别画出三段交线的投影。

作图过程

　　首先求出棱柱后侧棱面和右侧棱面与圆柱面的交线，如图 4-5（b）所示。再求出棱柱左前侧棱面与圆柱面的交线，其作图过程如图 4-5（c）所示。其中点Ⅳ为椭圆弧的最高点，也是主视图上椭圆弧的可见与不可见部分的分界点。最后补画出圆柱面和三棱柱的轮廓线。在主视图上圆柱面的最上素线的左面一段应画到 4′ 处，棱柱的左棱线应画到 3′ 处。其作图结果如图 4-5（d）所示。

　　作图注意：作此类题时，必须检查棱线和回转面轮廓线的投影，即棱线的投影必须与回转面交点的投影（如 1′、2′、3′）相连，回转面轮廓线必须和其上的特殊点（如 4′）连上。

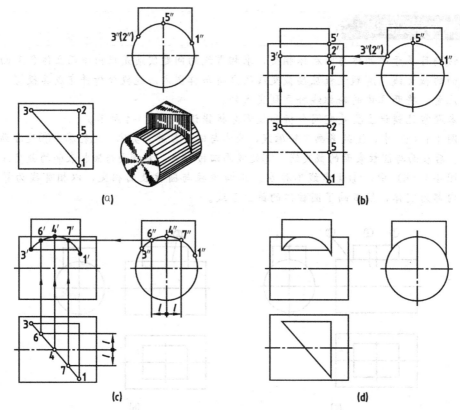

图 4-5

　　本题常见错误主要发生在轮廓线整理、可见性和交线完整性方面。

　　图 4-6 （a）中，①处为可见性错误，该段交线位于圆柱后表面，在主视图中为不可见，故应画成虚线。②处多画线，该段轮廓线已不存在，与三棱柱已融为整体，故不能画线。

　　图 4-6 （b）中，③处为可见性错误，该段线为棱柱左棱线的投影，位于圆柱后部被圆柱表面遮挡，故应画成虚线。④处漏画截交线，棱柱后棱面与圆柱后表面有截交线（直线），主视图中应画出该段交线。

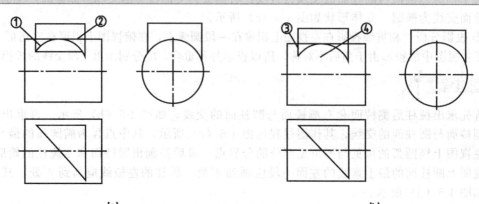

图 4-6

4.2.2 回转体与回转体表面相交作图实例与解析

4.2.2.1 圆柱与圆柱表面交线的作图实例与解析

实例4-3 已知立体的俯视图和左视图，完成主视图，如图 4-7（a）所示。

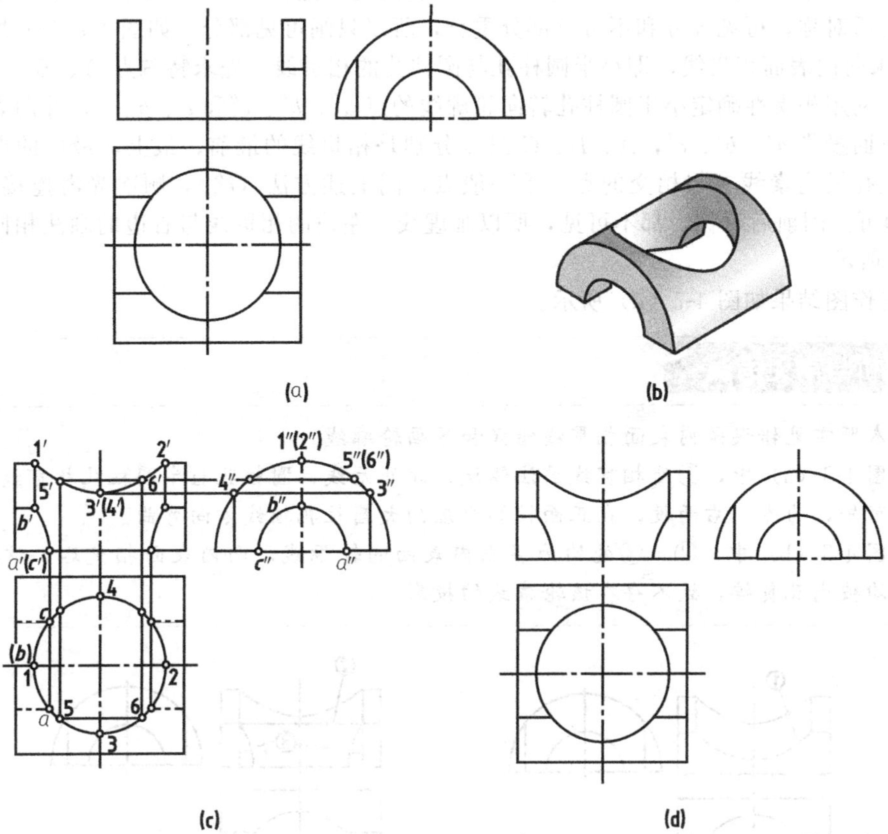

(a)

(b)

(c)

(d)

图 4-7

解题分析

① 空间分析 由左视图的同心半圆与对应俯视图的实线和虚线矩形框，俯视图的圆对应左视图的虚线框分析可知，该立体轴线为侧垂线的空心半圆柱，从上向下贯穿有一个圆柱孔。空心半圆柱的内、外圆柱轴线重合，表面没有交线；圆柱孔与空心半圆柱轴线正交，不仅外表面有相贯线，内表面也有相贯线。其空间形状如图 4-7（b）所示。

② 投影分析 由左视图可知，圆柱孔全部贯通半圆柱，相贯线为一条光滑、封闭的空间曲线，其俯视图和左视图均为已知，俯视图上积聚在圆柱孔的圆周上，左视图积聚在大半圆柱的圆周上，主视图为前后对称的凸向大半圆柱轴线的曲线（向下弯曲）。

由俯视图可知，小半圆柱与大圆柱孔全部贯通，相贯线为两条光滑、不封闭的空间曲线，其左视图和俯视图均为已知，分别积聚在小半圆柱的半圆和大圆柱孔的圆周上，正面投影为左右对称的凸向大圆柱孔轴线的曲线（左右向中间弯曲）。

作图过程

① 求外表面与内表面相贯线，即圆柱孔与外半圆柱面的相贯线。先求特殊点Ⅰ、Ⅱ、

Ⅲ、Ⅳ，圆柱孔贯穿外半圆柱，其前后、左右的转向轮廓线都参与相交，交点的俯视图 1、2、3、4 重合在圆柱孔的圆周上，左视图 1″、(2″)、3″、4″ 重合在大半圆柱公共部分的圆周上，用表面取点法可求出正面投影 1′、2′、3′、4′。Ⅰ、Ⅱ、Ⅲ、Ⅳ 是相贯线的最前、最后、最左、最右的点，Ⅰ、Ⅱ 也是大半圆柱最高素线参与相交的点。再求一般点 Ⅴ、Ⅵ，利用积聚性确定 5、6 和 5″、(6″)，求出 5′、6′。顺次光滑连接 1′、5′、3′、6′、2′、4′ 各点即可。因前后对称，可见部分和不可见部分重合，所以只画可见部分，如图 4-7 (c) 所示。

② 求两内表面相贯线，即小半圆柱孔与圆柱孔的相贯线。先求特殊点 A、B、C，同上述方法，利用积聚性确定小半圆柱孔转向轮廓线的点 a″、b″、c″ 和 a、b、c，并用表面取点法求出正面投影 a′、b′、c′，A、B、C 三点分别是相贯线的最前、最上、最后的点，B 点也是圆柱孔最高素线参与相交的点。求一般点，同上述方法（略），顺次光滑连接 a′、b′、c′ 各点即可。因前后对称，都不可见，所以画虚线。左边的相贯线与右边的画法相同，如图 4-7 (c) 所示。

最终作图结果如图 4-7 (d) 所示。

难点解析与常见错误

本题常见错误是内表面相贯线错误和多画轮廓线。

图 4-8 (a) 中，①处相贯线画法错误。此处无线，圆柱孔与半圆柱孔相贯线由水平投影可知，为左、右两段，在正面投影中应向大圆柱孔轴线方向弯曲。

图 4-8 (b) 中，②、③处均为多画内表面的轮廓线，两内表面相交后，该三段轮廓线均被内孔贯掉，故不存在该轮廓线的投影。

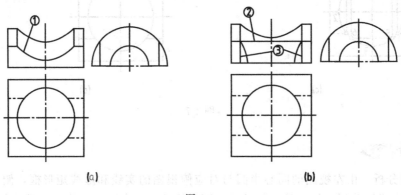

(a)   (b)

图 4-8

实例4-4 根据正面投影和水平投影，完成侧面投影，如图 4-9 (a) 所示。

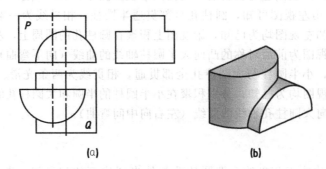

(a)   (b)

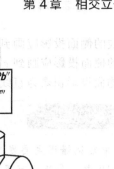

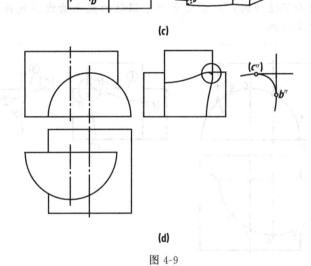

(c)

(d)

图 4-9

解题分析

① 空间分析 由图 4-9 可知，两半圆柱面 P、Q 的轴线垂直交叉，表面互交。它们的轴线分别为铅垂线和正垂线，故相贯线是一段空间曲线，如图 4-9（b）所示。

② 投影分析 由于两圆柱的轴线分别垂直于 H 面和 V 面，P 半圆柱面的水平投影和 Q 半圆柱面的正面投影有积聚性，故相贯线的水平投影和正面投影都是已知的，需求出的只是相贯线的侧面投影（一段曲线）。

作图过程

① 求特殊点。根据两半圆柱的各转向轮廓线上点 A、B、C、D 的正面投影和水平投影，可分析出它们分别为相贯线上的最左（最低）、最前、最上、最右（最后）点。各点的侧面投影可根据其正面投影和水平投影求得，如由 b′ 和 b 可确定其侧面投影 b″，即在 P 半圆柱最前轮廓素线的侧面表面投影上，如图 4-9（c）所示。

② 求一般点。需要在两特殊点之间求一般点，运用表面取点法或辅助平面法均可。当用表面取点法求点时，可首先确定相贯线上点的正面投影和水平投影，再求其侧面投影。如 F 点，先确定 f′、f，由 f′、f 即可求得 f″，如图 4-9（c）所示。

③ 判别可见性，并顺次光滑连接各点的侧面投影。由正面投影和水平投影可以看出，相贯线上 AB 段在 P 圆柱左半圆柱面上，所以 a″b″ 段为可见，连接成实线，其余为虚线，b″ 为可见与不可见的分界点，如图 4-9（c）所示。

④ 完成各转向轮廓素线及其余投影。P 面的最前、最右素线分别到 B、D 点，所以最

前、最右素线的侧面投影应画到 b''、d''；Q 面的最上、最左素线分别到 C、A 点，所以最上素线前段的侧面投影应画到 c''，如图 4-9（d）中放大图所示。因为 P 半圆柱面的后端面为正平面，侧面投影积聚为直线，故补画出侧面投影所缺部分。

难点解析与常见错误

　　本题中常见错误主要发生在可见性判断及轮廓线整理方面，如图 4-10 所示。

　　图 4-10 中，①处为可见性判断错误。B、C、D、E 四点在竖立半圆柱右半部，因此侧面投影均不可见，应使用虚线连接此四点。②、③处为轮廓线投影错误，②处竖立半圆柱最前素线应向下延伸到 b''，③处水平半圆柱的最上素线应延伸到 (c'')。这两条轮廓线在绘图时极易漏画。

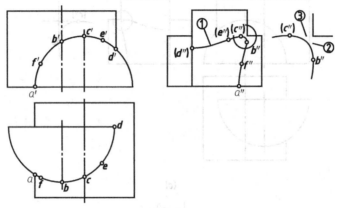

图 4-10

实例4-5 完成两立体表面相贯线的投影，如图 4-11（a）所示。

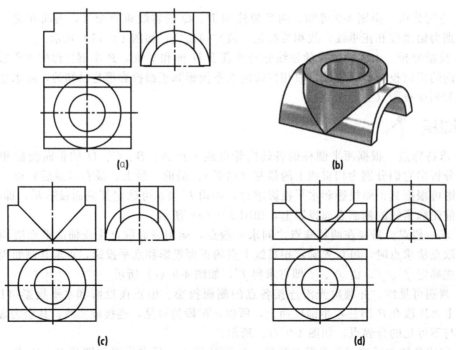

(a)　　　　　　　　(b)

(c)　　　　　　　　(d)

图 4-11

① 空间分析　根据水平投影和侧面投影可知，轴线为侧垂线的空心半圆柱与轴线为铅垂线的空心半圆柱垂直相交，并且两圆柱的外径相等。所产生的相贯线共有两条，分别为外表面与外表面相贯线和内表面相贯线，其空间形状如图 4-11（b）所示。

② 投影分析　由于两圆柱分别在水平投影和侧面投影都具有积聚性，所以相贯线的水平投影和侧面投影均为已知，由于两圆柱外径相等，因此外表面与外表面相贯线的正面投影为直线。内表面相贯线的正面投影为前后重合的曲线。

作图过程

① 绘制两外表面相贯线，如图 4-11（c）所示。
② 绘制内表面相贯线，如图 4-11（d）所示。

难点解析与常见错误

本题常见错误属于相贯线画法错误，如图 4-12 所示。

图 4-12（a）中，①处为相贯线画法错误。由于两圆柱外表面为等径相交，属于特殊情况，相贯线的正面投影为直线。

图 4-12（b）中，②处多画了相贯线。竖立圆柱孔与水平外半圆柱表面不相交，因为两外圆柱表面相交后，内部就融为实体，不存在外半圆柱表面，故在此不画相贯线。

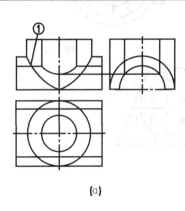 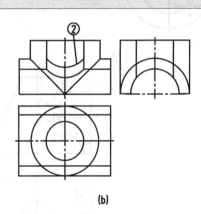

(a)　　　(b)

图 4-12

4.2.2.2　圆柱与圆锥表面交线的作图实例与解析

实例4-6　完成两立体表面相贯线的投影，如图 4-13（a）所示。

解题分析

① 空间分析　由图 4-13（a）可看出，圆锥台的轴线为铅垂线，圆柱的轴线为侧垂线，两轴线正交，且都平行于 V 面，所以相贯线为前后对称的一条空间曲线，如图 4-13（b）所示。

② 投影分析　因圆柱的侧面投影积聚为圆，相贯线的侧面投影在该圆上；其正面投影前后对称，相贯线投影重合为一段曲线；因圆锥台与圆柱的水平投影都不积聚，相贯线的水平投影为一闭合的曲线，故相贯线的水平投影和正面投影都需完成作图。本例用辅助平面法作图较为方便，根据两立体的相互位置，可选择水平面作为辅助平面，如图 4-13（b）

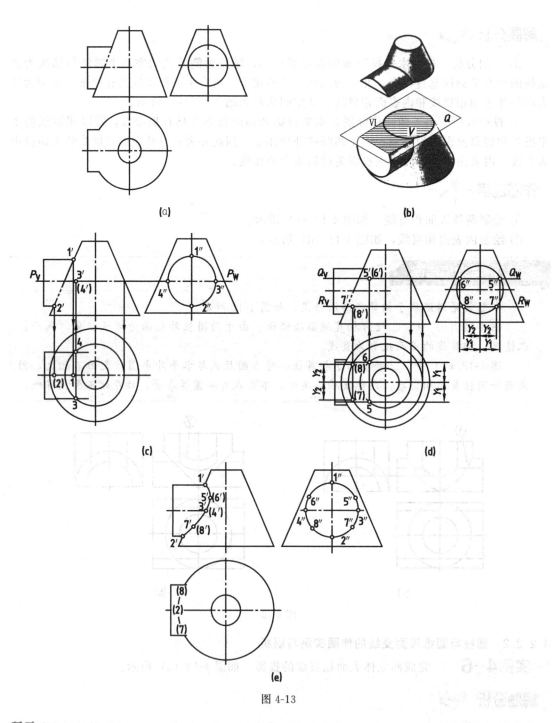

(a)

(b)

(c)

(d)

(e)

图 4-13

所示。

作图过程

① 求特殊点。如图 4-13（c）所示，由侧面投影可知，$1''$、$2''$是相贯线上最高点和最低点的投影，它们是两回转体正面投影的转向轮廓线的交点，可直接确定出 $1'$、$2'$，并由此投影确定出水平投影 1、(2)；而 $3''$、$4''$是相贯线上最前点、最后点的侧面投影，它们在圆柱水平投影转向轮廓线上。可过圆柱轴线作水平面 P 为辅助平面（画出 P_V 和 P_W 表示 P 面

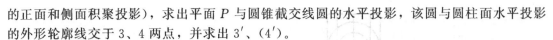

的正面和侧面积聚投影），求出平面 P 与圆锥截交线圆的水平投影，该圆与圆柱面水平投影的外形轮廓线交于 3、4 两点，并求出 3′、(4′)。

② 求一般点。如图 4-13 (d) 所示，作水平面 Q 为辅助平面，首先画出 Q_V 和 Q_W，然后求出 Q 与圆锥面的截交线圆的水平投影，再由侧面投影依 Y_1 宽相等画出 Q 与圆柱面的截交线（两条直线）的水平投影，则截交线的圆与两条直线的交点 5、6 即为一般点 Ⅴ、Ⅵ 的水平投影，最后在 Q_V 上确定出 5′和 (6′)。同理，再作水平辅助面，可求出 (7)、(8) 及 7′、(8′) 点。

③ 连曲线。如图 4-13 (e) 所示，因曲线前后对称，相贯线正面投影前后重合，所以在正面投影中，用粗实线画出可见的前半部曲线即可；水平投影中，由 3、4 点分界，在上半圆柱面上的曲线可见，将 3-5-1-6-4 段曲线画成粗实线，其余部分不可见，画成细虚线。

④ 补画轮廓线。水平投影中圆台底圆的投影不全，补画出圆柱下面不可见的虚线回弧。圆柱体最前、最后素线与锥台表面相交于 Ⅲ、Ⅳ 点，故水平投影应画到 3、4 点，如图 4-13 (e) 所示。

难点解析与常见错误

本题常见错误主要是漏画轮廓线，如图 4-14 所示。

图 4-14 (a) 中，①处漏画圆锥台底圆不可见部分的投影。

图 4-14 (b) 中，②处漏画圆柱体最前、最后素线的投影。圆柱最前、最后素线与圆锥台相交于 Ⅲ、Ⅳ 点，水平投影应补画到 3、4 点为止。

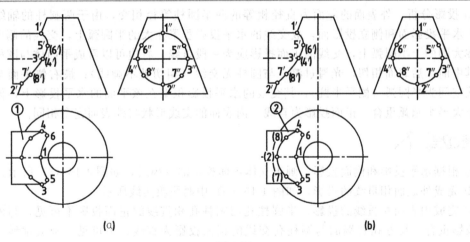

图 4-14

4.2.2.3 多立体表面交线的作图实例与解析

实例4-7 根据水平投影和侧面投影，完成正面投影，如图 4-15 (a) 所示。

解题分析

① 空间分析 由水平投影和侧面投影可知，该立体的外形是由 U 形柱体与圆柱体轴线垂直相交而形成，U 形柱体的半圆柱部分与圆柱表面是等径相交，相贯线空间为半个椭圆，属于相贯线的特殊情况；U 形长方体部分的前、后平面与圆柱体表面相切，光滑过渡无交线；长方体的右端面与圆柱体表面相交，交线为圆弧。内部结构与外表面情况相同。其立体形状如图 4-15 (b) 所示。

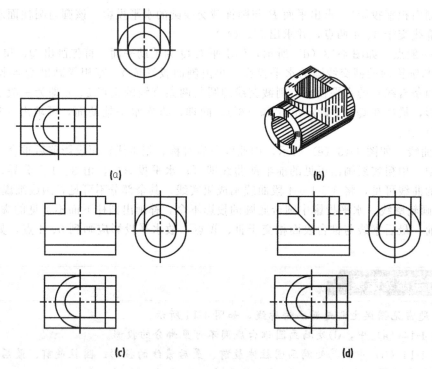

图 4-15

② 投影分析　外表面的左面为直径相等的两半圆柱等径相交，由于两圆柱的轴线分别垂直于水平投影面和侧立投影面，故交线的水平投影积聚在大的半圆弧上，交线的侧面投影积聚在大圆的上半圆弧上，交线的正面投影应为一段直线。右边可以看成平面体与圆柱体相交，其中前、后表面相切，光滑过渡，与圆柱无交线（相切处不画线）；最右侧平面与圆柱的交线空间为半圆弧（侧平半圆），其交线的水平投影积聚在该平面的水平投影上，侧面投影与上大半个圆弧重合，正面投影为直线。内表面的交线形状与外表面完全相同。

作图过程

① 根据水平投影和侧面投影，画出立体正面投影的轮廓线，如图 4-15（c）所示。

② 完成外表面相贯线的投影，如图 4-15（d）中两段粗实线所示。

③ 完成内表面相贯线的投影，半圆柱孔与圆柱孔相贯线的正面投影不可见，与外部相贯线投影重合，长方孔右端面与圆柱孔交线的正面投影为直线，不可见，画成虚线，如图4-15（d）所示。

难点解析与常见错误

本题常见错误主要是多画、漏画图线，如图 4-16 所示。

图 4-16（a）中，①处多画了图线。由于长方体的前、后表面与外圆柱表面相切，在相切处属于光滑过渡，无分界线。

图 4-16（b）中，②处多画了不存在的相贯线，该错误属于对相贯线的空间分析与投影分析不到位所致，在立体中，半圆柱孔与圆柱孔的相贯线属于等径相交，相贯线空间为半个椭圆，正面投影为直线（虚线），与外表面交线投影重合了。③处漏画了长方孔右侧面与圆柱孔表面交线的正面投影。

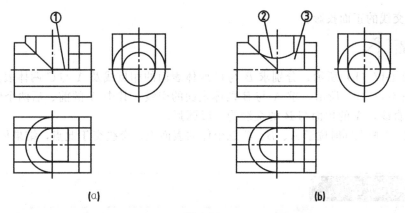

图 4-16

实例4-8　根据水平投影和侧面投影，完成交线的正面投影，如图 4-17（a）所示。

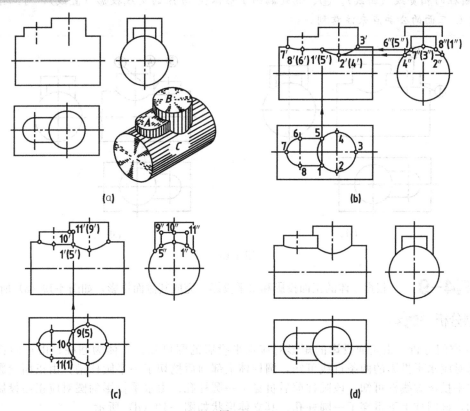

图 4-17

解题分析

① 空间分析　由图 4-17（a）可以看出，该立体由 A、B、C 三部分组成，且 A、B、C 三者之间两两相交。其立体形状如图 4-17（a）立体图所示。

② 投影分析　A 与 B 的侧面垂直于 H 面，水平投影有积聚性，交线的水平投影皆积聚其上。圆柱 C 的轴线垂直于 W 面，侧面投影有积聚性，A 与 C、B 与 C 的交线的侧面投影皆积聚其上。由于 A 的前、后两个侧面及顶面的侧面投影分别积聚成直线，故 A 与 B 的交线的侧面投影也分别积聚在这些直线上。根据交线已知的水平投影和侧面投影，按作图规律

依次可求得交线的正面投影。

作图过程

① 如图 4-17（b）所示，分别求 B 与 C 两体表面的相贯线及 A 与 C 两体表面的交线。

② 如图 4-17（c）所示，求 A 与 B 两体表面的交线。其中 A 的前、后两个侧面与 B 的交线为两段直线，A 的顶面与 B 的交线为一段圆弧。

注意：I、V两点同时位于 A、B、C 三个体的表面上，交线交于此点，结果如图 4-17（d）所示。

难点解析与常见错误

本题常见错误主要是错画、漏画交线投影，多画轮廓线投影，如图 4-18 所示。

图 4-18 中，①、③处多画了不存在的轮廓线，而漏画了交线。②处错画了半圆柱与圆柱的相贯线（曲线）。④、⑤处漏画了形体 A 与 B 的交线投影（直线），对立体 A、B、C 三面的公共点未注意到。

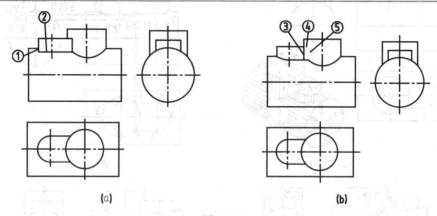

图 4-18

实例4-9 根据立体的正面投影和水平投影，完成其侧面投影，如图 4-19（a）所示。

解题分析

① 空间分析　由正面投影的矩形对应水平投影的圆可知，立体为圆柱；由正面投影上部半圆对应水平投影的两条直线可知，圆柱体上部前后挖切了一半圆柱槽；由正面投影的圆对应水平投影虚线框可知，该圆柱前后贯穿了一圆柱孔；由水平投影的圆对应正面投影虚线框可知，该圆柱上下贯穿了一圆柱孔。其立体形状如图 4-19（d）所示。

② 投影分析　由正面投影可知，半圆柱槽与大圆柱体两轴线垂直相交，相贯线为前、后两段空间曲线；前后方向的圆柱孔与大圆柱体轴线垂直相交，相贯线为前、后两条封闭的空间曲线；轴线为铅垂方向的圆柱孔与上部的半圆柱槽相贯，相贯线为一条封闭的空间曲线；轴线为铅垂方向的圆柱孔与轴线为正垂方向的圆柱孔直径相等，轴线垂直相交，相贯线属于特殊相贯（为两个平面椭圆）。

作图过程

① 补全完整圆柱的侧面投影，并画出半圆柱槽、前后圆柱孔的侧面投影，如图 4-19（b）所示。

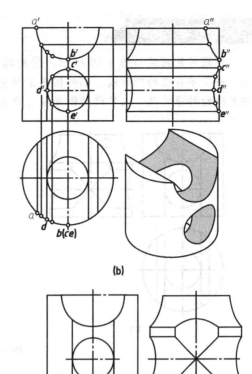

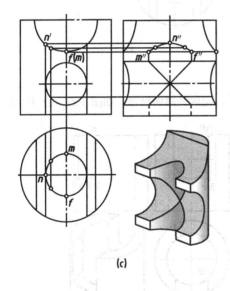

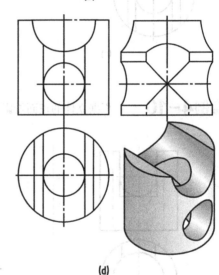

图 4-19

② 求半圆柱槽与大圆柱体的相贯线的投影。已知相贯线的水平投影 *ab* 和正面投影 *a'b'*
分别重合在水平投影大圆和正面投影半圆上，利用表面取点法求出其侧面投影 *a"b"*，如图
4-19（b）所示。

③ 求前后穿通的圆柱孔与大圆柱体相贯线的投影。已知正面投影 *c'd'e'* 和水平投影 *cde*
分别重合在正面投影的小圆和水平投影的大圆上，利用表面取点法可求出其侧面投影 *c"*
d"e"，如图 4-19（b）所示。

④ 作出上、下圆柱孔的侧面投影及与其他形体表面的相贯线。求铅垂方向的圆柱孔
与半圆柱槽相贯线的投影：其水平投影 *mnf* 和正面投影 *m'n'f'* 分别重合在水平投影的小
圆和正面投影的半圆上，利用表面取点法可求出其侧面投影 *m"n"f"*，不可见，应画虚线。
求两个等径圆柱孔相贯线的投影：其正面投影和水平投影分别重合在对应的小圆上，其
侧面投影为相交两直线，直接连接两个圆柱孔转向轮廓线交点即可，如图 4-19（c）
所示。

⑤ 完成相贯后，各立体剩余轮廓线的侧面投影如图 4-19（d）所示。

难点解析与常见错误

　　该题常见错误如图 4-20 所示。①处漏画了竖立圆柱孔与半圆槽内表面的相贯线，而多画了不存在的轮廓线。②处错画了相贯线的投影，该处为两圆柱孔等径相交，属于相贯线的特殊情况，相贯线的侧面投影为相交的两条直线。

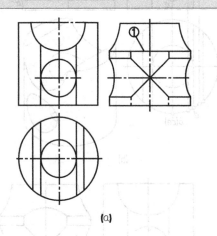

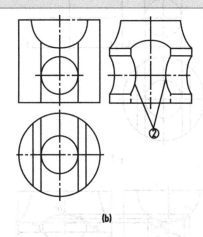

图 4-20

实例4-10　　根据立体的正面投影和水平投影，完成其侧面投影，如图 4-21（a）所示。

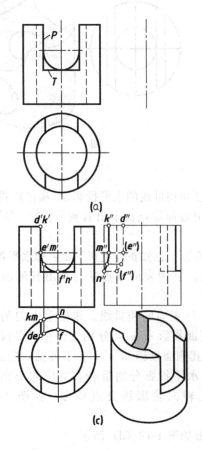

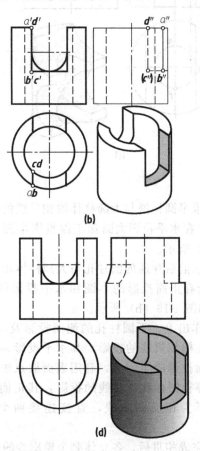

图 4-21

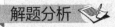

解题分析

① 空间分析 由正面投影实、虚矩形和水平投影的同心圆可知，立体为空心圆柱；由正面投影上部的矩形和半圆对应水平投影前后两条直线可知，该空心圆柱前后形成了通槽，因正面投影中的矩形和半圆弧都可见，所以该空心圆柱前方为长方形缺口，后方为 U 形缺口。其立体形状如图 4-21（d）所示。

② 投影分析 空心圆柱的前方被左右对称的长方形缺口切割，与内、外圆柱表面产生截交线，侧面投影按截交线求作。空心圆柱的后方被左右对称的侧平面 P 和半圆孔切割，F 面的截交线为铅垂的两条直线 KM、DE，半圆槽与空心圆柱内、外圆柱面垂直相交，相贯线均为一段空间曲线。其侧面投影分别按相贯线、截交线求作。

作图过程

① 作出完整空心圆柱的侧面投影，如图 4-21（b）所示。

② 求长方形缺口与空心圆往的截交线 ABCD 的投影，如图 4-21（b）所示。

③ 求 U 形缺口与空心圆柱的相贯线曲线 MN、EF 的投影。如图 4-21（c）所示，其水平投影 mn、ef 分别重合在内、外圆柱面的积聚圆上，其正面投影 $m'n'$、$e'f'$ 均重合在正面投影的半圆上。按投影规律可求出其侧面投影 $m''n''$、$e''f''$，且 $e''f''$ 不可见，应画虚线。

求 U 形缺口中 P 面与空心圆柱表面的交线 KM、DE 的投影。如图 4-21（c）所示，其正面投影 $k'm'$、$d'e'$ 重合在 P 面的积聚直线上，水平投影 km、de 积聚在内、外圆柱的积聚圆上，按投影规律求出侧面投影 $k''m''$、$d''e''$，其中 $d''e''$ 不可见，应画虚线。

④ 补全立体的侧面投影。擦去内、外圆柱切割掉的部分最前、最后轮廓线，加粗剩余空心圆柱的轮廓线，如图 4-21（d）所示。

难点解析与常见错误

该题常见错误如图 4-22 所示。

图 4-22（a）中，①处多画虚线，而漏画了相贯线和截交线。

图 4-22（b）中，②、③处前后关系错误。长方槽在前，U 形槽在后。

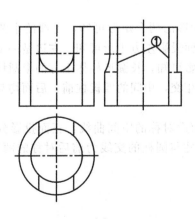

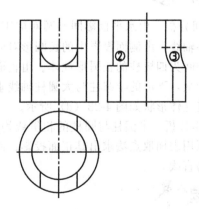

(a)   (b)

图 4-22

实例 4-11 根据立体的水平投影和侧面投影，补全正面投影所缺图线，如图 4-23 （a)所示。

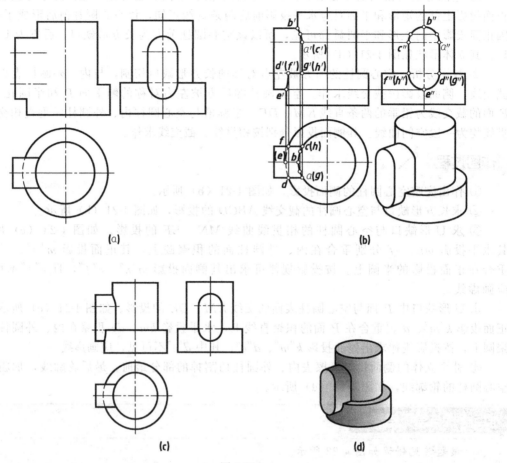

图 4-23

解题分析 ✎

① 空间分析　由水平投影同心圆对应正面投影的两个矩形可知，上部的小圆柱与下部的大圆柱共轴线，由侧面投影中的长圆形对应正面投影左方矩形可知，左边是一个上下各为半圆柱、中间为四棱柱的长圆形柱体。由正面投影可知，长圆形柱体上方的半圆柱与小圆柱轴线垂直相交，下部的半圆柱与大圆柱轴线垂直相交，中间的四棱柱前、后面均与小圆柱表面截交。其立体形状如图 4-23 （d) 所示。

② 投影分析　半圆柱与圆柱的相贯线均为前后对称的空间曲线，正面投影分别为两段曲线，可利用表面取点法求出其正面投影；四棱柱与圆柱的交线为前后对称的两条铅垂线，正面投影为直线。

作图过程 ✐

① 求上半圆柱与小圆柱的相贯线的正面投影。先求特殊点 A、B、C 的投影，利用圆柱的积聚圆可直接确定其侧面投影 a''、b''、c'' 和水平投影 a、b、c，按投影规律求出其正面投影 a'、b'、c'；再适当地求出若干一般点，判别可见性，依次光滑连接 $a'b'c''$ 即可，如图

4-23（b）所示。

② 求下半圆柱与大圆柱的相贯线正面投影 $d'e'f'$，如图 4-23（b）所示。

③ 求四棱柱与圆柱的交线 AG、CH 的正面投影。因其水平投影 ag、ch 积聚在小圆柱的水平投影圆上，侧面投影 $a''g''$、$c''h''$ 重合在四棱柱棱面的积聚直线上，按投影规律可求出其正面投影 $a'g'$、$c'h'$。大圆柱顶平面与左方长圆形柱体的交线为 DG、FH，由已知水平投影和侧面投影可求出正面投影 $d'g'$、$f'h'$。最后，补画出大圆柱顶平面的积聚投影至 d'，如图 4-23（b）所示。其作图结果如图 4-23（c）所示。

难点解析与常见错误

该题常见错误如图 4-24 所示。

图 4-24（a）中，①处相贯线画法错误，与水平投影（虚线圆弧）不对应。②处漏画了大圆柱顶面的积聚投影。

图 4-24（b）中，③处无此线，而漏画了半圆柱与圆柱的相贯线。④处无此线，而漏画了平面体与圆柱体的截交线。

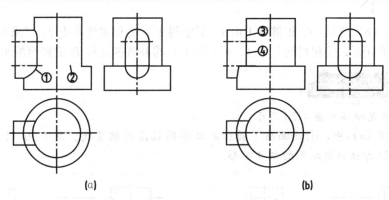

(a)　　　(b)

图 4-24

实例4-12　根据立体的侧面投影，完成其正面投影及水平投影，如图 4-25（a）所示。

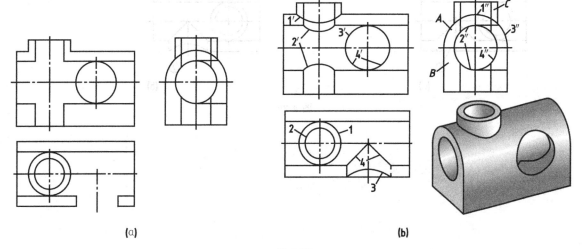

(a)　　　(b)

图 4-25

解题分析

① 空间分析　该物体的外部结构由轴线为侧垂线的半圆柱 A 与四棱柱 B 形成的一个上圆下方柱体及直立圆柱体 C 组成，其内部由上下、左右贯通的两圆柱孔及前方的圆柱孔构成。其立体形状如图 4-25（b）的立体图所示。

圆柱 C 与半圆柱 A 轴线垂直相交，其相贯线为常见的空间曲线Ⅰ（1、1′、1″）。A、C 内孔相交，其相贯线为常见的空间曲线Ⅱ（2、2′、2″）。右前方垂直于正面的圆柱孔与半圆柱 A 轴线垂直相交，其相贯线也为常见的空间曲线Ⅲ（3、3′、3″）。右前方垂直于正面的圆柱孔，与左右方向通孔等径相贯，相贯线为Ⅳ（4、4′、4″）。

② 投影分析　相贯线Ⅰ、Ⅱ的水平投影及侧面投影都是已知的，它们都积聚在相应的圆周上，由两面投影可直接作出正面投影。相贯线Ⅲ的正面投影及侧面投影都是已知的，积聚在圆周上，也可直接作出其水平投影。右前方垂直于正面的圆柱孔，其直径与左右方向通孔相等，相贯线Ⅳ为两半个椭圆，正面投影与侧面投影都积聚在对应的圆周上，水平投影成两直线段。

作图过程

如图 4-25（b）所示：①相贯线Ⅰ由 1、1″求得 1′；②相贯线Ⅱ由 2、2″求得 2′；③相贯线Ⅲ由 3、3″求得 3′；④相贯线Ⅳ由 4、4″求得 4′；⑤补齐四棱柱 B 前棱面的水平投影。

难点解析与常见错误

该题常见错误如图 4-26 所示。

图 4-26（a）中，①处漏画了圆柱孔与半圆柱面的相贯线。图 4-26（b）中，②处漏画了倒 U 形柱体前端面的积聚投影。

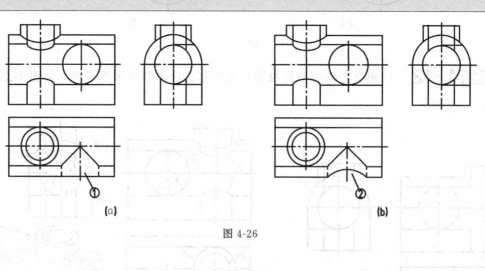

(a)　　　　(b)

图 4-26

第5章
组合体视图

▷▷▷ ▶▶▶

本章指南

目的和要求 熟练掌握画组合体视图的作图方法和步骤；掌握正确、完整、清晰地在视图中标注组合体尺寸的方法；熟练掌握并运用形体分析法和线面分析法识读组合体的视图。

地位和特点 本章是本书最重要的部分，是将前面的投影法、点线面的投影、立体投影、轴测图等内容综合应用的章节，同时也是阅读零件图和装配图的基础，对培养和提高空间想象能力有很大的促进作用。

5.1 本章知识导学

机械零件因其作用不同而结构形状各异，但它们都可以看作是由若干基本体组合而成的形体。由两个或两个以上基本体组成的形体称为组合体。组合体大多是由零件或其局部结构忽略倒角、圆角、螺纹等细微工艺结构抽象而成的几何模型。

5.1.1 内容要点

① 组合体的组合类型。形体之间的表面连接关系有平齐、不平齐、相交、相切四种。
② 画组合体视图。
③ 组合体的尺寸标注。
④ 组合体的读图。
⑤ 组合体构型。

5.1.2 重点与难点分析

（1）重点分析

① 形体分析法是本章的重点之一，学习和运用形体分析法是培养空间想象能力的重要环节，不仅在组合体的画图、读图中使用该方法，在组合体尺寸标注中依然会用到它，因此必须熟练掌握，最终能达到举一反三、灵活应用的程度。

② 组合体的尺寸标注是本章的另一个重点。应将重点放在尺寸的完整上，对初学者来说，漏注尺寸现象非常普遍，需要通过反复练习，掌握方法和原则，避免漏注现象发生。

（2）难点分析

① 组合体的读图是本章的一个难点，与画图相比，更加抽象，学习中应注意观察主视图，因为三个视图中，主视图是起着主导作用的视图，它比较明显地反映物体整体的形状特

征和各组成部分的相对位置。从主视图入手，联系其他视图进行分析，才能使读图过程更加容易、准确。

② 对物体的某一局部形体来说，极可能在主视图之外的其他视图上表示其形状特征，因此，应将几个视图联系起来进行读图。对于那些投影重叠不易看懂的局部形状，要利用线面分析法进行仔细分析和想象，这样才能准确而迅速地读懂视图。

③ 组合体的尺寸标注是本章的又一个难点，初学者难以掌握，学习中一定要学会按形体分析法来标注尺寸，要避免只看一个视图、互相割裂和无次序地标注尺寸。

5.1.3 解题指导

绘制和阅读组合体视图都需要科学的方法进行指导，下面介绍主要的解题方法。

（1）绘制和阅读组合体视图的方法

将组合体分解为若干简单形体的叠加与切割，并分析这些基本体的相对位置，便能加深对整个机件形状的完整理解，这种方法称为形体分析法。形体分析法是指导画图和读图的基本方法。对于比较复杂的组合体，通常在运用形体分析法的基础上，结合线面分析法进行绘图和读图。所谓线面分析法，是将物体分解成若干个表面，运用线、面的投影特性（真实性、积聚性、类似性）分析物体各表面的形状、性质、相对位置及表面连接关系，来进行画图和读图的方法。

（2）绘制组合体视图的步骤

以形体分析法为主、线面分析法为辅的分析方法，对组合体进行分析后，完成其三视图，其具体步骤如下。

① 将组合体分解成若干个基本形体，逐个画出其三个视图。

② 注意分析各形体之间的连接关系，正确画出其连接处的投影。

③ 画各形体时，应从反映实形的投影或表面有积聚性的投影画起，注意按照三等规律绘制。

（3）组合体尺寸标注的步骤

组合体尺寸标注的解题方法仍要采用形体分析法，按构成组合体的形体逐个标注定形尺寸和定位尺寸，其具体解题步骤如下。

① 运用形体分析法将组合体分解成若干个基本形体，逐个注出各形体的定形尺寸。

② 注出各形体定位尺寸。

③ 综合整体形状，注出总长、总宽、总高尺寸。

④ 当尺寸较多时，为便于看图，应注意使尺寸布置得清晰、明显和相对集中。

（4）组合体读图步骤

读图时，一定要抓住读图的要领和读图的方法步骤。要从反映形体特征的视图入手，将几个视图联系起来看，从而综合想象出物体的整体形状，其具体方法步骤如下。

① 形体分析法读图步骤。

a. 看视图，分线框。将组合体的视图（一般是主视图）分解为若干个线框（一般为封闭线框），按投影关系找出各个线框的其余投影。

b. 对投影，识形体。按照基本几何体的投影特点，确定各个形体的形状。

c. 分析各形体间的组合关系和相互位置关系。

d. 综合想象出组合体的整体形状。

② 线面分析法读图步骤。

a. 利用形体分析法对已知视图进行分析，确定组合体被切割以前的几何形体和被切割的情况。

b. 分析组合体中图线与线框的含义，按照线、面的投影特点，确定截切面的形状和位置关系。

　　c. 综合想象出组合体的整体形状。

　　形体分析法适合于叠加式组合体，而线面分析法较适合于切割式组合体，但由于组合体往往是综合式组合体，既有叠加部分又有切割部分，故读图时需要综合应用，以形体分析法为主，以线面分析法为辅。通常对既有叠加又有切割的复杂组合体主要用形体分析法，对局部难点用线面分析法进行分析。

5.2　实例精选

5.2.1　组合体各形体表面间连接关系分析

5.2.1.1　组合体形体表面间平齐与相错关系的作图实例与解析

实例5-1　根据组合体相邻表面连接关系，改正图 5-1 中的错误。

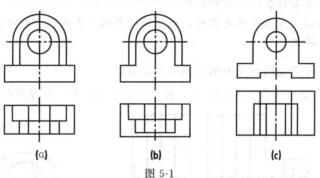

图 5-1

解题分析

　　由如图 5-1 所示可知，其立体形状如图 5-2 所示。

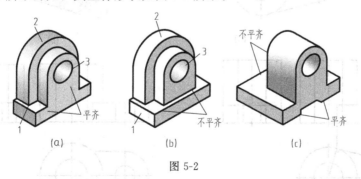

图 5-2

　　在如图 5-1 所示的主视图中，根据组合体相邻表面连接关系可以看出：图 5-1（a）所示主视图中多画了 U 形凸台底部与长方体顶面的分界线；图 5-1（b）所示主视图缺少 U 形块底部与长方体顶面的分界线；图 5-1（c）所示图缺少 U 形块后方平面与底部后方结合处的不可见投影线。

作图过程

　　改正之后，如图 5-3 所示。

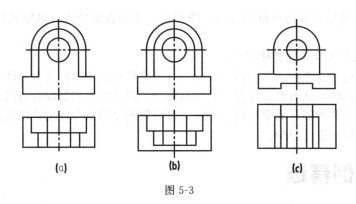

图 5-3

难点解析与常见错误

该类题目属于平面体与平面体组合，解题时要特别注意各个表面的位置关系分析，弄清两表面之间是否存在分界线的问题。

在画图时切记：当两平面共面时，在分界处不画分界线；当两平面不共面时，在分界处必须画出分界线。

5.2.1.2 组合体形体表面相切关系的作图实例与解析

实例5-2 根据组合体表面关系，补画图 5-4 所示主、左视图中缺漏的图线。

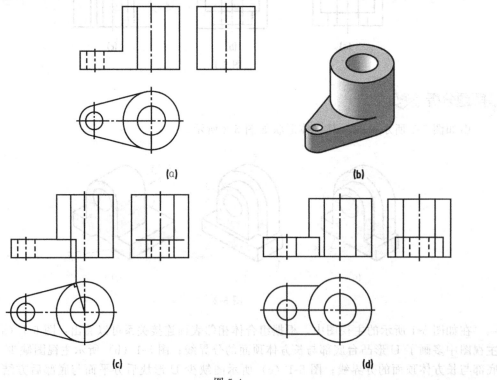

图 5-4

解题分析

由图 5-4（a）所示可知，该立体由一个圆筒和一块耳板组合而成，耳板的前、后面与圆筒外圆柱面相切，属光滑过渡，底面与圆柱底面共面，其立体形状如图 5-4（b）所示。根据立体表面关系与三视图的投影特性，主视图中耳板顶面投影不全，且左视图中漏画了耳板的投影和圆柱孔的投影。

作图过程

① 补画耳板顶面的正面投影。根据相切关系，在俯视图上确定切点的位置，将耳板顶面的正面投影画到与切点正面投影对应位置，如图 5-4（c）所示。

② 补画耳板及小孔的左视图。根据耳板的主、俯视图长对正，由主、左视图高平齐，俯、左视图宽相等的对应规律画出其左视图，如图 5-4（d）所示。

难点解析与常见错误

　　该类题目是训练平面体与回转体组合时表面关系的作图问题，解题时要注意分析，当两表面之间属于相切关系时，在相切处不画分界线，但平面的投影要画到切点为止，作图时一定要先找到切点。

　　常见错误是立体表面相切时，容易多画线，由于相切处属于光滑过渡，无分界线，因此画图时应注意：主视图中连接处不画线，左视图中耳板上顶面的投影按宽相等要画到切点为止。图 5-4（d）则反映了耳板与圆筒外圆柱面相交的情况，相交时交界处有交线，必须画出交线的各个面的投影，此时，耳板的投影应画到耳板与圆筒外圆柱面相交的位置（即交点处）。

实例5-3　分析图 5-5 中各组视图的错误，并将其改正。

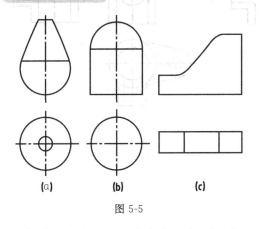

(a)　　　(b)　　　(c)

图 5-5

(a)　　　(b)　　　(c)

图 5-6

解题分析

　　由图 5-5 中各组视图不难想象出其立体形状，如图 5-6 所示。由该立体图可知，两回转体表面相切时，是光滑过渡，表面之间不存在分界线，画图时不能画出分界线。图 5-5（a）俯视图中多画了圆球和圆台的分界线；图 5-5（b）主视图中多画了半圆球和圆柱之间的分界线；图 5-5（c）属于平面与曲面之间的关系，依然是

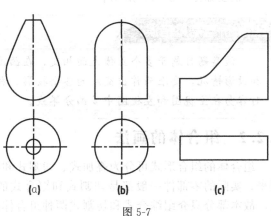

(a)　　　(b)　　　(c)

图 5-7

相切关系，故俯视图中多画了相切处的两条图线。

 作图过程

改正后的视图如图 5-7 所示。

难点解析与常见错误

该类题目在解题时一定要弄清楚相邻表面的连接方式及作图方法，尤其是要注意切圆、切线投影的表达方法，初学者容易画错。

5.2.1.3 组合体形体表面相交关系的作图实例与解析

实例5-4 根据图 5-8（a）所示的立体图，完成其三视图。

解题分析

如图 5-8（a）所示组合体由两个空心圆柱和一块耳板组合而成，其中耳板的前、后两平面与竖立空心圆柱的外表面相切，圆滑过渡处没有分界线；两空心圆柱轴线垂直相交，内、外表面均产生相贯线（空间曲线）。在图 5-8（b）所示的主视图中，耳板与圆柱体的切线要画到切点正面投影的位置；左视图中，耳板与圆柱体的切线要画到切点侧面投影的位置。左视图中，两个相贯线要注意可见性的问题。

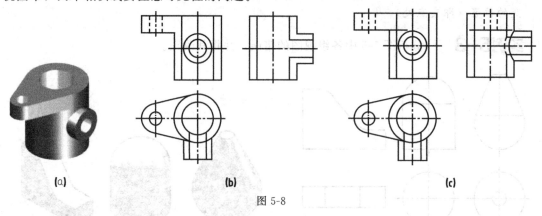

(a)　　　　　　　(b)　　　　　　　(c)

图 5-8

作图过程

三视图如图 5-8（c）所示。

难点解析与常见错误

该类题目属于多个立体表面相交，在画图时，要特别注意分析表面交线的空间情况和投影情况，要准确作出交线的各个投影。初学者在画图时，容易忽视交线的投影，同时容易在主视图和左视图中多画分界线。

5.2.2 组合体的画法

组合体的组合形式可分为叠加式、切割式和综合式三种。组合体是由实际的零部件抽象而来，实际的零部件一般都是切割式和综合式的，严格地说，纯粹的叠加式组合体并不多见，故本部分只介绍综合式和切割式两种组合体的绘制方法。

5.2.2.1 综合式组合体的作图实例与解析

实例5-5 根据图 5-9（a）所示组合体立体图，绘制其三视图。

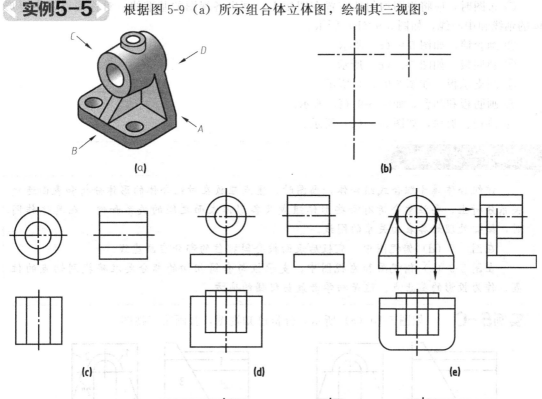

图 5-9

解题分析

该组合体是由轴承座抽象而成，它是由凸台、套筒、支承板、肋板及底板组成。凸台和套筒是两个垂直相交的空心圆柱体，在外表面和内表面上都有相贯线；支撑板、肋板和底板分别是不同形状的平板，支承板的左、右侧面与套筒的外圆柱面相切，肋板的左、右侧面与轴承的外圆柱面相交，底板的顶面与支承板、肋板的底面相互叠加。按照自然放置、反映特征、虚线要少的主视图选择原则，可选择 B 向为该组合体主视图的投射方向。

作图过程

按照先主后次的顺序和投影关系逐步将这四部分画出，如图 5-9 所示。具体绘图步骤如下。

　　① 布图时，应将视图均匀地布置在图幅上，画出各视图的基准线、对称线以及主要形体的轴线和中心线，如图 5-9（b）所示。

　　② 画套筒，如图 5-9（c）所示。

　　③ 画底板，如图 5-9（d）所示。

　　④ 画支承板，如图 5-9（e）所示。

　　⑤ 画肋板和凸台，如图 5-9（f）所示。

　　⑥ 检查、加深，如图 5-9（g）所示。

难点解析与常见错误

　　该组合体属于综合式组合体，画图时，重点应放在对组合体的形体分析和表面连接关系分析上，要注意分析有哪些形体组成及各形体表面之间的关系如何。在具体作图时，细心处理好各表面关系的图线。

　　在图 5-9（d）俯视图中，底板后表面被套筒挡住的部分应画虚线。

　　在图 5-9（e）俯视图和左视图中，支承板与套筒相切的部分要准确找到切点的位置，作为投影的截止点。这是初学者最易犯错的地方。

实例5-6　　如图 5-10（a）所示，分析已知视图，补画第三视图。

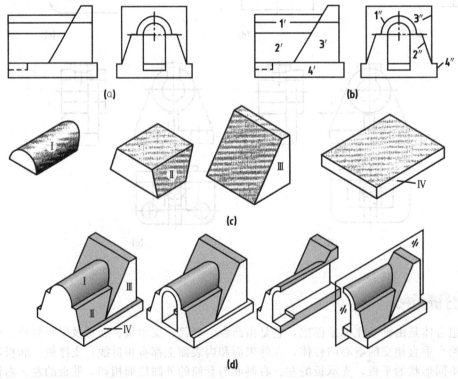

图 5-10

解题分析

　　本形体为一前后对称的形体，从已知两个视图中的多个线框可知，该形体分别由内外结构组成，内部结构简单而外形相对复杂，外形由多个平行面、垂直面和一个圆柱面切割而

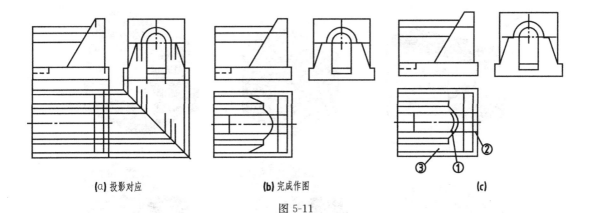

(a) 投影对应　　　　　　　　(b) 完成作图　　　　　　　　(c)

图 5-11

成。对于在主视图中划分的实线框 1′、2′、3′、4′，按投影规律与左视图作投影对应，可知
相应面所在的左右位置和上下位置，如图 5-10（b）所示。对于主视图中划分的线框 1′、2′、
3′、4′，用形体分析法构思想象，可分解为一些基本体，如图 5-10（c）所示。将这些基本
体叠加并在正中自左向右切去一个倒 U 形通孔，即可想象出本题形体的空间形象，如图
5-10（d）所示。

作图过程

　　按照先主后次的顺序和投影关系逐步将这四部分画出，如图 5-11 所示。具体绘图步骤
如下。

　　① 布图时，应将视图均匀地布置在图幅上，画出各视图的基准线、对称线以及主要形
体的轴线和中心线，如图 5-11（a）所示。

　　② 画出对应结构的水平投影，如图 5-11（a）所示。

　　③ 检查、加深，如图 5-11（b）所示。

难点解析与常见错误

　　本题作图的难点在于：基本体Ⅲ的斜面与基本体Ⅰ、Ⅱ的右侧相交而产生五段截交
线，包括椭圆形、正垂线、一般线，组合体上截交线的形成过程及投影特点与基本体上
截交线的形成过程及投影特点一致。

　　此题较为复杂，常见错误主要有图 5-11（c）中的①、②、③处。错误①主要是误
解斜面截切外表面时，也同时截切到内表面，从而多画了内柱面的截交线。错误②主要
是没想清楚通孔的范围。错误③主要是因读图的疏忽，从而漏画交线。

5.2.2.2　切割式组合体的作图实例与解析

实例5-7　　已知如图 5-12（a）所示立体，绘制其三视图。

解题分析

　　① 本题所给的形体是初始形体［拱形立体，如图 5-12（b）所示］经过切割形成的。

　　② 初始形体被两个正平面切割掉前后两个部分，如图 5-12（c）所示。

　　③ 将剩余形体左边上下部分各切掉一个小拱形体，如图 5-12（d）所示。

　　④ 在上下两部分上面各切掉一个半圆柱体，如图 5-12（e）所示。

　　⑤ 在剩余形体中间部切一个圆形通孔，如图 5-12（f）所示。

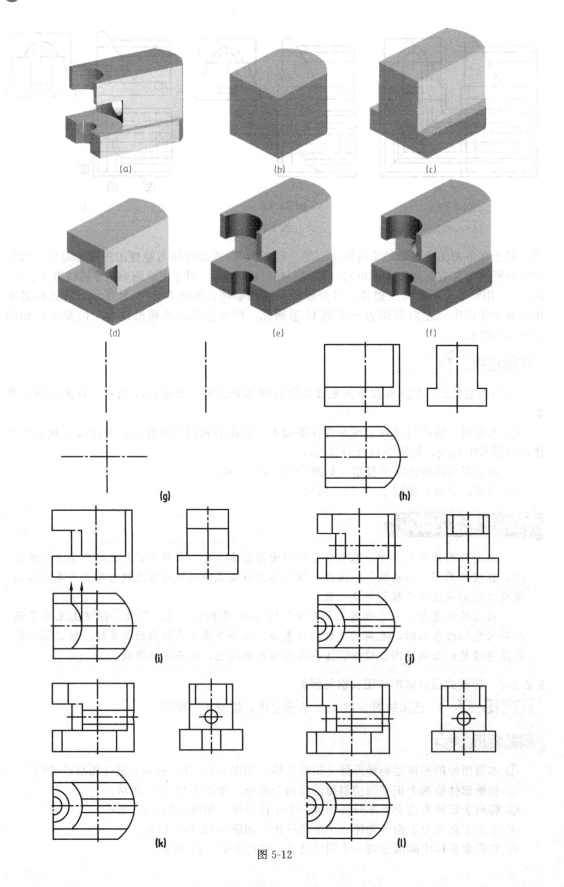

图 5-12

作图过程

① 确定比例，布置图画，确定各视图的轴线、对称中心线或其他定位线，如图 5-12（g）所示。

② 从俯视图出发，绘制初始形体的三视图，如图 5-12（h）所示。

③ 将剩余形体左边切掉一个小拱形体，绘制三视图，如图 5-12（i）所示。

④ 将剩余形体左边上下部分各切掉一个小拱形体，三视图如图 5-12（j）所示。

⑤ 在剩余形体中间部分切一个圆形通孔，三视图如图 5-12（k）所示。

⑥ 检查、加深，如图 5-12（l）所示。

实例5-8 如图 5-13 所示，分析视图，想出形体，补画第三个视图。

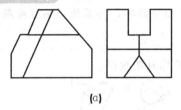
(a)

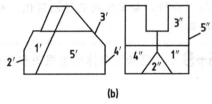
(b)

图 5-13

解题分析

① 本题给出的形体是由一个四棱柱被多个面前后对称切割而成的。根据左视图划分的实、虚线框及投影对应分析可知：线框Ⅰ为一般位置平面，在形体后方有一个与之对称的平面；线框Ⅱ为左下部的侧平面；线框Ⅲ为右上部的正垂面；线框Ⅳ为右下部的侧平面；线框Ⅴ为正前方的正平面，在形体后方有一个与之对称的平面。由左视图可见，中上部有一个被三个平行面切割出来的槽口，形体空间形状如图 5-14 所示。

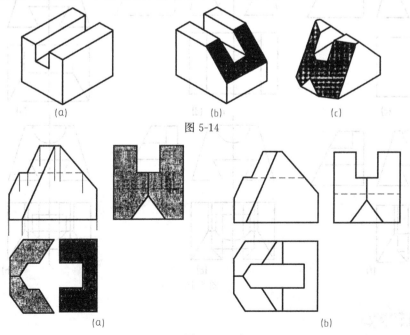

(a)   (b)   (c)

图 5-14

(a)   (b)

图 5-15

② 在补画俯视图时，可先将一般位置平面Ⅰ、侧平面Ⅱ和正垂面Ⅲ补出，再根据投影

对应规律作出其他面的投影。

作图过程

① 根据投影对应规律补画一般位置平面Ⅰ、侧平面Ⅱ和正垂面Ⅲ原形类似形的俯视图，如图 5-15（a）所示。

② 完成组合体的俯视图，如图 5-15（b）所示。

难点解析与常见错误

视图对称是反映形体的重要特征之一，视图中的对称有平移对称、镜像对称，把握了视图的对称，就会对形体对称的理解加深，在想象形体的空间形状时，利用形体上的对称性加以分析，常常使问题得以简化，求解变得相当简单，甚至使得某些难解决的问题迎刃而解。

实例5-9 已知组合体的主视图和左视图，求作其俯视图。

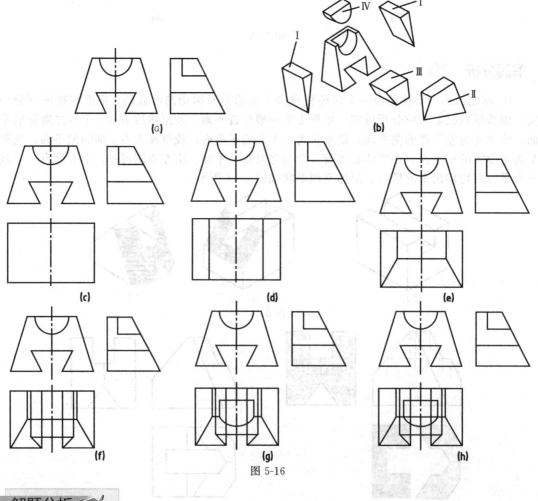

图 5-16

解题分析

如图 5-16（a）所示，该组合体是长方体经过多次切割后所得。从主视图上看，首先用左右对称的正垂面截切长方体，切去如图 5-16（b）所示的两个第Ⅰ部分形体；从左视图可以看出，用一侧垂面截切剩余形体，即切去如图 5-16（b）所示的第Ⅱ部分形体，此时，剩余形体呈四棱台状；结合主视图和左视图，可以看出四棱台的下方用正垂面和一水平面截切，挖去一小的四棱台［如图 5-16（b）所示的第Ⅲ部分形体］，其上方挖去一半圆柱体［图 5-16（b）所示的第Ⅳ部分形体］，剩余形体即为所得。画图时按读图的过程一步步地画出截去各形体后的三视图。

作图过程

① 画长方体的俯视图，如图 5-16（c）所示。
② 画长方体上切去第Ⅰ部分后的俯视图，如图 5-16（d）所示。
③ 画切去第Ⅱ部分后的俯视图，如图 5-16（e）所示。
④ 画切去第Ⅲ部分后的俯视图，如图 5-16（f）所示。
⑤ 画切去第Ⅳ部分后的俯视图，如图 5-16（g）所示。
⑥ 检查加深，如图 5-16（h）所示。

难点解析与常见错误

　　切割式组合体的视图补画，主要用线面分析法来完成，熟练运用点、线、面投影的特性是解决这类问题的关键。

5.2.3　组合体的尺寸标注

　　标注尺寸是表达物体的重要手段。掌握好组合体标注尺寸的方法，可为今后在零件图上标注尺寸打下良好的基础。

　　组合体尺寸标注的要求是：正确、完整、清晰、合理。

　　正确是指所标注的尺寸要符合国家标准有关尺寸注法的规定。

　　完整是指所标注的尺寸齐全，不多余、不遗漏、不重复。

　　清晰是指所标注的尺寸布置清楚，排列整齐，便于看图。

　　合理是指对于组合体来说，尺寸标注基准选择运用合理；对工程图样而言，尺寸标注要满足工程设计和制造工艺的要求。

　　组合体尺寸标注的方法是形体分析法，即将组合体分解为若干个基本体和简单体，在形体分析的基础上标注定形尺寸、定位尺寸和总体尺寸。

5.2.3.1　尺寸标注正确性标注实例与解析

实例5-10　将尺寸标注中的错误改正后，注在右图上。

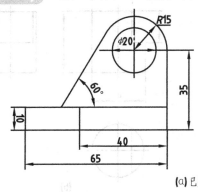
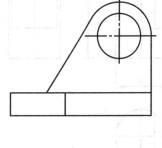

(a) 已知条件

图 5-17

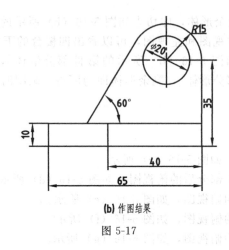

(b) 作图结果

图 5-17

解题分析 ✍

如图 5-17（a）所示，已知条件有四个错误：10 的方向不对；60°标注方式不同；ϕ20 的尺寸线与中心线重合，位置不对；R15 多出一个箭头。

解题过程 ✍

① 尺寸数字 10 应在尺寸线的左边。

② 尺寸数字 60°要水平注写。

③ ϕ20 的尺寸线不能与中心线重合。

④ R15 的正确标注如图 5-17（b）所示。

难点解析与常见错误 🔍

尺寸线不能用轮廓线、中心线等代替，必须单独引起。

尺寸界线应由轮廓线、轴线或对称中心线处引出，也可利用轮廓线、轴线或对称中心线作尺寸界线。

角度的尺寸数字一律水平书写，一般应注在尺寸线的中断处。

5.2.3.2 截切基本体尺寸标注实例与解析

实例 5-11 ▷ 改正图 5-18（a）中尺寸标注中的错误。

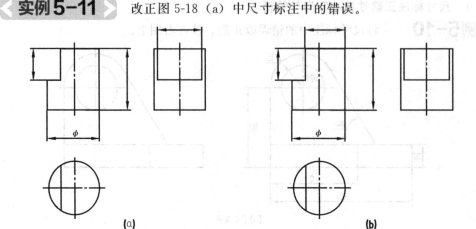

图 5-18

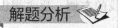

图 5-18（a）所示的左视图中的定位尺寸不能正确确定截切平面的位置，不能在截交线上直接标注尺寸。

解题过程

需要标注确定截平面（侧平面）的定位尺寸，如图 5-18（b）所示。

难点解析与常见错误

不能在截交线上直接标注尺寸。

5.2.3.3 组合体的尺寸标注实例与解析

实例 5-12 已知：组合体的主视图和俯视图及尺寸标注，如图 5-19（a）所示。

要求：根据视图想象组合体，并改正错误的尺寸标注。

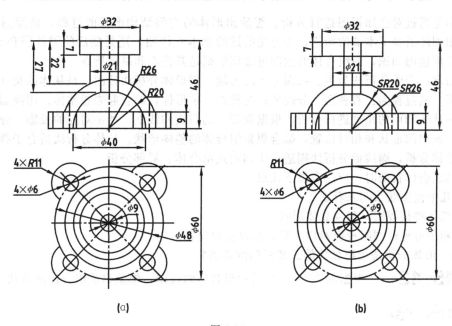

(a) (b)

图 5-19

解题分析

根据视图可知，该组合体由大圆柱体 $\phi32$、小圆柱体 $\phi21$、部分圆球和带四个耳板的圆柱底板叠加组成，从上往下挖了一圆柱孔 $\phi9$，从下往上挖了一半圆球孔（半径为 20mm），其中，小圆柱体 $\phi21$ 和部分圆球（半径为 26mm）、圆柱孔 $\phi9$ 和半圆球孔（半径为 20mm）为共轴相贯。总体而言，该形体结构前后、左右对称。

解题过程

正确答案如图 5-19（b）所示。

① 尺寸标注规则规定，数字应写在尺寸线上方或中断处，故主视图中的 $\phi32$ 和 $\phi21$ 应统一改写在尺寸线上方或中断处。

② 尺寸标注规则规定，垂直方向的尺寸数字应字头向左写在尺寸线的左侧，故主视图中 7 的书写应改正。

③ 球面尺寸应加符号"S"，故主视图中的 R20 和 R26 应改为 SR20 和 SR26。

④ 相贯线和截交线上不能标注尺寸，故主视图中的 22 和 27，俯视图中的 $\phi 48$ 均应去除。

⑤ 主视图中的 $\phi 40$ 与 SR20 重复，应去除 $\phi 40$。

难点解析与常见错误

① 组合体的尺寸标注不仅要按照尺寸标准的要求进行，而且还要注意不能在相贯线上直接标注。

② 球面尺寸在标注时要加上"S"。

③ 同心圆柱的直径尺寸，最好注在非圆的视图上。

5.2.4 组合体的读图

读图是通过对已知视图进行分析、想象出形体的空间结构形状的过程，是画图的逆过程。读图训练贯穿了本节的始终，无论是前述的基本立体图，还是随后的零件图和装配图，均需要应用读图知识，而组合体的读图思维训练则是其核心和基础所在。

读图常以形体分析法为主、线面分析法为辅。用形体分析法读图，是从体的角度对投影进行分析，其过程为：看视图、分线框；对投影，定形体；综合起来想整体。用线面分析法读图，是从线和面的角度进行分析，根据视图上的图线和线框，找出对应的投影，分析所表达的线、面空间形状和相对位置，综合想象组合体的整体形状。形体分析法适合于叠加式组合体、整体分析，而线面分析法则适合于切割式组合体、局部分析。

在读组合体视图时，应注意以下几点。

① 几个视图联系起来看图。

② 抓住特征视图，想象立体形状。

③ 利用可见性判断投影对应关系，想象相对位置。

5.2.4.1 形体分析法读组合体的三视图实例与解析

实例5-13 根据图 5-20（a）所示组合体的视图，想象出该组合体的形状。

解题分析

该组合体以叠加为主，切割为辅。根据主视图可以将组合体分四个部分。结合俯视图，可以看出第 Ⅰ 部分是一个等腰梯形板，上底面挖掉了半个薄圆柱，在第 Ⅲ 部分和第 Ⅳ 部分中间，起到连接的作用；第 Ⅱ 部分是位于最右侧的长方形竖板，竖板上方切去半个薄圆柱；第 Ⅲ 部分是套筒，与第 Ⅰ 部分相切；第 Ⅳ 部分是三角形的薄板，起支承固定作用。

作图过程

① 看视图，分线框。每一个简单形体的投影轮廓，除相切关系外，都是一个封闭的线框，如图 5-20（b）所示。

② 对投影，定形体：从主视图出发，分别把每个线框的其余投影找出来，将有投影关系的线框联系起来看，就可以确定各线框表示的简单的形体形状。

③ 确定线框 Ⅰ 的形状，如图 5-20（c）所示。

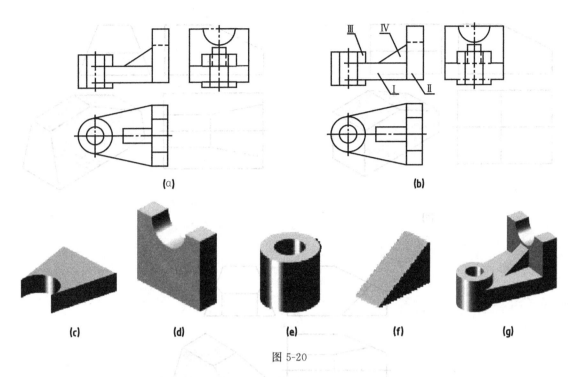

图 5-20

④ 确定线框Ⅱ的形状，如图 5-20（d）所示。

⑤ 确定线框Ⅲ的形状，如图 5-20（e）所示。

⑥ 确定线框Ⅳ的形状，如图 5-20（f）所示。

⑦ 根据已知视图，确定各个部分的相对位置，想象出整体形状，如图 5-20（g）所示。

难点解析与常见错误

① 想象各部分的立体形状时，要注意找特征视图，然后各个视图联系起来分析。

② 每个部分的形状构思出来后，要根据位置特征视图来判断整体形状。

5.2.4.2　线面分析法读组合体的三视图实例与解析

实例5-14　图 5-21 所示是一个切割式组合体的三视图，试想象其空间形状。

解题分析

该组合体是切割式的组合体，主要采用线面分析法进行读图。本例将采用两种方法来进行读图。

方法一：

该组合体的主形体是一个水平放置的五棱柱，用前后对称的两个侧垂面切掉了前后两部分，用两个前后对称的铅垂面切掉了前后方位靠左边的两个部分而成。

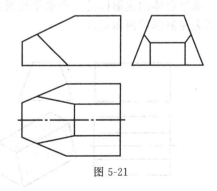

图 5-21

作图过程

① 根据主视图可以判断出该组合体的初始形体是一个水平放置的五棱柱，如图 5-22

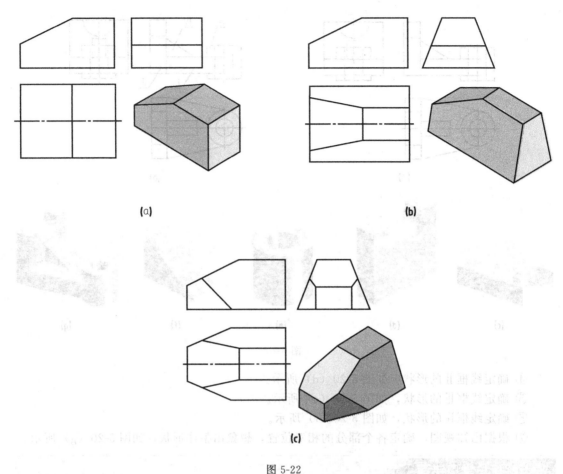

图 5-22

（a）所示。

　　② 根据左视图可以判断出在初始形体基础上切去前后两部分，如图 5-22（b）所示。

　　③ 根据俯视图可以判断出在②的基础上用两个铅垂面切去左侧前后两角，如图 5-22（c）所示。

　　方法二：

　　该组合体的主形体是一个水平放置的四棱柱，用一个正垂面切掉左上方部分，再用铅垂面切去左侧前后两角而成。

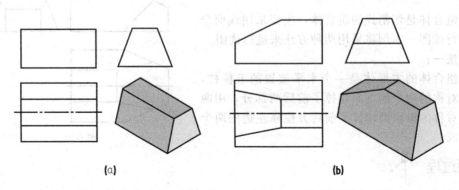

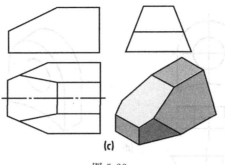

(c)

图 5-23

作图过程 ✎

① 根据左视图判断出初始形体是一个水平放置的四棱柱，如图 5-23（a）所示。

② 根据主视图可以判断出将①的形体用正垂面切去左上角，如图 5-23（b）所示。

③ 用两个铅垂面切去左侧前后两角，组合体形状如图 5-23（c）所示。

难点解析与常见错误

　　线面分析法主要用于切割式组合体及综合式组合体中复杂部分的读图，要想运用该方法正确解题，首先必须熟练掌握点、线、面的投影特性，做到举一反三，灵活运用。

5.2.4.3　根据组合体两视图补画第三视图的实例与解析

实例5-15　已知图 5-24（a）所示组合体的主、俯视图，补画左视图。

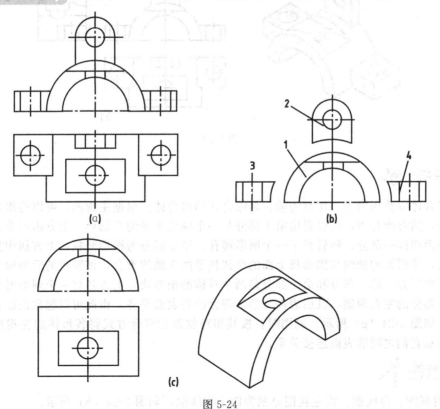

(a)

(b)

(c)

图 5-24

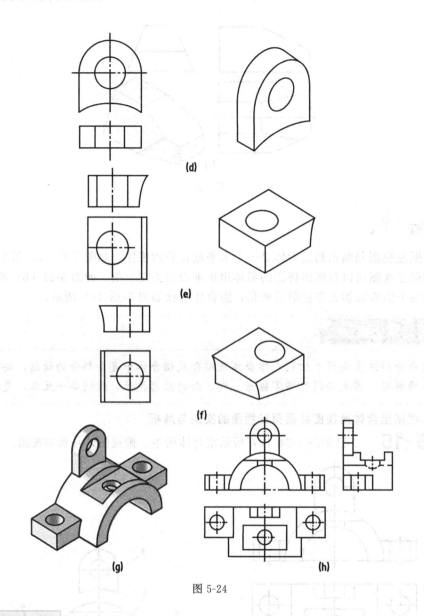

图 5-24

解题分析

　　该组合体以叠加为主、切割为辅，是综合式的组合体。根据主视图，可以将组合体分成四个部分，结合俯视图，可以看出第 1 部分是一个轴线水平的半圆筒，上方由两个正平面和一个水平面切掉一部分，然后开了一个圆形通孔；第 2 部分为拱形竖板，上方居中打了一个圆形通孔，该圆孔的轴线与拱形板上面的半圆柱形曲面轴线重合，该竖板的后表面与第 1 部分的后表面平齐；第 3 部分和第 4 部分是两个对称的矩形块，上方各打一个圆形通孔，分别位于第 1 部分的左右两侧，且后表面与第 1 部分的后表面平齐。由此可以想象出组合体的空间形状，如图 5-24（g）所示。画图时，按其相对位置和组合方式将各形体的左视图一一画出，并注意它们之间的表面连接关系。

作图过程

　　① 看视图，分线框。将主视图分割为四个实线框，如图 5-24（b）所示。

② 对投影，定形体。利用投影关系，采用形体分析法，分解俯视图。

③ 第 1 部分的主俯视图及立体形状如图 5-24（c）所示。

④ 第 2 部分的主俯视图及立体形状如图 5-24（d）所示。

⑤ 第 3 部分的主俯视图及立体形状如图 5-24（e）所示。

⑥ 第 4 部分的主俯视图及立体形状如图 5-24（f）所示。

⑦ 综合起来想整体。按照已经主俯视图判断四个部分的相对位置，想象出整体形状，如图 5-24（g）所示。

⑧ 根据想象出的组合体立体形状，利用投影规律，补画出左视图，检查并加深，如图 5-24（h）所示。

实例5-16 读懂图 5-25（a）所示两个视图，并补画出其第三视图。

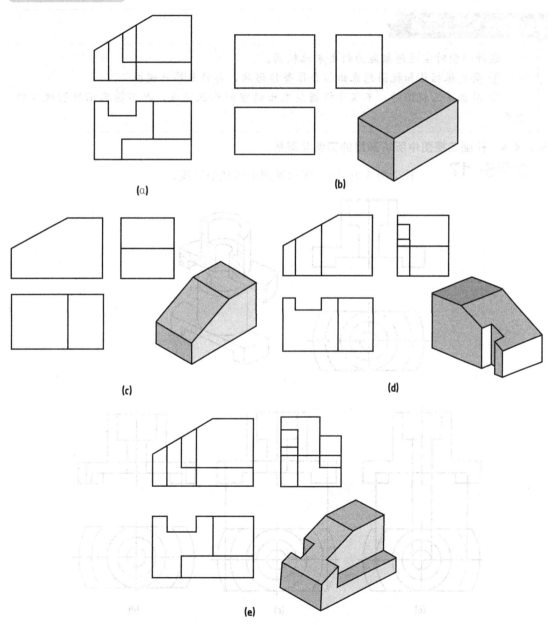

图 5-25

解题分析

　　该组合体是切割式组合体，用线面分析法读图。

作图过程

　　① 补上缺口，可以得出该组合体的初始形体为长方体，如图 5-25（b）所示。
　　② 用正垂面在左上方切斜角，得到如图 5-25（c）所示立体。
　　③ 在形体②的后面挖方槽，得到如图 5-25（d）所示立体。
　　④ 在形体③的右前方切四棱柱，得到如图 5-25（e）所示立体。
　　⑤ 补画出该组合体的左视图，如图 5-25（e）所示。

难点解析与常见错误

　　这种题型对空间想象能力的要求比较高。
　　① 要先根据已知视图想象出组合体整体形状，再补画第三视图。
　　② 补画第三视图时，不仅要根据想象出的空间形状完成，也不能忘记投影规律的应用。

5.2.4.4 补画三视图中所缺漏线的实例与解析

实例5-17　　补全图 5-26（a）所示视图中所缺的图线。

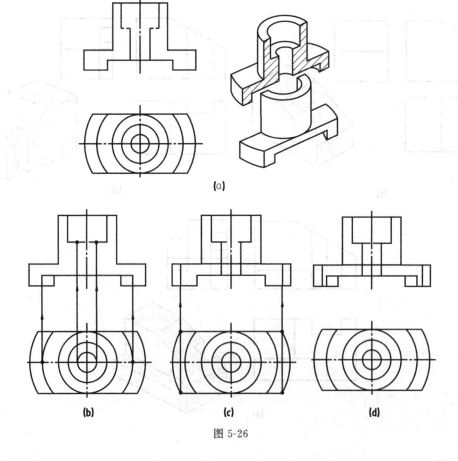

(a)

(b)　　　　　　(c)　　　　　　(d)

图 5-26

解题分析

如图 5-26（a）所示，阶梯孔的中间过渡部分有不可见的水平面，故有虚线；该组合体是由两大部分组成的，底板和圆柱体连接部分有交线，故要在外轮廓中画出粗实线。底部挖掉了一个圆盘，故有不可见的线。底板前后表面与左右侧圆弧面有交线，交线为可见，故交线应该用粗实线表示。

作图过程

① 补画内部所缺图线，如图 5-26（b）所示。
② 补画外部所缺图线，如图 5-26（c）所示。
③ 最终正确图形如图 5-26（d）所示。

实例5-18 补全图 5-27 所示视图中所缺的图线。

解题分析

通过如图 5-27 给定的主俯视图可以想象出该组合体的形状，如图 5-28（a）所示，再通过想象出的立体形状反推主俯视图，找出其中的漏线。

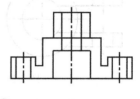
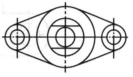

图 5-27

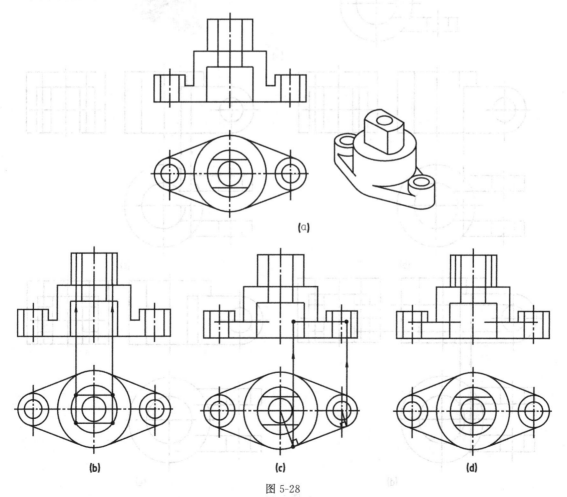

(a)

(b)   (c)   (d)

图 5-28

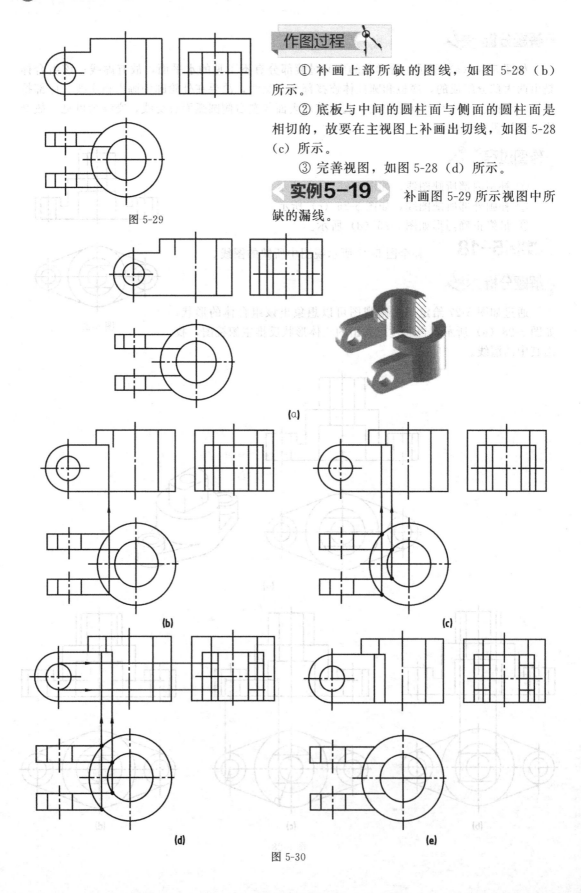

图 5-29

作图过程

① 补画上部所缺的图线，如图 5-28（b）所示。

② 底板与中间的圆柱面与侧面的圆柱面是相切的，故要在主视图上补画出切线，如图 5-28（c）所示。

③ 完善视图，如图 5-28（d）所示。

实例 5-19　补画图 5-29 所示视图中所缺的漏线。

(a)

(b)

(c)

(d)

(e)

图 5-30

解题分析

根据图 5-29 所示已知视图想象出该组合体的立体形状，如图 5-30（a）所示，再通过该立体反推视图中的漏线。

作图过程

① 补全大圆柱孔的虚线，如图 5-30（a）所示。
② 补全耳板与圆柱外表面的交线，如图 5-30（b）所示。
③ 补全耳板与圆柱内表面的交线，如图 5-30（c）所示。
④ 补全小圆柱孔虚线，如图 5-30（d）所示。
⑤ 完善视图，完整图形如图 5-30（e）所示。

难点解析与常见错误

① 表面连接关系的知识点在这种题型中也经常考查，相交的要有交线，相切的注意切点位置要通过向切线引垂足去找。
② 平面和曲面相交时是有交线的，很容易漏掉。
③ 圆柱被切割之后，一定要注意轮廓线是否存在。没被切掉的轮廓线一定要用正确的线型表示出来。

5.2.4.5　组合体的构型设计

组合体的构型设计是指根据已知条件，利用创造性思维方法构造组合体的形状和大小，并进一步表达成视图的过程。它在平面图形的构型设计和零件的构型设计之间起到承上启下的作用，是零件构型设计的基础。

组合体的构型设计重点是围绕提高空间想象能力和培养创造性思维能力。一般应遵循以下原则：①以几何体为主；②多样化原则；③可靠和平衡原则，不能出现点连接、线连接和面连接；④便于表达的原则，即尽可能采用平面和回转面。

（1）组合体构型设计的一般要求

① 满足给定的功能条件，且必须是唯一确定的组合体。
② 组合体的各单一形体的结构形状必须符合各自的构型要求，且结构形状新颖合理，并按一定的规律和方法有机地构成组合体。
③ 组合体的整体造型具有稳定、协调、美观及款式新颖等特点。
④ 组合体各组成部分的连接，不能有点接触或线接触的情况，因为这样不能构成一个牢固的整体。
⑤ 组合体视图选择与配置合理，投影正确，标注尺寸。
⑥ 全面考虑加工、材料及其他方面的机械设计要求。

（2）组合体构型设计的一般方法与步骤

① 总体构思　根据给定的已知条件，在收集素材、反复酝酿的基础上，逐步想象构思出组合体的总体形象，然后用草图、模型或轴测图等来表达各种构思方案。经分析、比较、评定后选出一个最佳方案。
② 分部构型　按照选定的总体方案，详细设计出各个组成部分的具体形状和大小，确定其相对位置及表面连接关系等。
③ 检查修改　使构型更加完美，画出草图。根据草图画出仪器图并标注尺寸。

（3）组合体构型设计的基本方法

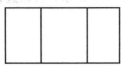

实例5-20 根据图 5-31 中所给的主视图构思不同形状的组合体，并画出其俯视图及轴测图。

解题分析

　　假定该组合体的初始形状是一块长方板，板的前面有三个彼此不同的可见表面。这三个表面的凹凸、正斜、平曲可构成多种不同形状的组合体。

图 5-31

作图过程

　　由已知的主视图可以通过构型设计，想象出下面多种不同的形体，如图 5-32 所示。

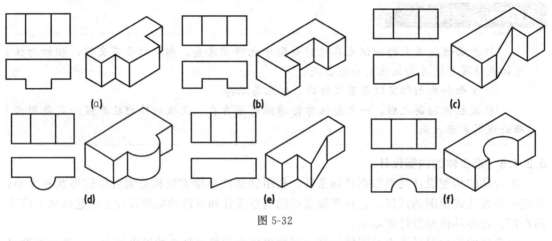

图 5-32

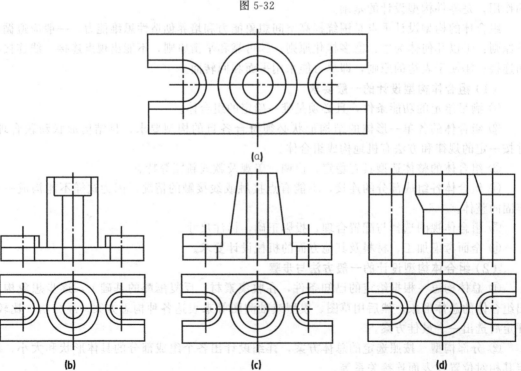

图 5-33

实例 5-21　已知：组合体的俯视图，如图 5-33（a）所示。要求：构型设计一个组合体，并画出其主视图。

解题分析

已知视图中有六个线框，将相邻的线框想象成凹凸、平斜、虚实等不同的情形，可以想象出很多不同的形状。

作图过程

作图过程如图 5-33（b）～（d）所示。

难点解析与常见错误

① 此类问题可归纳为"由一个视图构型"，即指由给定的一个视图构思各种物体形状，画出其他视图。

② 该题型的练习有助于帮助学生培养和提高空间想象能力。

实例 5-22　根据图 5-34 中给定的三个形体进行组合体的构型设计，画出三视图和轴测图。

解题分析

将给定的三个基本形体，根据它们的尺寸关系，通过改变相对位置关系进行组合，形成不同的组合体。

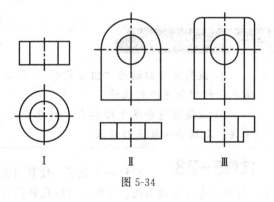

Ⅰ　　Ⅱ　　Ⅲ

图 5-34

作图过程

作图过程如图 5-35 所示。

形体一：

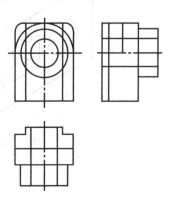

(a)

图 5-35

形体二：

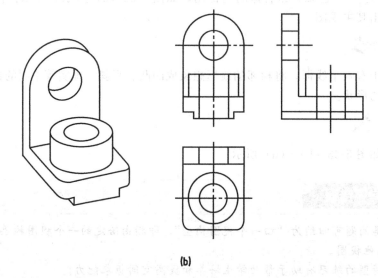

(b)

图 5-35

实例5-23 设计一个塞子，使其可分别堵住图 5-36 中长方形板上的三个孔而不漏光，其中三孔分别为圆孔、等腰三角形孔和正方形孔。设孔的直径、等腰三角形的高和底边及正方形的边长尺寸均相同。

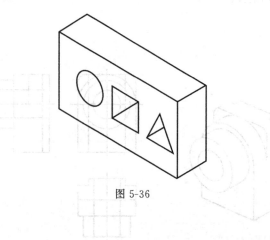

图 5-36

解题分析

题目要求所设计的塞子对三孔通用，即能分别堵住不同形状的三孔，且尺寸应完全与之相等，如图 5-37 所示。把塞子的外轮廓分别看作三个视图，想象出物体的形状即为塞子的形状。

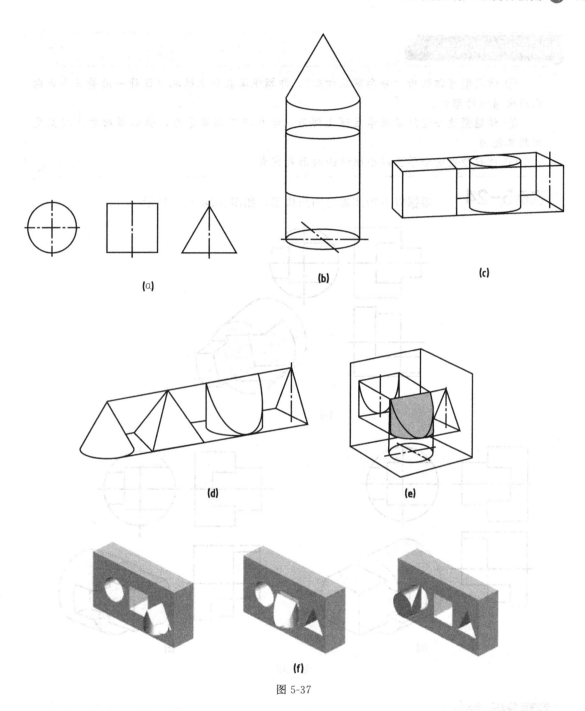

图 5-37

作图过程

设计这种塞子的构思过程如下。

① 考虑满足圆孔的塞子形状，可能的立体如图 5-37（b）所示。

② 考虑满足方孔的塞子形状，可能的立体如图 5-37（c）所示。

③ 考虑满足三角孔的塞子形状，可能的立体如图 5-37（d）所示。

④ 综合考虑满足上述三个要求，则选取如图 5-37（e）所示的立体。

⑤ 设计的塞子能够达到三孔通用的要求，如图 5-37（f）所示。

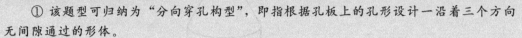

难点解析与常见错误

　　① 该题型可归纳为"分向穿孔构型"，即指根据孔板上的孔形设计一沿着三个方向无间隙通过的形体。

　　② 该题型适合老师帮助学生课上练习，学生课下拓展学习，能够帮助学生提高空间想象能力。

　　③ 该题型也适合学生以小组讨论的形式完成。

实例5-24　　根据以下物体进行凹凸构型，如图 5-38（a）所示。

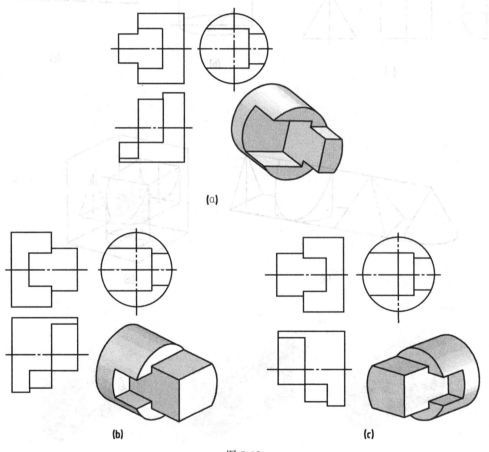

图 5-38

解题分析

　　根据图 5-38 所示给定的物体，反置其凹凸关系，想象出与之凹凸关系相反的立体，并绘制相应的三视图。该题型可灵活运用叠加和切割两种情况线型虚实的区别。

作图过程

　　① 构思空间形体。

　　② 根据凹凸互补画出三视图，如图 5-38（b）所示。

　　③ 视图表达调整，如图 5-38（c）所示。

实例5-25 根据以下物体进行凹凸构型，如图 5-39（a）所示。

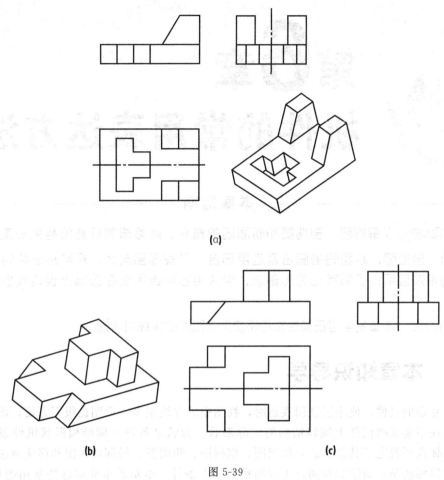

(a)

(b)　(c)

图 5-39

解题分析

根据图 5-39 所示给定的物体，反置其凹凸关系，想象出与之凹凸关系相反的立体，并绘制相应的三视图。该题型可灵活运用叠加和切割两种情况线型虚实的区别。

作图过程

① 构思空间形体，如图 5-39（b）所示。

② 根据凹凸互补画出三视图，如图 5-39（c）所示。

难点解析与常见错误

① 该题型可归纳为"凹凸构型"，即指根据给定物体的凹凸关系，构思一凹凸相反的形体，使之相配成为一完整体。

② 该题型进一步强化了叠加和切割部分的线型区别，能够帮助学生提高空间想象能力。

第**6**章 ▷▷▷ ▶▶▶
机件的常用表达方法

本章指南

目的和要求 了解视图、剖视图和断面图的概念，熟悉国家标准的相关规定；掌握各种视图、剖视图、断面图的画法及应用场合；了解局部放大、规定画法和简化画法的相关规定及应用；了解其他简化画法，学会用各种表示法在图纸上表达模型的内外结构。

地位和特点 本章是学习正确绘制和阅读工程图样的前提和基础。

6.1 本章知识导学

对于复杂的机件，使用三视图表达时，视图中的虚线很多，看图也很不方便，而且在三视图中往往不能反映机件上倾斜结构的实际形状。为满足各种不同结构形状机件表达的需要，国家标准还规定了其他画法，如视图、剖视图、断面图、局部放大图和简化画法等。掌握这些图样画法是正确绘制和阅读工程图样的基本条件。本章着重介绍这些常用图样画法，以达到根据不同机件的形状和结构特点，迅速而恰当地选用表示法来完整、清晰、简捷地表达机件的目的。

6.1.1 内容要点

① 学习机件的各种图样画法是在学习组合体基础上如何清楚地表达机件的内外结构。首先运用形体分析法和线面分析法，弄清机件内外形状。机件的结构形状是多种多样的。在表达它们时，应当根据其结构特点，既要完整、清晰地表达出机件的内、外结构形状，又要力求制图简便。为此，机械制图国家标准中的"图样画法"对视图、剖视图、断面图和简化画法等都作了规定。学习时，必须掌握好机件的各种表达方法的特点、画法以及图形的配置和标注方法，以便能够灵活地运用各种图样画法及其适用场合。

② 要熟悉各种图样的画法、运用场合和标注方法，应以单一剖切平面剖切机件获得的全剖视、半剖视、局部剖视的画法和标注方法为重点。

③ 明确机件的各种图样画法都是以完整、清晰地表示出机件的内外形状为目的，要弄清概念、画法和标注。

④ 标注的目的是表明各视图间的对应关系。标注内容烦琐，关键在于明确标注目的，掌握各种图样画法的标注方法和省略标注的条件，见表6-1。

表 6-1　机件的图样画法及标注方法

机件的图样画法	视图（表达外形）	基本视图（六个）		
		向视图（任意配置的基本视图）		
		局部视图（表达局部性状，是某基本视图的一部分）		
		斜视图（表达倾斜结构实形）		
	剖切面	单一剖切面	单一剖切平面	
			单一斜剖切平面	
			单一剖切柱面	
		几个平行的剖切平面		
		几个相交的剖切面	相交的剖切平面	
			相交的剖切平面和柱面	
	断面图（表达断面形状）	移出断面图		
		重合断面图		
	局部放大图（表达局部的细小结构）			
	简化画法（可缩短绘图时间）			
标注方法	视图	视图	①按基本视图形式配置可不标注视图名称	
			②按向视图形式配置必须加以标注（标注字母和带字母箭头）	
			③局部视图一般应标注	
			④斜视图必须标注	
		标注方法	①在视图的上方标注"×"（大写拉丁字母，如 A、B 等）	
			②在相应的视图附近用箭头指明投影方向，并注上相同字母	
	剖视图	标注方法	①在剖视图的上方注出剖视的名称"×—×"	
			②在相应的视图上用剖切位置符号[用 $(1～1.5)d$ 断开的粗实线]表示剖切平面位置，并标注相同的字母	
			③在剖切符号两端画出箭头，表示剖视投影方向	
		省略条件	①剖视图按基本视图形式配置，视图间没有其他图形隔开时，可省略箭头	
			②用单一剖切平面过机件的对称平面剖切且按基本视图形式配置，中间又没有其他图形隔开时，可省略全部标注；局部剖视图一般都不标注	
	断面图	断面图的标注方法和内容同剖视图		
		省略条件	不对称断面图形	①配置在剖切符号延长线上的移出断面或在剖切符号上的重合断面可省略字母
				②按投影关系配置的移出断面省略箭头
			对称断面图形	①不配置在剖切符号延长线上移出断面，可省略箭头
				②配置在剖切线延长线上移出断面或在剖切符号上的重合断面，可不标注

6.1.2　重点与难点分析

（1）重点分析

重点是机件的视图、剖视图和断面图的画法与综合应用。

掌握各种图样画法的标注方法及注意事项。

（2）难点分析

各类机件的表达方法灵活而恰当的综合应用。

6.1.3 解题指导

对国家标准《图样画法》规定的表达方法，包括各种视图、剖视图、断面图的形成、规定画法和简化画法及其标注和应用场合，必须有一完整、清晰的概念，这是解题的重要基础。

① 视图、剖视图、断面图解题的基本方法仍是以形体分析法为主、以线面分析法为辅，分析机件内外结构形状及其各组成部分的相对位置，如哪些内形需要表达，哪些外形需要表达，根据机件是否对称、是否有倾斜结构，按机件的形状特点，选用适当的表达方法。所选剖切平面位置和投影方向必须有利于表达内部结构形状的真实情况。

② 画图时应注意：视图是表达机件外形的，而剖视是机件经剖切后进行投影，这样机件内部形状由不可见变为可见，原来表达内形的虚线，剖开后为可见的粗实线，因此，视图、剖视图中的虚线在不引起误解时一般不画。

对剖视图概念不清，会经常犯下列错误。

a. 漏线，特别是漏画剖切面后机件的可见轮廓线。

b. 画半剖视图时，视图与剖视的分界线不可画为粗实线，应画为细点画线。

c. 画局部剖视图，视图与剖视的分界线是波浪线，波浪线不可画在孔、槽范围内，也不能与轮廓线或其他图线重合，或超出图形轮廓线。

d. 同一机件各剖视图中的剖面线，一般应画成与水平成 45°，且方向相同、间隔相等的平行细实线。将剖面线画成与水平成任意角度，或间隔不等，同一机件各剖视的剖面线方向不同等都是错误的。

③ 对于视图，需要标注投影方向、字母和视图名称；对于剖视、断面，则要标注剖切位置符号、投影方向、字母和名称，以便于读图。

6.2 实例精选

前面简单概括了机件常用的各种表示法，在实际设计工作中，设计人员应根据机件的具体形状及复杂程度，选取适当的表示法，画出一组视图，完整、正确、清晰地表达出机件的内外结构形状，越简洁越好。本节就机件的各种表示法逐一进行实例解析和综合应用分析。

6.2.1 视图画法

6.2.1.1 基本视图的绘图实例与解析

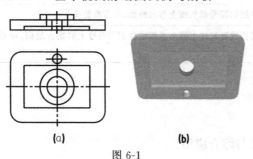

(a)　　　　(b)

图 6-1

实例6-1 已知机件的两个基本视图，如图 6-1（a）所示，请读懂视图，补画仰视图。

解题分析

① 空间分析　根据已知的主、俯视图进行形体分析读图可知，该机件是由上下两部分

基本形体叠加而成，其分别是：下面部分是一个长方形的底板，从形状特征视图俯视图可知，这个长方形底板四角作了倒角。根据"三等"投影规律，结合主俯视图的虚线部分可

知，在靠近底板的底面挖有一个对称的长方体内腔，在靠近底板的后端居中打了一个圆柱通孔。机件的上面部分是一个短的圆柱体凸台，它是与长方体底板居中叠加。在圆柱体的上表面打了一个与圆柱体同轴的圆柱通孔，空间形状如图 6-1（b）所示。

② 投影分析 先根据已知的主、俯视图想象其空间结构形状，补画仰视图。注意区分俯视图与仰视图的可见性的对应关系，然后按照投影关系补画仰视图。

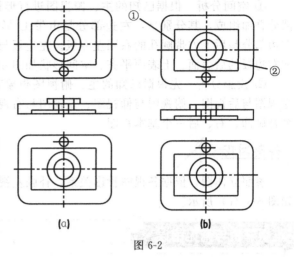

(a)　　　(b)

图 6-2

作图过程

参照立体图，依据各视图投影关系，补画仰视图，作图过程如图 6-2（a）所示。

难点解析与常见错误

本题难点在于俯视图与仰视图投影的前后上下关系上，它们两个视图的投影方向恰好相反。尤其要注意上述对应两个的可见性的虚实区分。

常见错误是方位和可见性判断错误。

图 6-2（b）中，①处所指图线为底板被挖切部分的未遮挡轮廓线，由于可见，应画成粗实线。②处所指图线为地板上面的短圆柱的被遮挡外轮廓线，由于不可见，应画成虚线。

实例6-2 如图 6-3（a）所示，根据已知主、俯视图，想象机件空间结构形状，补画左、仰、右及后四个基本视图。

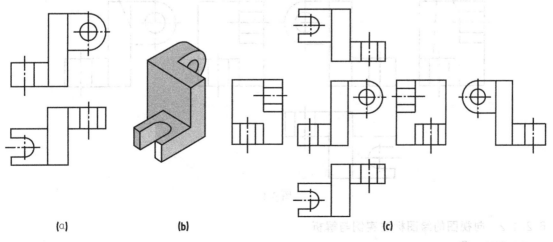

(a)　　　　　(b)　　　　　(c)

图 6-3

解题分析

① 空间分析　根据已知的主、俯视图进行形体分析读图可知，该机件由左、中、右三部分叠加组成，其分别是：左边部分是由带 U 形槽的长方体底板，中间部分是长方形板，右边部分是后上方带圆孔的右圆左方板。左边板与中间板两板前表面和下表面平齐，中间板和右边板的后表面、上表面平齐。空间形状如图 6-3（b）所示。

② 投影分析　先根据已知的主、俯视图想象其空间结构形状，补画左视图。注意区分主视图与后视图、俯视图与仰视图、左视图与右视图的可见性的对应关系，然后按照投影关系补画仰、右、后三个基本视图。

作图过程

参照立体图，依据各视图投影关系，补画左视图、右视图、后视图和仰视图，作图过程如图 6-3（c）所示。

难点解析与常见错误

本题难点在于主视图与后视图投影的左右关系、左视图与右视图投影的前后关系和俯视图与仰视图投影的前后关系上，它们两个视图的投影方向恰好相反。尤其要注意上述对应两个的可见性的虚实区分。

常见错误是方位和可见性判断错误。

图 6-4 中，①处所指形体的前后位置画错了。左视图与右视图的投影方向相反，机件前后位置也恰好相反。②处所指图线为中间竖板的未遮挡的轮廓线，由于可见，应画成粗实线。③处所指图线为中间竖板的被遮挡的轮廓线，由于不可见，应画成虚线。

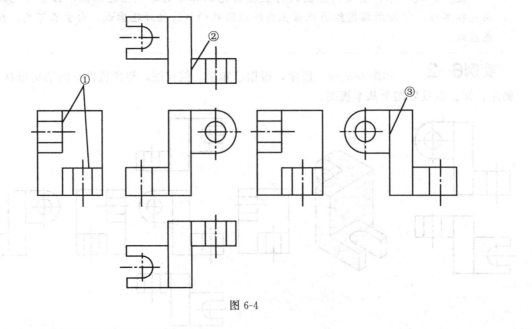

图 6-4

6.2.1.2　向视图的绘图标注实例与解析

实例6-3　已知机件的三视图如图 6-5 所示，请选择正确的 A 向视图。

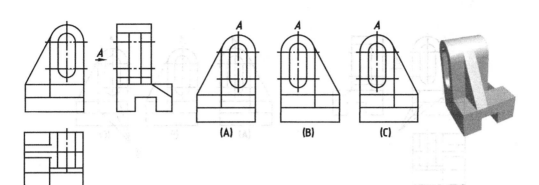

图 6-5

解题分析

① 空间分析　根据已知的三视图进行形体分析读图可知，该机件由下、上左、上右三部分叠加组成，其分别是：下边部分是由带冖形通槽的长方体底板且在前右方斜切了一个三棱柱，上左部分是三棱柱薄板，上右边部分是上圆下方带○形长圆通孔的简单组合体。空间形状如图 6-5（b）所示。

② 投影分析　向视图是可以自由配置的基本视图，当基本视图不能按投影关系配置时，可将其配置在适当位置，但必须在向视图上方标注名称"×"（×为大写字母），在相应视图的附近用箭头指明投影方向，并标注相应字母。

先根据已知的三视图想象其空间结构形状，补画 A 向视图。注意区分主视图与 A 向视图的可见性的对应关系，然后补画或想象 A 向视图。

作图过程

参照立体图，依据向视图投影，补画或想象的 A 向视图，其结果如图 6-5（a）中的（B）选项所示。

难点解析与常见错误

本题难点在于主视图与 A 向视图投影的左右关系上，它们两个视图的投影方向恰好相反。尤其要注意上述对应两个的可见性的虚实区分。

常见错误是方位和可见性判断错误。

图 6-6 中，（A）选项中的上部左右形体的左右位置画错了。A 向视图与主视图的投影方向相反，机件左右位置也恰好相反，即主视图与 A 向视图呈对称。而（A）选项与主视图不呈对称，所以是错误的。

图 6-6 中，（C）选项中，原主视图中的右前方被截切的三棱柱轮廓线是可见的，为粗实线①，而在 A 向视图中是被遮挡不可见的，对应的投影应为虚线，而（C）选项表示的为粗实线②，所以是错误的。

实例6-4　将实例 6-2 中的仰、右、后三个基本视图（主、俯、左视图位置不变）改画为向视图。

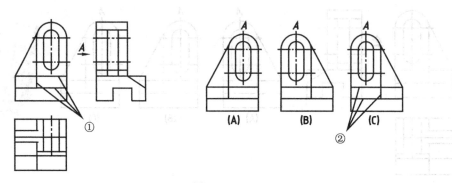

图 6-6

解题分析

① 空间分析 结构分析和画仰、右、后三个基本视图作图过程方法同实例 6-2 的分析。

② 投影分析 向视图是可以自由配置的基本视图,当基本视图不能按投影关系配置时,可将其配置在适当位置,但必须在向视图上方标注名称"×"(×为大写字母),在相应视图的附近用箭头指明投影方向,并标注相应字母。

作图过程

将仰、右、后三个基本视图改变位置,并进行视图标注,改画后的向视图如图 6-7 所示。

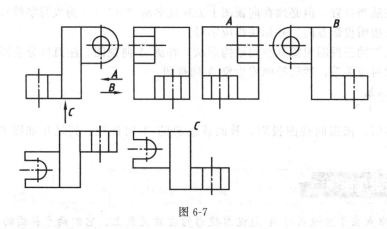

图 6-7

难点解析与常见错误

本题难点在于向视图的标注上,必须在相应视图的附近用箭头指明投影方向,并标注名称"×"(×为大写字母),在向视图上方标注相应的字母"×"。

本题常见错误主要是投影方向错误。

图 6-8 中,①处是 A 视图投影方向标注错误。②处是 C 视图投影方向标注错误。③处是 B 视图投影方向标注错误。

实例6-5 根据已知三视图,想象支架的空间形状,选择合适的视图表达支架,如图 6-9 (a) 所示。

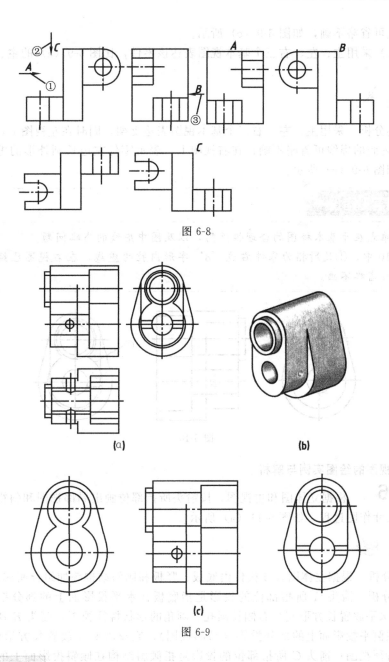

图 6-8

(a)

(b)

(c)

图 6-9

解题分析

① 空间分析 由三视图可知，机件由三部分叠加组成，左侧上方有一圆柱凸台，右侧挖有"8"字形内腔，中间部分是上下为半圆柱体与长方体叠加的简单组合体。机件空间立体形状如图 6-9（b）所示。

② 投影分析 本题采用主、俯、左三视图表达支架并不适宜。

在实际制图时，应根据零件的形状和结构特点，在完整、清晰地表达物体特征的前提下，力求投影简单，读图方便快捷。图 6-9（a）为支架的三视图，可以看出：如采用主、左两个视图，已经能将零件的各部分形状特征完全表达，这里的俯视图显然是多余的，可以省略不画。但由于零件的左、右部分都一起投影在左视图上，因而虚实线重叠，很不清晰。如果再选用一个右视图，便能把零件右边的形状表达清楚，同时在左视图上，表示零件右边内腔形状的虚线可省略不画，如图 6-9（c）所示。

图 6-9（c）采用主、左、右三个基本视图表达该零件，比图 6-9（a）的主、俯、左视图表达清晰。

作图过程

根据上述分析，采用主、左、右三个基本视图表达支架，同时在左视图上，表示零件右边"8"字形内腔的虚线可省略不画；在右视图上，表示零件左边长圆外形的虚线可省略不画，其结果如图 6-9（c）所示。

难点解析与常见错误

本题难点在于基本视图的合理性选用，以及图中虚线的省略问题。

图 6-10 中，①处所指为零件右边"8"字形内腔的虚线，在右视图已经表达清楚，左视图上应省略不画。

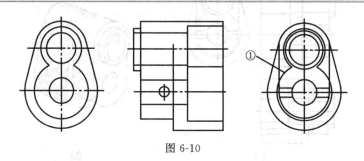

图 6-10

6.2.1.3 斜视图的绘图实例与解析

实例6-6 根据立体图和主视图，按箭头所指部位画出局部视图和斜视图［按立体图上所注的尺寸作图过程，如图 6-11（a）所示］。

解题分析

① 形体分析 根据立体图，该机件由底板、竖板和倾斜结构叠加组合而成。

② 投影分析 箭头 A 所指部位的投影是指底板在水平投影面上的部分投影（局部视图），它反映水平放置长方形底板右侧长圆孔、圆角的形状特征视图；箭头 B 所指部位的投影是指竖板在侧平投影面上的部分投影（局部视图），它反映竖立放置长方形竖板及圆孔、圆角的形状特征视图；箭头 C 所指部位的投影是指倾斜结构在倾斜投影面上的投影（斜视图），它反映倾斜结构的上圆下方柱体的形状特征视图，如图 6-11（a）中箭头所示。

作图过程

根据立体图上所注的尺寸画图。

① 按箭头 A 投影方向画出底板的局部视图。为了避免表达倾斜结构，投影用波浪线断开，并在视图正上方标注视图名称"A"，如图 6-11（b）所示。

② 按箭头 B 投影方向画出竖板的局部视图。由于局部结构投影是封闭线框，故不画波浪线，并在视图正上方标注视图名称"B"，如图 6-11（b）所示。

③ 按箭头 C 投影方向画出倾斜结构的斜视图。倾斜结构投影是封闭线框，故不画波浪线，并在视图正上方标注视图名称"C"。也可将斜视图旋转，并标注旋转方向符号，如图

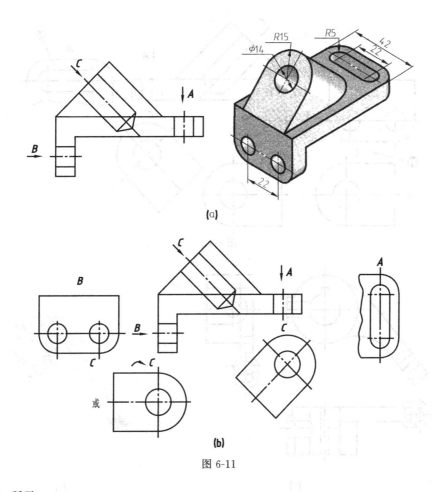

图 6-11

6-11（b）所示。

本题难点在于斜视图的投影和标注上。斜视图一般配置在箭头所指的方向上，并保持投影关系，但必须进行标注。一般用带字母的箭头指明投影方向，并在斜视图上方标注相应的字母，字母一定要水平书写。必要时也可配置在其他位置，也允许将斜视图旋转配置，但需要画出旋转符号，表示该视图名称的字母应靠近旋转符号的箭头端。

本题常见错误主要是投影分析和旋转标注问题，如图 6-12 所示。

① 处缺少斜视图旋转后的旋转方向符号。

② 处字母应靠近旋转符号的箭头端。

③ 处所指 A 视图与投影方向不一致。

实例6-7 根据已知三视图，想象压紧杆的空间形状，选择合适的视图表达压紧杆，如图 6-13（a）所示。

解题分析

① 空间分析 由三视图可知，机件是由四部分叠加组成，左侧下方有一圆柱凸台，中间有带通孔和键槽的圆柱体，左下侧圆柱凸台与中间圆柱体与一曲面体底板叠加，中间圆柱

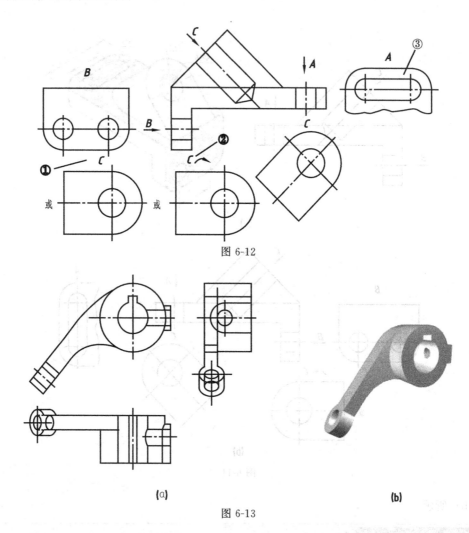

图 6-12

图 6-13

(a)   (b)

体的右侧有一前圆后方的凸台叠加的简单组合体。机件空间立体形状如图 6-13（b）所示。

② 投影分析　本题采用主、俯、左三视图表达支架并不适宜。

在实际制图时，应根据零件的形状和结构特点，在完整、清晰地表达物体特征的前提下，力求投影简单，读图方便快捷。图 6-13（a）为压紧杆的三视图，可以看出：如采用主、俯视图，能将零件的部分形状特征完全表达，这里的左视图显然是多余的，可以省略不画。但由于零件的左部分倾斜结构一起投影在俯视图上，不仅不能表达零件倾斜结构的形状特征，而且还有虚实线重叠，很不清晰。如果俯视图改为表达去掉倾斜结构的局部视图，再选用一个表达倾斜结构的斜视图和一个表达右侧前圆后方凸台的局部视图，便能把零件的全部结构形状表达清楚，如图 6-14（a）所示。

图 6-14（a）采用主视图、A 向斜视图、B 向局部视图和 C 向局部视图表达该零件，比图 6-13（a）的主、俯、左视图表达清晰。

作图过程

根据已知的三视图和立体图，由投影关系可以在对应位置画出 B、C 向局部视图和 A 向斜视图，如图 6-14（a）所示。

① 按箭头 A 投影方向画出斜底板的斜视图。为了避免表达圆柱结构，投影用波浪线断开，并在视图正上方标注视图名称"A"，如图 6-14（a）所示。也可将斜视图旋转，并标注

旋转方向符号，如图 6-14（b）所示。

　　② 按箭头 B 投影方向画出内有通孔右带凸台的圆柱体的局部视图。由于避免表达斜底板的结构，投影用波浪线断开，并在视图正上方标注视图名称"B"，如图 6-14（a）所示。

　　③ 按箭头 C 投影方向画出凸台的局部视图。由于局部视图机构投影是封闭线框，故不画波浪线，并在视图正上方标注视图名称"C"。如图 6-14（a）所示。也可将局部视图的位置自由配置，并在视图正上方标注视图名称"C"，如图 6-14（b）所示。

难点解析与常见错误

　　本题难点在于斜视图的投影和标注上。斜视图一般配置在箭头所指的方向上，并保持投影关系，但必须进行标注。一般用带字母的箭头指明投影方向，并在斜视图上方标注相应的字母，字母一定要水平书写。必要时也可配置在其他位置，也允许将斜视图旋转配置，但需要画出旋转符号，表示该视图名称的字母应靠近旋转符号的箭头端，如图6-14（b）所示。

　　常见错误主要是投影分析和旋转标注问题，如图 6-15 所示。

　　图 6-15 中，①处字母 A 应靠近旋转符号的箭头端。②处缺少斜视图旋转后的旋转方向符号。③处所指 C 向局部视图与投影方向不一致。

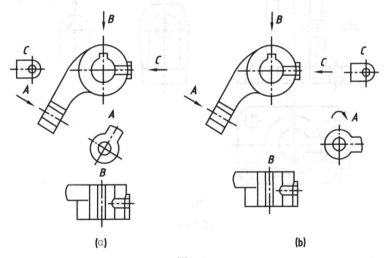

(a)　　　　　　　　　　　(b)

图 6-14

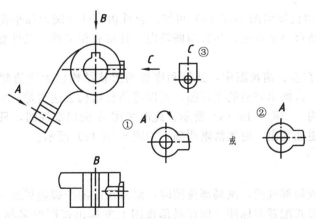

图 6-15

6.2.1.4 局部视图的绘图实例与解析

实例6-8　根据已知三视图，想象机件的空间形状，将左视图改画成局部剖视图，如图 6-16 所示。

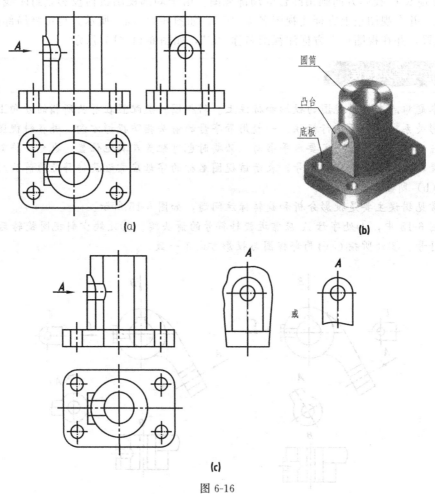

图 6-16

解题分析

① 空间分析　由已知的图 6-16（a）可知，机件由带四个圆角和小孔的底板、圆筒和上圆下方带小圆孔的凸台叠加而成。凸台与圆筒内、外都有相贯线，机件整体前后对称，如图 6-16（b）所示。

② 投影分析　在主、俯视图中，圆筒和底板的形状结构已表达清楚，而凸台在主、俯视图中为表达清楚，若画出完整的左视图，可以将凸台结构表达清楚，但大部分是重复的表达圆筒和底板的结构，如图 6-16（a）所示。此时采用 A 向局部视图，只画出凸台的局部投影，可使图形解题更加突出，更加清晰明确，如图 6-16（c）所示。

作图过程

将左视图改画成局部视图，画局部视图时，局部视图的断裂边界通常以波浪线表示，并可按向视图的配置形式配置并标注，即在局部视图上方标出视图的名称"A"，在相应的视图附近用箭头指明投射方向，并注上同样的字母"A"，其结果如图 6-16（c）所示。

难点解析与常见错误

　　本题难点在于局部视图波浪线画法及标注问题。局部视图的断裂边界以波浪线（或双折线）表示，若表示的局部结构是完整的，且外形轮廓成封闭状态时，波浪线可省略不画。当局部视图按基本视图配置，中间又无其他图形隔开时，可省略标注。

　　本题常见错误主要是局部视图的画法和标注错误。

　　图 6-17（a）中，①处少写字母"A"。在局部视图上方必须标出视图的名称。

　　图 6-17（b）中，②处少画底板顶面的积聚线。由于底板和凸台左边不平齐，底板顶面的积聚线必须画出。

　　图 6-17（c）中，③处少画波浪线。该局部结构外轮廓不封闭，波浪线不可省略不画。

　　图 6-17（d）中，④处画了左视图外形，重复较多，表达的解题应在凸台的外形上。

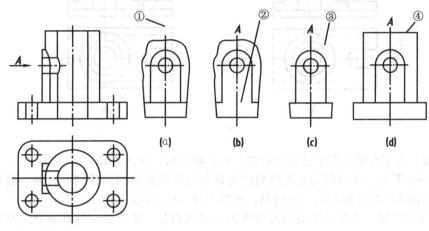

(a)　　　(b)　　　(c)　　　(d)

图 6-17

6.2.2　剖视图画法

6.2.2.1　单一剖切面剖切的全剖视图的绘图实例与解析

实例6-9　　　将已知主视图改画为全剖视图，如图 6-18（a）所示。

解题分析

　　① 空间分析　如图 6-18（a）所示，根据主视图和俯视图读图分析可知，该机件由左边带 U 形槽、下边有左右通槽的长方形底板和上方带阶梯孔的圆柱体叠加而成。将主视图全剖，须用过形体前后对称面的正平面剖切机件，将处在观察者和剖切面之间的前面部分移去，而将其余后面部分向正立投影面投影，如图 6-18（b）所示。

　　② 投影分析　剖切后，阶梯孔和通槽等均被剖出，主视图原来的不可见轮廓变为可见，画成粗实线，将剖切到的实体部分的剖断面内画上剖面符号，对已经表达清楚的结构，在剖视图或其他视图上的虚线可以省略不画，俯视图应完整画出。

作图过程

　　① 画剖视图的轮廓线。主视图上底板的积聚线前面的被剖去不画。后面的不可见的轮

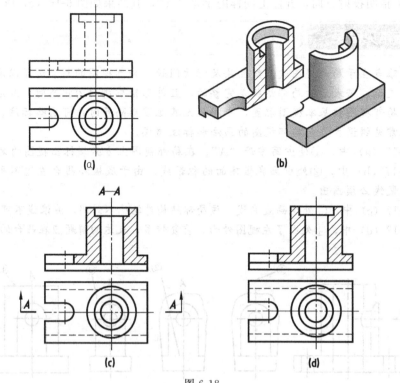

图 6-18

廓线（虚线）由于在俯视图中已表达清楚，可省略不画，如图 6-18（c）所示。

　　② 画剖面符号。在与剖切面接触到的实体部分区域画出剖面线符号。同一机件的剖面线在不同的剖视中均应同方向、同间隔，如图 6-18（c）所示。

　　③ 标注剖视图。在俯视图上用短粗线表示剖切面起、讫位置，与其垂直的细实线箭头表示投影方向，并以大写字母"A"注写在起、讫的短粗线外端，在剖视图的上方用同样的字母标注剖视图的名称"A—A"，如图 6-18（c）所示。

　　由于该机件前后对称，剖切平面通过机件的对称平面剖切，且剖视图按投影关系配置，中间又无其他图形隔开，剖视图可省略标注，如图 6-18（d）所示。

难点解析与常见错误

　　剖视的难点在于：应仔细分析不同结构剖切后的投影特点，避免漏画或多画剖切平面后面的可见轮廓线。另外，对剖切平面后面不可见的虚线，在其他视图上已表达清楚的就不用再画。

　　本题的常见错误主要是漏画轮廓线和虚线处理错误。

　　图 6-19 中，①处少画阶梯孔台阶面的积聚投影线。②处虚线不画。该轮廓在俯视图上已经表达清楚，故虚线省略不画。

实例6-10

根据主、俯视图，想象机件形状，将主视图改画为全剖视图，如图 6-20（a）所示。

解题分析

　　① 空间分析　如图 6-20（a）所示，根据主视图和俯视图读图分析可知，该机件由左、

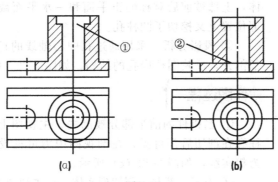

图 6-19

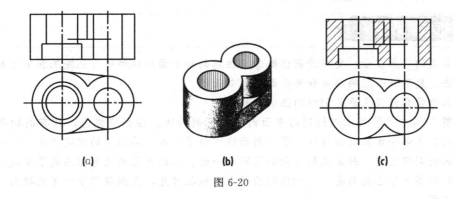

图 6-20

右圆柱和底板前后对称叠加而成。底板与两圆柱相切且底面共面（即平齐），如图 6-20（b）所示。

② 投影分析　将主视图画成全剖视图，可用单一剖切面通过机件前后对称面将机件全剖切，反映左右圆柱内孔的结构，如图 6-20（c）所示。

作图过程

① 视图中的两孔的虚线改为粗实线。主视图上底板的积聚线和两圆柱的交线前面的被剖去不画，后面的不可见的虚线，由于底板高度不确定，而不能省略。在与剖切面接触到的实体部分区域画出剖面线符号，如图 6-20（c）所示。

② 由于该机件前后对称，全剖视图可省略标注，如图 6-20（c）所示。

难点解析与常见错误

　　本题的难点在于：在分析不同结构剖切后的投影特点时，对于表达清楚结构的虚线应省略，但未表达清楚结构的虚线不可以省略。

　　常见的错误主要是虚线的漏画错误。

　　图 6-21 中，①处漏画了反映底板高度的积聚投影和两圆柱的交线。

实例 6-11　　将主视图改画为全剖视图，如图 6-22（a）所示。

解题分析

① 空间分析　由图 6-22（a）所示主、俯视图的对应关系可知，该机件为一空心圆柱

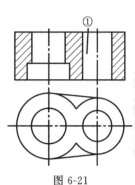

图 6-21

体，上部被前后对称的正平面和一水平面截切而成，并在后壁中部位置上又挖切了圆柱孔。

② 投影分析　采用通过孔中心轴线的正平面剖切，将机件全部剖开，反映圆柱内孔的结构，如图 6-22（b）所示。

作图过程

① 当机件的前半部分被剖去，主视图上的孔、槽和后壁上圆柱孔在剖切后都可见，在剖视图中为可见投影，故虚线全部改画为粗实线，如图 6-22（c）所示。

② 由于上部并未剖切到实体，故主视图上方不画剖面线。剖切位置与前后基本对称平面重合，可省略标注，如图 6-22（c）所示。

难点解析与常见错误

本题的难点在于：要弄清剖视概念，注意剖切平面后机件的可见轮廓和不可见轮廓的画法，熟悉剖面线的画法和哪些面要画剖面线。

本题常见错误主要是剖视的画法上错误。

图 6-23 中，①处未剖切到的平面内多画了剖面线。按剖视概念，只有剖切平面剖切到的实体部分才画剖面符号。②处剖面线方向不一致。按剖视的规定画法，同一机件在不同的剖视图中，剖面线的方向和间距要一致。③处可见的投影错画成了虚线。由于机件的前半部分已被剖去，剖切后的后壁上圆柱孔可见，在剖视图中为可见投影，应画成粗实线。

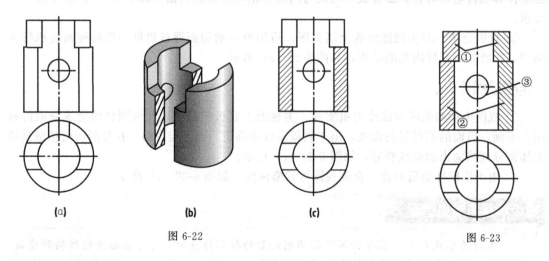

(a)　　　(b)　　　(c)

图 6-22

图 6-23

实例6-12

将图 6-24（a）所示机件的主视图改画为全剖视图。

解题分析

① 空间分析　根据主、俯视图，想象机件的空间形状，该机件由四部分组成，分别是圆柱部分、肋板部分、U 形凸台和底板部分。圆柱上钻有阶梯孔。肋板是四棱柱形状，底板左侧叠加有 U 形凸台，同时由凸台上表面向下挖有 U 形槽，在槽的底面向下钻有圆柱通孔，如图 6-24（b）所示。

② 投影分析　根据主、俯视图可知，虽机件左右不对称，但前后对称，并且外形简单，内形复杂，适合采用全剖视图。

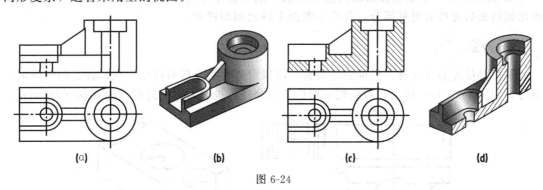

图 6-24

作图过程

由于机件前后对称，故主视图改画为全剖视图，首先要确定剖切平面的位置，剖切平面应选择在机件前后对称面的位置，剖切后主视图中的阶梯孔、U 形槽、圆柱孔等结构均变为可见，如图 6-24 （d）中剖切图所示。本题作图过程如图 6-24 （c）所示。

难点解析与常见错误

本题的难点在于肋板的剖切画法，画图时必须遵守规定画法，即肋板若沿纵向剖切，肋板的剖切面上不需要画剖面线，而将肋板与其他部分用粗实线分开。

本题常见错误主要是剖切平面后的可见轮廓线。

图 6-25 中，①处漏画剖切平面后面的可见轮廓的投影。②处在肋板的剖切面上多画剖面线，而未用粗实线将肋板与其他部分分开。③处漏画台阶面的积聚投影。④处分界线的位置错误，肋板与其他部分的分界线应是剖切面内的分界线，而不是外表面的分界线。

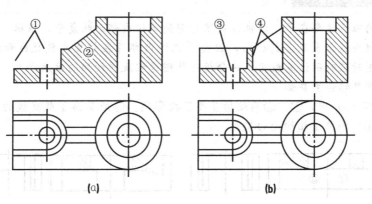

图 6-25

实例6-13　将图 6-26 （a）所示机件的主视图画成全剖视图。

解题分析

① 空间分析　该机件的基本形体为长方体，在长方体中部位置挖切了一个圆柱通孔，左端挖切了一个 U 形的槽，右端挖切了一个长方槽，底部自左向右挖切了一个长方槽。底部长方

槽前后表面与圆柱孔表面相交，与 U 形槽前后表面相切，其立体形状如图 6-26（b）所示。

② 投影分析　根据剖视图的概念和画法，剖视图中除画出断面的投影图形外，还应该画出剖切面后方所有可见部分，并应在断面上画出剖面符号。

作图过程

该机件虽左右不对称，但前后呈对称，所以沿机件的前后对称面剖切，移走剖切面前半部分，如图 6-26（c）所示，对剖切平面后半部分进行投影，作图过程如图 6-26（d）所示。

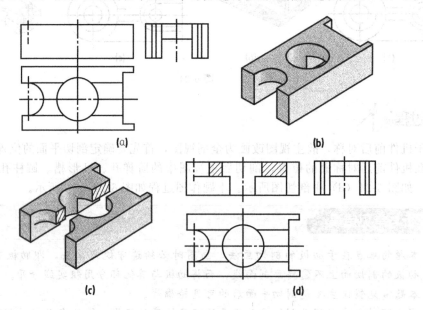

图 6-26

难点解析与常见错误

　　本题的难点主要在于：该机件虽然外形简单但内部形状复杂，根据全剖视图的适用范围，主视图适合采用全剖视图，但由于机件内部存在相交的截交线和相切的光滑过渡，在画图时应特别注意截交线的分析与作图过程及相切处的画法。

　　本题常见错误主要如下。

　　图 6-27（a）中，①、②两处均多画了投影线。③处漏画了截交线的投影。图 6-27（b）中，④处漏画了相切处的投影。

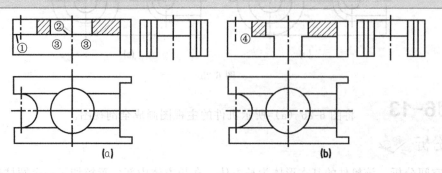

图 6-27

实例6-14　画出图 6-28 所示机件的 A—A、B—B 全剖视图。

解题分析

① 空间分析　该机件上部外形为前部带凸缘正垂方向的圆柱体,中间是阶梯形圆柱孔,凸缘的对称面上左右各有一小圆柱通孔,且该对称面与投影面倾斜。其下部为有两个小圆柱通孔的长方形底板,中间是十字形肋板连接圆柱体与长方体,其空间立体形状如图 6-28 (b) 所示。

② 投影分析　图示 A—A 全剖视图用于表达机件上方圆柱体中间的阶梯孔与两边小孔的结构。B—B 全剖视图主要用于表达十字形肋板及底板的结构。

作图过程

① 画 A—A 全剖视图,注意投影方向。

② 画 B—B 全剖视图。

③ 注意标注,如图 6-28 (c) 所示,字母一律按水平方向注写,如旋转剖视图时,要用箭头注明旋转方向,且字母注写在箭头一端。

难点解析与常见错误

本题的难点在于空间分析其形体结构,题目涉及单一投影面垂直面剖切,当机件上具有倾斜的内部结构时,可采用一个平行于机件倾斜部分的投影面(垂直面)来剖切机件而获得剖视图,如图 6-28 (c) 中 A—A 剖视所示。画图时,一般按投影关系配置并必须标注,也可配置在其他位置,必要时允许转正画出,但要在剖视图的名称旁用旋转符号注明旋转方向,如图 6-28 (c) 中"或"所示。初学者最易出现的错误是漏掉标注或标注不全。

本题常见错误如下。

图 6-29 中,①处标注错误。字母应按水平方向注写。②处剖面线的问题。当画剖面线时,若其他剖视图的主要轮廓线与水平线成 45°,则将剖视图的剖面线画成与水平线成 60°或 30°或与对称中心线成 45°,并与其他剖视图中的倾斜方向相同。②处剖面线的方向为与中心线成 45°,但与 B—B 剖视图剖面线方向相反,是错误的。③处标注的错误,漏注旋转符号。投影面垂直面剖切得到的剖视图,允许转平画出,但要在剖视图的名称旁用旋转符号注明旋转方向。

6.2.2.2　单一剖切面剖切的半剖视图的绘图实例与解析

实例6-15　将图 6-30 (a) 所示机件的主视图改画成半剖视图。

解题分析

① 空间分析　该机件由长方体底板、圆柱体和 U 字形凸台三部分叠加而成。长方体底板左右各挖切了一个 U 形槽,圆柱中部挖切了一圆柱通孔,U 形凸台从前向后挖切了一圆柱孔与大圆柱孔相通。其空间立体形状如图 6-30 (b) 所示。

② 投影分析　该机件左右对称,内外形状均要在主视图中表达,故可用一过空心圆柱体轴线的正平面将机件全部剖开,将主视图以对称中心线为界,左半画成视图,右半画成剖视,如图 6-30 (d) 所示。

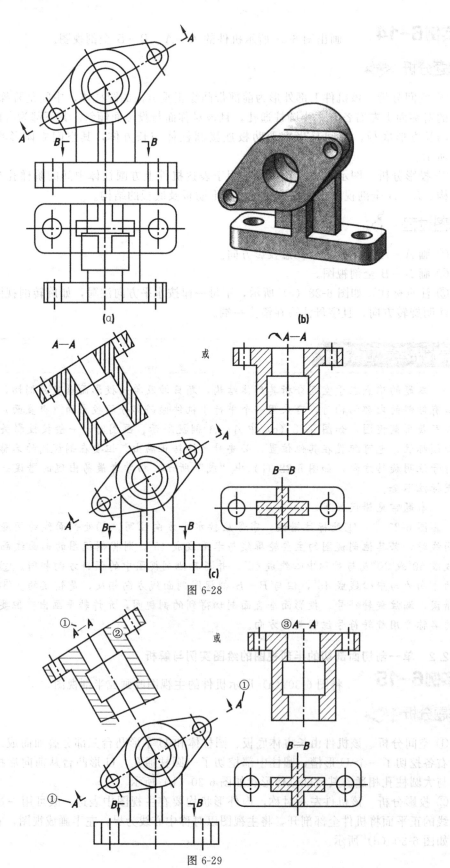

(a)

(b)

图 6-28

(c)

图 6-29

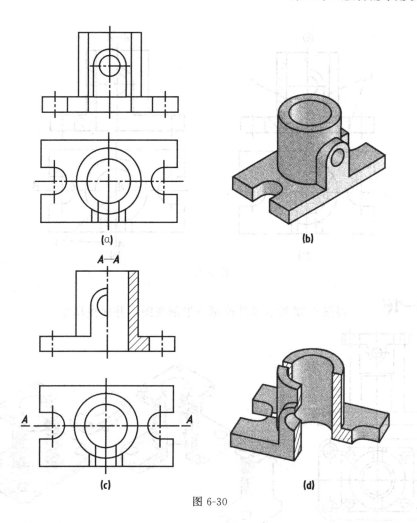

图 6-30

作图过程 🖊

作图过程如图 6-30（c）所示。

难点解析与常见错误 🔍

　　本题难点在于：该机件内、外形状均要在同一视图（主视图）中表达，且主视图左右完全对称，故主视图完全符合半剖视图的表达。虽然主视图左右对称，但机件前后并不对称，所以对主视图剖视必须进行标注，要标注出剖切位置符号、剖视名称。在半剖视图中，半个外形视图和半个剖视图的分界线应画成点画线，不能画成粗实线。由于图形对称，零件的内部形状已在半剖视图中表示清楚，所以在表达外部形状的半个视图中，虚线应省略不画。

　　本题常见错误如下。

　　图 6-31 中，①处虚线未省略错误。由于半剖视图可同时兼顾机件内、外形状的表达，所以，在表达外形的一半剖视图中一半不必再画出表达内形的虚线。②处为剖视标注的错误。半剖视图的标注和全剖视图标注完全相同，剖切位置符号应将机件全部剖切开进行标注，而不能只标注四分之一。③处分界线错误。半剖视图与视图之间的分界线必须是对称中心线，在分界处，不得出现任何其他图线。④处漏掉了剖视图的标注。

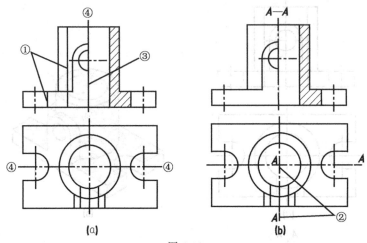

图 6-31

实例6-16 将图 6-32 所示机件改画成半剖视图,并标注尺寸。

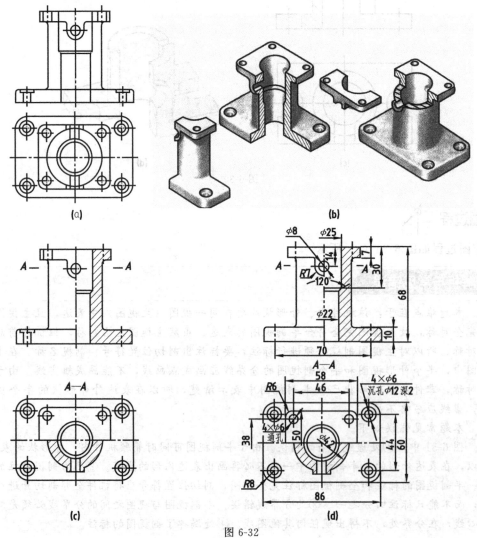

图 6-32

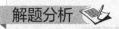**解题分析**

从图 6-32（a）可知，该机件内、外形状都比较复杂，但前后和左右都对称。为了清楚地表达这个机件，可用图 6-32（b）所示的剖切方法，将主视图和俯视图都画成半剖视图。

作图过程

其作图过程如图 6-32（c）所示。主视图是用前后对称平面剖切后所得的半剖视图，可省略标注；而俯视图是用水平面剖切后所得的半剖视图，因为剖切面不是机件的对称平面，所以必须在这个半剖视图的上方标注出剖视图的名称"$A—A$"，并在另一个图形中用带字母"A"的剖切符号表示剖切位置，但由于图形按投影关系配置，中间又没有其他图形隔开，便可省略表示投影方向的箭头。

尺寸标注

图 6-32（d）是在机件的半剖视图中清晰完整地标注了尺寸。在半剖视图中，有些与机件的对称面相对称的尺寸，有一端没有画全时，依然按对称尺寸的情况标注。如图 6-32（d）所示处于主视图地位的半剖视图中，由于机件中部的孔在外形图上的虚线省略不画，因此，"$\phi22$"，"$\phi25$"、钻孔锥顶角 120°等的尺寸线，一段画出箭头，指到尺寸界线，而另一端只要略超出对称中心线，不画箭头。在 $A—A$ 剖视图中，顶板上四个小圆孔的中心线之间的尺寸"38"、顶板的宽"50"以及圆柱体的外径尺寸"$\phi42$"等的尺寸线也属这种情况。由于在 $A—A$ 剖视图中，注明了机件顶板上四个圆柱孔是通孔，底板上四个圆柱孔是具有沉孔（沉孔的尺寸也已注明）的圆柱孔，所以，在主视图中，就不必如图 6-32（d）那样画出这些孔的虚线，但是仍要画出这些孔的轴线。

难点解析与常见错误

本题的难点主要是空间形体分析，抓住结构对称特点，采用半剖视图来表达内外结构，容易忽视对称结构半剖视图的画法注意事项和尺寸标注的注意事项。

本题的常见错误主要如图 6-33 所示。

图 6-33（a）中，①处漏画了后半部可见圆柱孔投影。

图 6-33（b）中，②处尺寸"19"和③处尺寸"25"标注方法错误，对称尺寸必须对称标注，不能只标注一半。

实例6-17　　将图 6-34（a）所示机件的主视图改画为半剖视图，并补画全剖左视图。

解题分析

根据机件的主、俯两个视图可以看出，机件内、外形结构都比较复杂。机件共由四个部分组成，分别是底板、底板上方叠加了 U 形柱体、U 形柱体上方叠加了圆柱凸台，以及 U 形柱体前侧叠加了长圆形凸台。底板由四棱柱切去了两个前角，并且左、右各有一个阶梯孔；U 形柱体后部挖了一个矩形槽，内部挖有阶梯孔；顶上的圆柱凸台上挖有同轴的圆柱孔与 U 形柱体的内部圆柱孔连通；前方长圆形凸台上挖了一个长圆孔与 U 形柱体的内孔连通。机件的空间立体图如图 6-34（b）所示。

该机件左右对称，并且其内、外部形状比较复杂，因此其主视图适合改画为半剖视图；

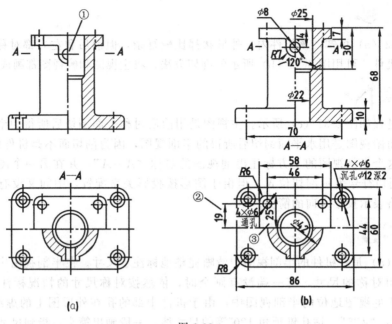

图 6-33

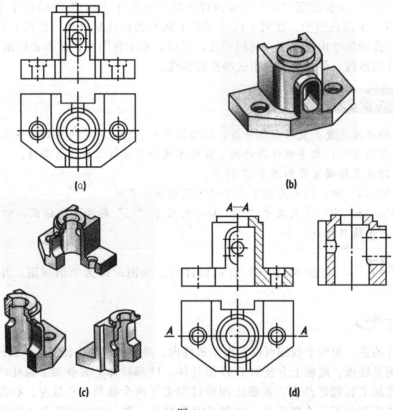

图 6-34

机件的左视图由于前后不对称，且主要外形可通过主、俯视图表达清楚，因此左视图适合采用全剖视图，进一步表达机件内部复杂形状。

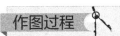

作图过程

　　本题作图过程是先确定剖切平面的位置，如图 6-34（c）所示。再将主视图改画成半剖视图，最后补画出全剖的左视图，如图 6-34（d）所示。

难点解析与常见错误

　　本题的难点主要是对该机件的空间结构形状的分析，根据其左右对称，并且其内、外部结构形状比较复杂的特点，为清晰表达内外部结构及其对称性，选择合适的半剖来表达部分内外结构形状，并在不对称方位选择全剖表达内部结构。

　　本题常见的错误主要如图 6-35 所示。

　　主视图漏标注剖视图名称"A—A"。

　　①、⑤处漏画外形视图中的可见轮廓线。

　　②处漏画剖切平面后部圆柱孔的投影。

　　③处错画圆柱孔的相贯线投影。

　　④处错画相贯线和截交线的投影。

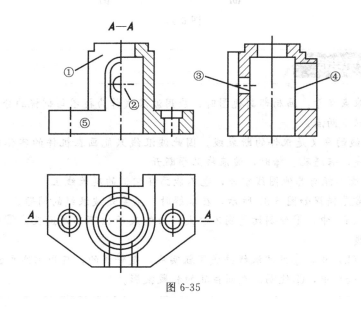

图 6-35

6.2.2.3　单一剖切面剖切局部剖视图的绘图实例与解析

实例6-18　　将图 6-36（a）所示机件的主、俯视图改画为局部剖视图。

解题分析

　　根据机件的主、俯两个视图可以看出，机件由三个部分组成，分别是圆柱和两个 U 形凸台。其中，圆柱下方从下往上挖有同轴的盲孔，两个 U 形凸台一个竖直放置在圆柱前侧偏右下位置，一个水平放置在圆柱左侧，且与圆柱顶面共面，并且两个凸台上均有孔。其空间立体形状如图 6-36（b）所示。

　　由于机件前、后、左、右均不对称，且在同一视图中内、外形状都需要表达，所以只有采用局部剖的剖切方法。

作图过程 ✎

确定剖切平面位置和剖切范围，主视图用通过顶部小圆柱孔和大圆柱孔的中心轴线的正平面剖切，但保留前部 U 形凸台；俯视图通过前部圆柱孔中心轴线的水平面进行剖切，但要保留顶部的 U 形板。其剖切立体图如图 6-36（d）所示。按剖切方法所得的剖视图如图 6-36（c）所示。

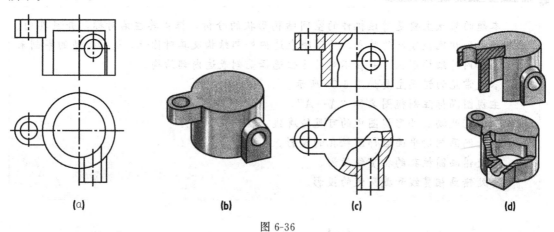

(a)　　　　　　　　(b)　　　　　　　　(c)　　　　　　　　(d)

图 6-36

难点解析与常见错误 🔍

本题的难点在于：画局部剖视图时，应用波浪线作为视图与剖视的分界线。波浪线画法应注意以下两点。

① 波浪线的含义是机件的断裂线，因此波浪线只能画在机件的实体表面上，且不能超出轮廓线，若遇孔、槽时，波浪线必须断开。

② 波浪线不能与其他图线重合，也不能画在它们的延长线上。

本题的常见错误如图 6-37 所示，在求解时，主要是波浪线的问题。

图 6-37（a）中，①处剖切范围不够大，未能表示出下部是通孔。②处少画圆柱顶面处的波浪线。

图 6-37（b）中，③处波浪线画成了粗实线，是错误的，应用细线画出。

图 6-37（c）中，④处漏画大圆柱孔的积聚投影。

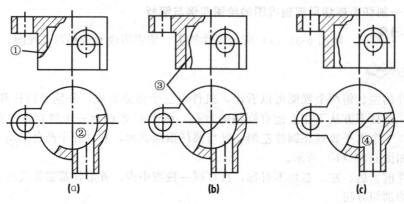

(a)　　　　　　　　(b)　　　　　　　　(c)

图 6-37

实例6-19　将主、俯视图画成适当的剖视，如图 6-38（a）所示。

解题分析

①空间分析　按形体分析法，可将主视图分解为 1′、2′、3′三个图框，由它们对应俯视图中的图框 1、2、3 可知，该机件是由三个部分组成。形体Ⅰ是带圆角及 U 形槽的底板；形体Ⅱ是一个形状如主视图所示，宽度方向如俯视图所示的形体；形体Ⅲ是一个空心圆柱凸台。三个部分的相互位置是：形体Ⅰ在最下部，形体Ⅱ位于形体Ⅰ的正中上方，形体Ⅲ位于形体Ⅱ的前端面。由俯视图中的大虚线框对应主视图可知，在整个机件的底部，由下向上挖切了一个与形体Ⅱ形状雷同的空腔，在形体Ⅱ的左上侧挖切了一个窗口。机件的空间形状如图 6-38（b）所示。

②投影分析　该机件的主、俯视图中都出现了较多的虚线，对画图、读图及标注尺寸都不方便，根据机件的结构形状，可将机件画成适当的局部视图。为避免主视图中的虚线，

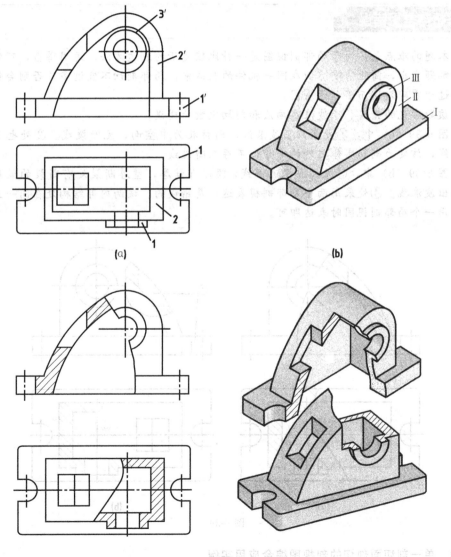

(a)

(b)

(c)

图 6-38

可将机件用一正平面通过机件内腔的对称平面将其需要表达的内形部分剖开，保留住需要表达的外部结构，将主视图画成局部剖视。为避免俯视图中的虚线，可将机件用一水平面通过圆柱凸台的轴线将其部分剖开，剖切出需要表达的内部结构，保留住需要表达的外部结构（窗口），将俯视图画成局部剖视，如图 6-38（c）所示。

作图过程

① 画出局部剖的主视图。将 U 形槽口、窗口及内腔按剖开画成剖视，以表达内形；将凸台全部或部分保留画成视图，以表达圆柱凸台的形状和位置。注意：视图与剖视图分界处，应按实际剖切的范围画出分界线（波浪线），并注意波浪线的画法，如图 6-38（c）所示。

② 画出局部剖的俯视图。将凸台中的圆柱孔及内腔画成剖视图，将窗口的投影依然画成视图，如图 6-38（c）所示。

③ 剖视的标注。两剖视图均为单一平面剖切，且剖切位置明确，故标注可全部省略。

难点解析与常见错误

　　本题的难点是：由于局部剖视图是一种比较灵活的表达方法，运用得当，可使图形表达解题突出，简化清晰。但在同一机件的表达中，局部剖切不宜过多，否则会使图形显得过于零碎，反而不利于看图。

　　该题常见的错误属于波浪线画法和剖切次数的错误。

　　图 6-39（a）中，①处多画了波浪线，圆柱孔为中空面，无断裂线。②处也多画了波浪线，该处为剖切实体之外的部分，不存在断裂线。

　　图 6-39（b）中，③处漏画了波浪线，顶部有壁厚，壁厚断裂处有断裂的裂痕，故应画出波浪线。④处采用两个局部剖视表达，是错误的。该两内部结构处在同一正平面内，用一个局部剖视同时表达即可。

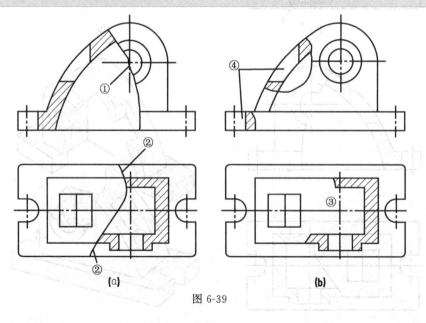

图 6-39

6.2.2.4　单一剖切面剖切的剖视图综合应用实例

实例6-20　将机件的主、俯、左视图改画成适当的剖视图，如图 6-40 所示。

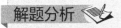

该题属于典型的综合剖视问题，一般先要分析清楚机件的各部分结构，然后按照前述的全剖视、半剖视和局部剖视的应用范围适当选择，最后按要求画图、标注即可。

① 空间分析　如图 6-40 所示，由已知视图可知，该机件由圆柱体、底板和上圆下方凸台三部分叠加而成。圆柱体内有三个层次的同轴阶梯孔；底板前面被正平面截去一块，两侧有矩形缺口，凸台位于底板之上，与前端面平齐，并与圆柱体相交，凸台上的小圆柱孔与圆柱体阶梯孔相贯。

② 投影分析　由于机件左右对称，且机件内、外结构均需表达，所以主视图采用半剖视图；左视图可取全剖视图，主要表达机件内形，包括表示凸台上小圆孔与圆柱体阶梯孔的相贯情况；俯视图可取局部剖视图，主要表达机件内部阶梯孔及凸台上的小圆柱孔。

作图过程

画出主视半剖视图、左视全剖视图、俯视局部剖视图，如图 6-41 所示。

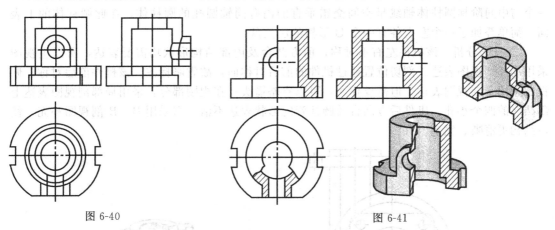

图 6-40　　　　　　　　　　　　　　　图 6-41

难点解析与常见错误

本题的难点在于空间分析和投影分析，根据机件的内外结构形状特点，选择合适的视图来清晰的表达，既要采用半剖来表达内外结构，又要全剖来表达内部结构，还要采用局部剖来表达局部结构形状。

本题的常见错误如下。

图 6-42 中，①处多画了右半个圆；剖切平面沿前后对称面剖切后，后半圆柱体壁上没有孔，所以应该只画左半圆即可。②处的投影错画为直线，按投影关系应该画为相贯线。③处在孔的中空处多画了用于断开机件局部剖的波浪分界线。④处多画了右方槽的剖面线，此处与剖切平面是没有接触的，不是断面，不应该画剖面线。

实例6-21　选用适当的表达法将图 6-43 所示的机件表达清楚。

解题分析

① 空间分析　根据图 6-43 所示的主、俯视图和立体图可以看出，该机件由前、中、后、右上四部分叠加而成，中间部分是一个内部有同轴圆柱空腔的阶梯圆柱体；前面部分是

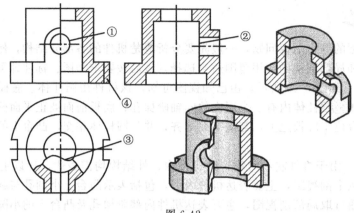

图 6-42

带四个圆角的方形法兰薄盘，四角有四个呈对称分布的圆柱通孔，中间有一个轴线与中间阶梯圆柱体同轴的圆柱通孔，后面部分的形体与前面部分相同，呈对称叠加，右上部分形体是一个与中间阶梯圆柱体轴线呈空间交错垂直的内有同轴圆孔的圆柱体，在此圆柱体的上表面，简单叠加了一个左右各有一个 U 形槽的法兰盘。

② 投影分析　该机件左右不对称，前方凸台及内部结构形状均需要表达，所以主视图采用局部剖视图表达。剖切位置通过机件的前后对称面，故省略标注。该机件前后对称，俯视图采用半剖视图表达，但需要标注，可以省略箭头；在视图部分，采用局部剖视图表达上部凸缘的四个小孔。机件后方凸台及圆柱管的形状表达不清，需采用 $B—B$ 剖视图补充，使该结构更清晰、完整。

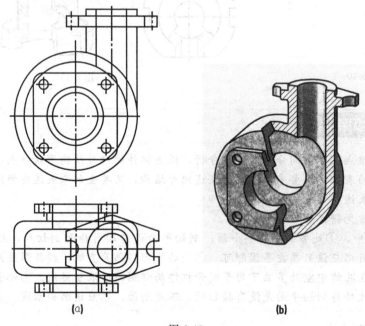

图 6-43

画出主视局部剖视图、俯视半剖视图、$B—B$ 全剖视图和表达方形法兰盘边上的圆形孔的局部剖视图，如图 6-44 所示。

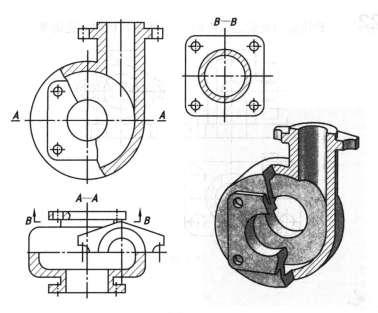

图 6-44

难点解析与常见错误

　　本题的难点在于机件的内外结构形状复杂、前后对称，而左右不对称，所以要选择半剖视图、全剖视图和局部剖视图组合表达。

　　本题常见的错误主要是有关剖视的画法和标注。

　　图 6-45 中，①处在孔的中空处多画了局部剖的波浪分界线。②处缺少注写剖视符号"$B-B$"。③处缺少局部剖的剖面符号，注意同一机件的剖面线间隔和方向应和其他剖视图的保持一致，③处还缺少视图与局部剖视图的分界线（波浪线）。

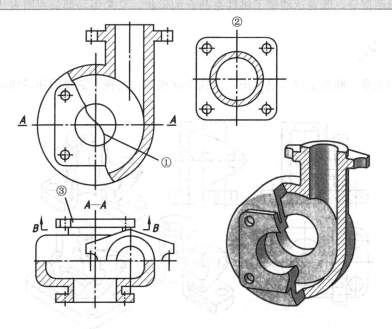

图 6-45

实例6-22 选用适当的表达法将图 6-46 所示的机件表达清楚。

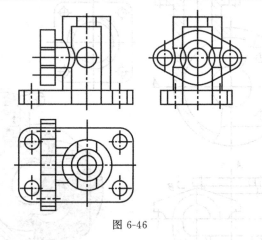

图 6-46

解题分析

① 空间分析 根据图 6-46 所示的主、俯、左三视图可以看出，该机件由竖立圆柱体、底板和法兰盘凸缘三部分叠加而成。竖立圆柱体内有两个层次的同轴阶梯通孔，竖立圆柱体的中间有一个前后贯穿的圆柱通孔，与其内腔的阶梯孔相贯；长方形底板带有四个圆角和圆形小通孔；竖立圆柱体的左侧有一个与之轴线垂直相交的横向圆柱体凸台，圆柱体凸台与竖立圆柱体表面相贯，圆柱体凸台的端面有一个带圆角菱形凸缘，对称分布着两个等径圆柱通孔，中间有一个圆形孔与竖立圆柱体的内腔阶梯圆柱孔相贯。

② 投影分析 该机件内外结构形状都很复杂，需要选择合适的视图清晰表达内外结构形状。该机件左右不对称，所以主视图采用全剖视图表达内部。剖切位置通过机件的前后对称面，故省略标注。该机件前后对称，俯、左视图均采用半剖视图表达外部结构和内部结构。左视外形图部分，既表达清楚了机件左凸台的形状，又采用局部剖视图表达了底板的四个小孔。

作图过程

根据投影关系，画出主视全剖视图、俯视半剖视图、左视半剖视图和局部剖视图，如图 6-47 所示。

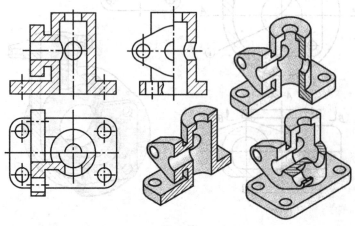

图 6-47

难点解析与常见错误

　　本题的难点在于空间形体分析，内外结构复杂，前后呈对称而左右不对称，所以需要选择合适的视图和剖视图来清晰表达内外复杂形状结构。由于左右不对称，所以主视图选择全剖视图表达内部结构，由于左右对称，所以选择俯视图和左视半剖视图，视图与半剖视图结合表达外部形状和内部结构，并配以底板的局部视图表达底板的圆形小通孔结构，这样，机件的内外复杂结构得以清晰表达。

　　本题的常见错误主要是剖视图的画法，具体如图 6-48 所示。

　　①处按照投影关系应该是竖孔与横孔的相贯线，不应该是直线。

　　②处按照投影关系也是孔与孔的相贯线。

　　③处视图与局部剖视图的分界线，应画成波浪线（或双折线），不应该画成粗实线。

　　④处多画了下半圆，此处是通过圆柱凸台轴线的水平面和前后对称面两个面半剖切机件的，其前上部移开，竖立圆柱体内上部的小圆形孔的前部分的投影没有了。

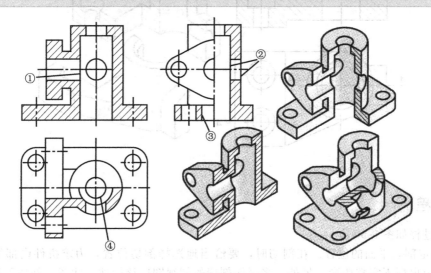

图 6-48

6.2.2.5　几个平行面剖切的剖视图绘图实例与解析

实例6-23　　将机件的主视图改画成全剖视图，如图 6-49（a）所示。

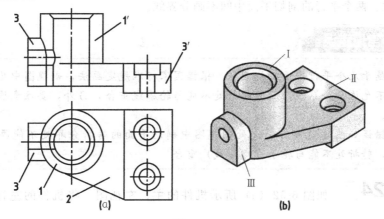

(a)　　　　(b)

图 6-49

解题分析 ✍

① 空间分析 根据已知的主、俯视图和立体图可知，该机件可分解为三部分：Ⅰ是直立空心圆柱体、Ⅱ是带有两个阶梯孔的多边形底板、Ⅲ是上圆下方的凸台。圆柱体Ⅰ与底板Ⅱ台阶面平齐，前后相切。凸台Ⅲ和圆柱体Ⅰ前后表面相交且底面平齐，凸台Ⅲ从左向右有一通孔，与空心直立圆柱体Ⅰ的内孔相交，形成相贯线，如图 6-49（b）所示。

② 投影分析 该机件的外形较为简单，内部结构孔相对复杂，且不在一个剖切平面上，所以需要用两个平行的剖切平面剖切左方的相交圆柱孔和右方阶梯孔，如图 6-50 所示。

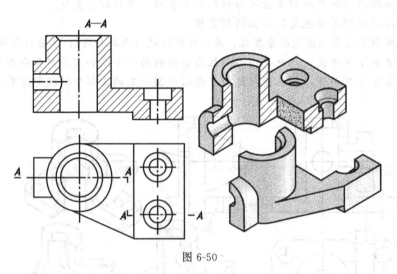

图 6-50

作图过程 ✎

作图过程如图 6-50 所示。

① 确定剖切平面的位置。在剖切时，要恰当地选择剖切位置，力求机件内部结构表达清楚，避免出现不完整要素。另外，多平面剖切的剖视图应该标注。注意：剖切平面的转折处不要和轮廓线重合，并在起、讫、转折处标注字母"A"，同时在剖视图上方用字母"A—A"标注剖视图名称。

② 画剖视图。先画出剖切平面剖到的内部结构和外形轮廓，再画出剖切平面后可见的轮廓线。注意：两个平行的剖切平面中间不画分界线。

难点解析与常见错误 🔍

本题属于几个平行平面剖切问题。根据国家标准规定画法，剖视图中几个平行平面的转折处不允许画分界线，而且转折处不能与轮廓线重合，另外，要注意尽量保证机件结构完整。

常见错误如图 6-51 所示，①处剖视图中剖切平面的转折分界处不能画分界线。②处标注时，转折处不能与轮廓线（虚线）重合。

◀实例6-24▶ 如图 6-52（a）所示机件的主、左视图，将机件的左视图改画成全剖视图。

解题分析

① 空间分析　根据机件已知的主、左视图可知，机件由 L 形板、空心圆柱和肋板叠加而成。其中 L 形板上挖有四方凹槽，槽的底面有两个圆柱通孔。空间立体图如图 6-52 (b) 所示。

② 投影分析　已知的主视图表达机件外形，三个圆柱孔在左视图投影均为虚线，因此左视图改画为剖视图。由于三个圆柱孔不在同一个剖切平面上，所以需要用两个平行的剖切平面剖切，以表达其内部结构，如图 6-53 (b) 所示。

作图过程

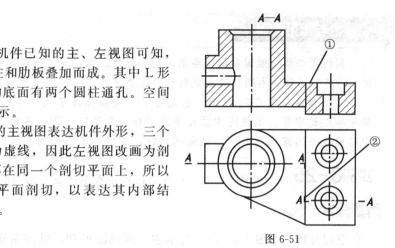

图 6-51

如图 6-53 (a) 所示，先画出剖切平面剖到的内部形状和外形轮廓，再画出剖切平面右侧可见的轮廓线。用多个剖切平面剖切的剖视图必须标注剖切位置和名称，该题目剖切符号两端表示投影方向的箭头也可省略。

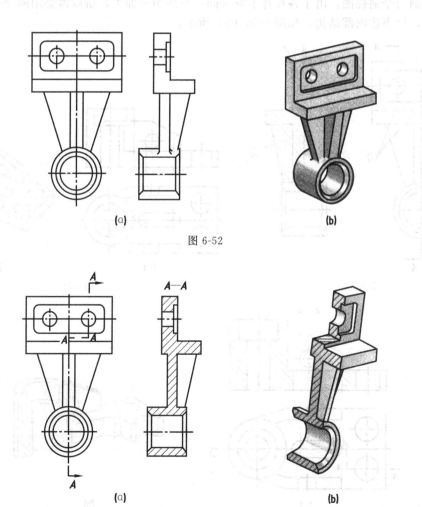

图 6-52

图 6-53

难点解析与常见错误

　　剖视图必须按照国家标准要求画图和标注，所以各类剖视图的画法和标注方法一定要区别清楚。另外，本题目又出现肋板的画法问题，一定要注意相关国家标准的规定要求。

　　常见错误如图6-54所示，主视图中①处漏标注了几个平行平面的剖切符号、转折符号和起讫字母。剖视图中②处多画了转折分界线。③处多画了肋板的剖面线，剖视图中肋板按照国家标准要求，纵向剖切时，其内部不能画剖面线。

实例6-25

将图6-55（a）所示机件主视图改画为适当的剖视图。

解题分析

　　① 空间分析　由图6-55（a）所示主、俯视图可知，机件由底板、圆柱和两块立板组成。其中底板上有两个圆柱孔和一个长圆孔，前后立板上有圆柱通孔，圆柱内部有阶梯通孔。空间立体形状如图6-55（b）所示。

　　② 投影分析　俯视图表达机件外形，不同位置的孔、槽在主视图中均为虚线，因此主视图应改画为全剖视图。由于各种孔不处在同一个剖切平面上，所以需要用两个平行的剖切平面剖切，以表达内部结构，如图6-56（b）所示。

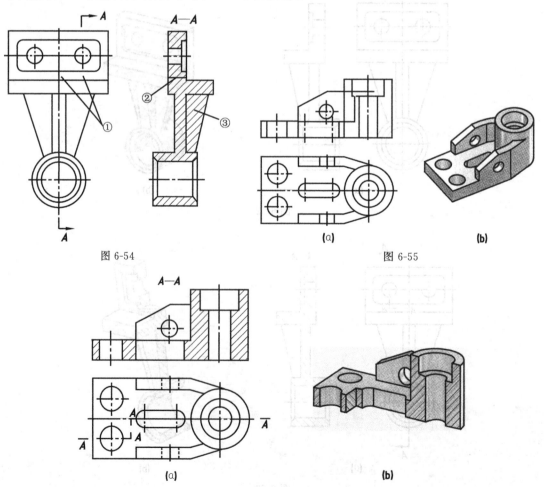

图 6-54

图 6-55

图 6-56

作图过程

如图 6-56（a）所示，先画出剖切平面剖到的内部形状和外形轮廓，再画出剖切平面后可见的轮廓线。用多个剖切平面剖切的剖视图必须标注剖切位置和名称，本题剖切符号两端表示投影方向的箭头可以省略。

难点解析与常见错误

本题属于用几个平行平面剖切问题。剖视图为了更清晰地表达机件，要选择适当的剖切位置，尽量保证机件各结构表达清楚。另外，要注意几个平行平面转折处不能与轮廓线重合。

如图 6-57 所示，常见错误为：①处剖切位置不当，导致底板左方圆柱孔未剖切，孔表达不清楚。②处所指剖切符号转折线错误，不能与长圆孔轮廓重合。③处剖切平面未剖切立板，所以立板投影内不能画剖面线。

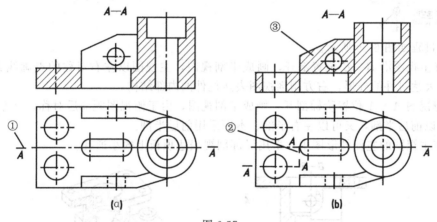

图 6-57

实例6-26　选择适当的剖切平面，将主、俯视图改画成剖视图，如图 6-58（a）所示。

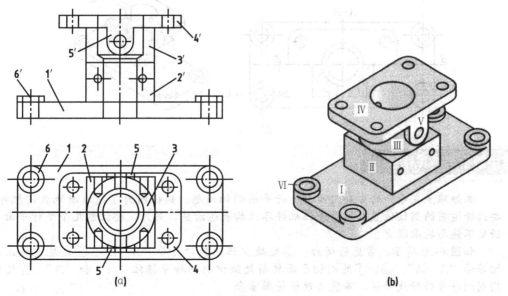

图 6-58

解题分析 ✎

① 空间分析　由图 6-58（b）可知，该机件由底板Ⅰ、四棱柱Ⅱ、圆柱Ⅲ、顶板Ⅳ、前后凸台Ⅴ、圆柱凸台Ⅵ叠加而成，机件左右、前后对称。底板上有圆角，凸台Ⅵ叠加在底板Ⅰ的四个圆角上，顶板下前后凸台Ⅴ的前、后表面与顶板前、后表面平齐。在机件的内部有上下开通的阶梯孔，并与凸台Ⅴ上前后的孔相交，顶板上有四个小通孔，底板上也有四个小通孔。四棱柱Ⅱ的边长和上部的圆柱体Ⅲ的直径相等，前后各有两个盲孔。

② 投影分析　由已知主、俯视图可知，主视图左右对称，内外结构均需表达，可采用半剖视图。又因底板上的四个小通孔与主体内部上下通孔在前后方向位置上不在同一平面，因此可采用两个平行的剖切平面 B—B 进行剖切。由于在剖切过程中顶板上的四个小通孔剖切不到，可在主视图外形图基础上进行局部剖切。前后凸台Ⅴ上的通孔和四棱柱Ⅱ上的盲孔在俯视图中的表达，由于不在同一高度，但前后对称，可用平行两平面沿 A—A 位置进行阶梯半剖，既可表达孔的深度，也可表达顶板的实形，如图 6-59 所示。

作图过程 ✐

作图过程如图 6-59 所示。

① 将主视图沿 B—B 位置剖开，画成半剖视图，主视图以左右对称的点画线为界，左方用视图表达机件的外形，右方用剖视图表达机件的内部结构。

② 俯视图 A—A 位置阶梯剖开，画成半剖视图，由于俯视图既前后对称，又左右对称，因此既可以前后半剖，又可以左右半剖。本题采用前后半剖。

③ 在主视图的左侧外形图中，采用局部剖视表达顶板上的小通孔。

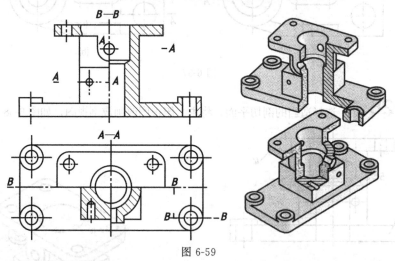

图 6-59

难点解析与常见错误 🔍

本题难点在于两处分别用两个平行平面剖切问题。剖视图为了更清晰地表达机件，要选择适当的剖切位置，尽量保证机件各结构表达清楚。另外，要注意几个平行平面转折处不能与轮廓线重合。

如图 6-60 所示，常见错误为：①处缺少标注剖切符号"B—B"。②处缺少标注剖切符号"A—A"。③、④处剖切平面转折处缺少剖切符号标注"A"和"A"。⑤处所指剖切符号转折线错误，不能与顶板轮廓重合。

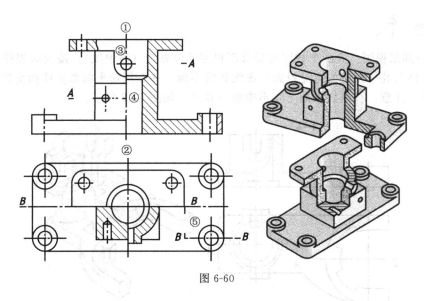

图 6-60

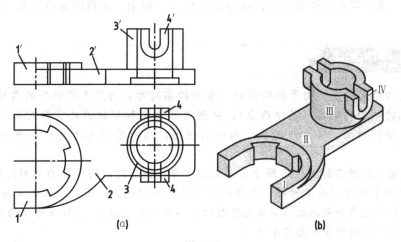

实例6-27　将主视图改画成用两个相互平行平面剖切的局部剖视图，如图 6-61（a）所示。

(a)　　　　(b)

图 6-61

解题分析

① 空间分析　由已知视图可知，该机件由形体Ⅰ、Ⅱ、Ⅲ、Ⅳ叠加而成。形体Ⅰ为左方右圆的柱体，其上挖切了具有两个缺口的 U 形槽。形体Ⅱ是一个形状如图框 2 所示的底板，它与形体Ⅰ的半圆柱相切，其上表面的正面投影应画至切点。形体Ⅲ是一个圆柱体，叠加在形体Ⅱ的右上方，在形体Ⅱ、Ⅲ上又自上而下挖切了一个阶梯孔。形体Ⅵ为前后两个 U 形凸台，它与形体Ⅲ的上表面平齐，水平投影无分界线，它与形体Ⅲ的圆柱外表面相交，在形体Ⅲ、Ⅳ的上方从前向后挖切了一个 U 形槽，该 U 形槽与空心圆柱体的内圆柱孔面相交，如图 6-61（b）所示。

② 投影分析　由于机件前后、左右均不对称，为了表达机件的内外形状，同时保证机件结构的完整（前方凸台），分别沿形体Ⅰ和形体Ⅲ的前后对称平面（两个正平面）阶梯剖切，将主视图画成局部剖视图，如图 6-62 所示。

作图过程 ✎

① 画局部剖视图。先画出视图与局部剖视图的分界线（波浪线）；按投影规律分别画出剖切后各形体及孔、槽等的可见投影，虚线省略不画，并在剖切平面和实体相交的端面上画出剖面符号。注意：在剖切平面之间不能画分界线，如图 6-62 所示。

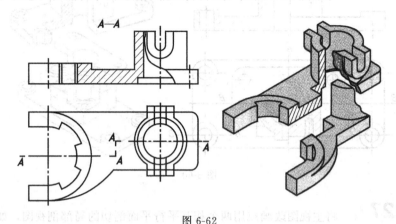

图 6-62

② 标注。几个平面剖切得到的剖视图应该标注，但主、俯视图按投影关系配置，可省略箭头。

难点解析与常见错误 🔍

　　本题的难点在于：由于机件前后、左右均不对称，为了表达机件的内外形状，同时保证机件结构的完整（前方凸台），分别沿形体Ⅰ和形体Ⅲ的前后对称平面（两个正平面）阶梯剖切，将主视图画成局部剖视图，所以要注意阶梯剖的标注和局部剖的标注。

　　本题常见的错误如图 6-63 所示，①处缺少与俯视图对应的阶梯局部剖的标注"A—A"。②处由于机件前后不对称，主视图不应画成半剖视图，而是应该画成局部剖视图，所以此处缺少左边局部剖视图与右边视图的分界线（波浪线）。③处漏标注两个平行平面的剖切符号、转折符号和起讫字母。

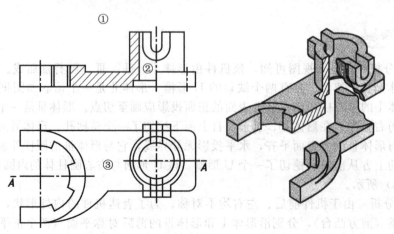

图 6-63

6.2.2.6　相交面剖切的剖视图的绘图实例与解析

实例6-28　　　　根据图 6-64 (a) 所示机件的主、俯视图，选择合适的表达视图。

解题分析

① 空间分析　由主、俯视图不难看出，该机件由Ⅰ、Ⅱ、Ⅲ三种形体四个部分组合而成。形体Ⅰ为底板，其上有两个圆柱通孔。形体Ⅱ形状如俯视图中图框 2 所示，高度如主视图 2' 所示；由主视图中的虚线矩形图框对应俯视图中的圆可知，在形体Ⅰ、Ⅱ上挖切了一阶梯圆柱孔和一圆柱通孔。形体Ⅲ为三棱柱肋板。机件各部分的前后、左右位置关系如俯视图所示；上下位置关系如主视图所示。其空间结构形状如图 6-64 (b) 所示。

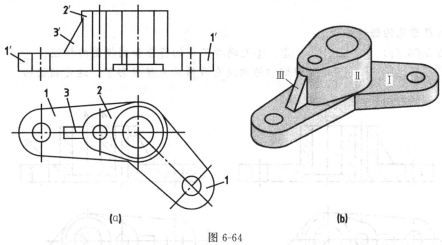

图 6-64

② 投影分析　该机件的内部结构不处于同一剖切平面内，不能用单一的剖切平面剖切，但该机件在整体上具有回转轴线，故可用相交的一正平面和一铅垂面分别剖切该机件，将其主视图画成全剖视图，如图 6-65 所示。

作图过程

① 确定两剖切平面的位置。剖切平面应分别通过所要剖切的内部结构中心，且两剖切面的交线要与回转轴线重合，如图 6-65 中标注的剖切位置。

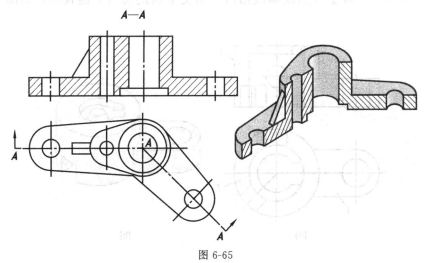

图 6-65

② 画出正平面和铅垂面剖切而得的剖视图。要将铅垂面剖切后的断面及有关部分旋转至正平面位置，再将其投影，并在剖切平面和实体相交的断面处画上剖面符号。

③ 对剖视图进行标注。几个平面剖切得到的剖视图应标注，在剖切平面的起止和相交处，均应标注剖切位置符号及大写字母，在剖视图的正上方标注剖视名称。

难点解析与常见错误

　　本题的难点在于：该机件的内部结构不在同一剖切平面内，不能用单一的剖切平面剖切，但该机件在整体上具有回转轴线，因此可采用相交的剖切平面的交线旋转到投影面平行后再投影画出，同时必须对剖视图进行完整标注，这也是初学者最容易忽略的地方。

　　该题常见的错误如下。

　　图 6-66 （a） 中，①、②、③、④处漏掉了剖切符号和剖视图的标注。

　　图 6-66 （b） 中，⑤处被剖切的结构没有旋转就直接投影了，这是错误的。

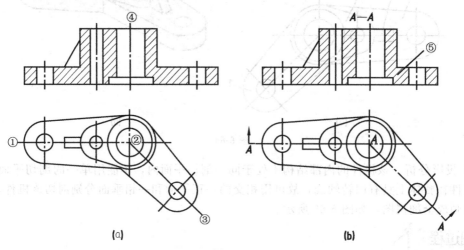

图 6-66

实例6-29 将主视图改画成用两个相交平面剖切的全剖视图，如图 6-67 （a）所示。

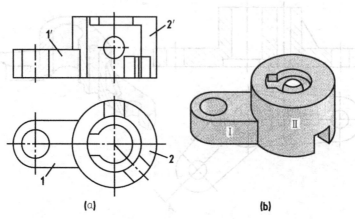

图 6-67

① 空间分析 由已知视图可知，该机件由形体Ⅰ、Ⅱ叠加而成。形体Ⅰ为一个左圆右方的柱体，且自上而下挖切了一个圆柱通孔。形体Ⅱ为空心圆柱体，其上先自上而下切割了一阶梯圆柱孔，再从后壁向前挖切了一个圆柱孔，该孔与形体Ⅱ的内、外圆柱面相交。另外，阶梯小柱孔的左右用两个正平面、一个与阶梯大圆柱孔的圆柱面共面的圆柱面挖切了一个槽，与小圆柱孔有截交线；形体Ⅱ的下端用一水平面、两个铅垂面挖切了一方槽，与形体Ⅱ空心圆柱体的内、外圆柱面相交，有截交线，如图 6-67 （b）所示。

② 投影分析 由已知主、俯视图及立体图可知，该机件左右、前后都不对称，但是形体Ⅰ前后对称，形体Ⅱ内部结构不处于同一剖切平面内，不能用单一的剖切平面剖切，但在整体上具有回转轴线，故可用相交的一正平面和一铅垂面分别剖切该机件，将其主视图画成全剖视图，如图 6-68 所示。

① 作出 A—A 全剖视图。先用正平面和铅垂面将机件剖切，并旋转铅垂面剖切后的断面及有关部分至正平面位置，再按投影规律画出剖切后各形体Ⅰ、Ⅱ及孔、槽、截交线等的可见投影，虚线省略不画，并在剖切平面和实体相交的断面处画上剖面符号，如图 6-68 所示。

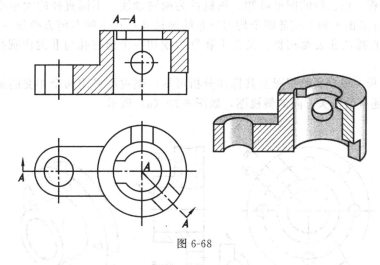

图 6-68

② 标注该全剖视图。几个平面剖切得到的剖视图应标注，注意其箭头必须与剖切位置符号垂直。

本题的难点在于：该机件的内部结构不在同一剖切平面内，不能用单一的剖切平面剖切，但该机件形体Ⅰ前后对称，形体Ⅱ在整体上具有回转轴线，因此可采用相交的剖切平面的交线旋转到投影面平行后再投影画出，同时必须对剖视图进行完整标注，这也是初学者最容易忽略的地方。

该题常见的错误如下。

图 6-69 中，①、②处漏掉了剖切符号和剖视图的标注。③处是错误的，箭头必须与剖切位置符号垂直。

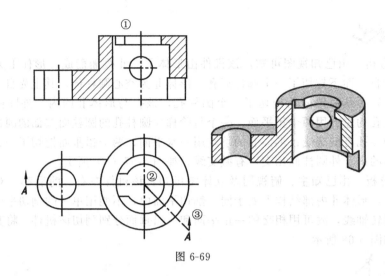

图 6-69

实例6-30 改正图 6-70（a）中各种标注的错误。

解题分析

① 空间分析　由已给的图形可知，该机件为两同轴线、不同直径的大小空心圆柱Ⅰ和Ⅱ叠加，Ⅰ的外沿由上向下挖通四个均匀分布的圆柱孔；在Ⅰ的右前方叠加一个半圆柱Ⅲ，半圆柱Ⅲ与空心圆柱Ⅱ表面相贯；又在Ⅰ和Ⅲ中挖切一个圆柱孔与Ⅱ的内圆孔相贯，如图6-70（b）所示。

② 投影分析　根据所给视图及其标注分析可知，剖视图采用两个相交的剖切平面剖切的全剖视图，还有沿箭头方向的斜视图，如图6-70（a）所示。

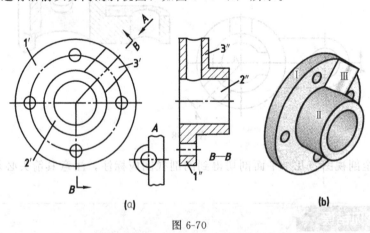

(a) (b)

图 6-70

③ 分析各种错误　斜视图的标注不对，箭头旁的字母"A"应水平写，因为斜视图不是按投影方向配置画出的，而是旋转后画出的，所以标注图名的字母"A"旁应加旋转符号；相交的两个剖切平面剖切的全剖视图画法正确，但标注不对。剖切符号外端的箭头方向不对（此处不可省略），字母"B"应水平写，名称"B—B"应标注在剖视图的正上方，如图6-71所示。

改正错误

给视图和剖视图进行正确标注，改正后如图6-71所示。

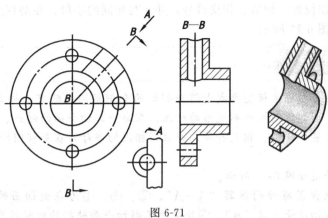

图 6-71

6.2.2.7 组合剖切平面剖切的剖视图分析与作图过程实例

实例6-31 将机件的主视图改画成用几个剖切面剖切的全剖视图，如图 6-72 （a）所示。

解题分析

① 空间分析 由主、俯视图可以看出，该机件由带阶梯圆柱孔的圆柱体、带阶梯圆柱孔的底板及带圆柱孔的耳板组合而成。其空间结构形状如图 6-72 （b）所示。

② 投影分析 按题意要求，要将主视图画成剖切的全剖视图。根据该机件的结构特点，可选用相互平行的两剖切平面和一个相交的铅垂面剖切，相互平行的两剖切平面分别剖切底板的阶梯圆柱孔和圆柱体中的阶梯圆柱孔，铅垂面过圆柱体轴线和耳板上圆柱孔轴线剖切耳板的圆柱孔及圆柱体中的阶梯圆柱孔。

作图过程

① 确定三个剖切平面的位置，如图 6-73 所示。

② 按相互平行两剖切平面的画法画出剖切的结果，再旋转铅垂面剖切后的断面及有关部分至正平面位置，画出铅垂面剖切的结果，如图 6-73 所示。

③ 剖视标注。几个剖切面剖切的剖视图必须标注，在每一剖切平面的起止、转折、相

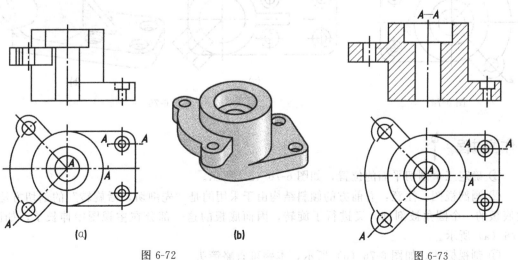

(a)　　　　　　(b)

图 6-72　　　　　　　　　　　　图 6-73

交处均应标注出剖切位置、转折、相交符号，并注写相同的字母，在剖视图的正上方标注出剖视图的名称，如图6-73所示。

实例6-32　　选用适当的剖切方法将主视图改画成剖视图并标注，如图6-75（a）所示。

解题分析

　　① 空间分析　由主、俯视图可知，该形体由四部分组成，下方为一带有圆角的矩形底板，在底板的左边挖切有四个阶梯孔；底板的左侧上叠加一个圆柱体，圆柱体内有一个自上向下贯通的孔，圆柱体左侧叠加一个三角形肋板，圆柱体的右前方有一空心的圆柱形凸台，凸台内的孔与圆柱体内的孔相通，如图6-75（b）所示。

　　② 投影分析　根据题意要求，采用平行的剖切平面和相交的剖切平面进行组合剖切。剖切平面自左向右依次通过各孔的轴线剖切，如图6-76（b）所示。

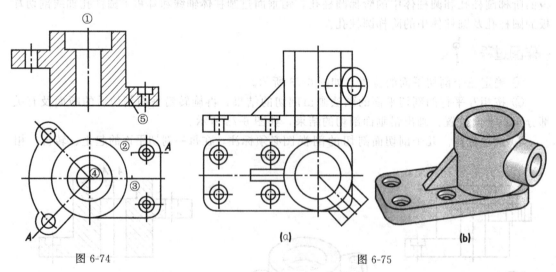

图 6-74　　　　　　　　　　　　　　　　　（a）　　　　　　　　（b）

　　　　　　　　　　　　　　　　　　　　　　　　　　图 6-75

作图过程

　　① 确定三个剖切平面的位置，如图6-76（a）所示。

　　② 画剖视图。注意：右前方的倾斜结构由于采用的是"先剖切，后旋转"的剖切方法，故底板的一个圆角被剖到，又进行了旋转，因而底板的这一部分在主视图中伸长了，如图6-76（a）所示。

　　③ 剖视标注。如图6-76（a）所示，本题可省略箭头。

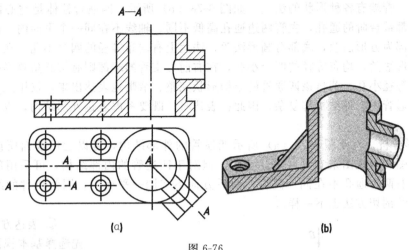

图 6-76

难点解析与常见错误

　　本题难点在于要将主视图画成由组合剖切的全剖视图。既有阶梯剖，又有旋转剖，尤其要注意几个剖切面剖切的剖视图的标注，在每一剖切平面的起止、转折、相交处均应标注出剖切位置、转折、相交符号，并注写相同的字母，在剖视图的正上方标注出剖视图的名称。

　　本题常见错误如图 6-77 所示。

　　①处缺少剖视图符号的注写"A—A"。②、③、④处为在剖切面的转折、相交处，未标注出同一剖切符号字母"A"。⑤处多画了肋板的剖面线，按照相关制图标准，肋板纵向剖切时，其内部不画剖面线。⑥处的相贯线画成了直线，应该画成相应的相贯线曲线。

6.2.2.8　剖视图综合应用实例

实例6-33　　运用适当的表达方法，表达四通管的结构形状，如图 6-78（a）所示。

解题分析

　　① 空间分析　　如图 6-78（a）所示的四通管，其结构由多段圆柱体相贯而构成，为了与

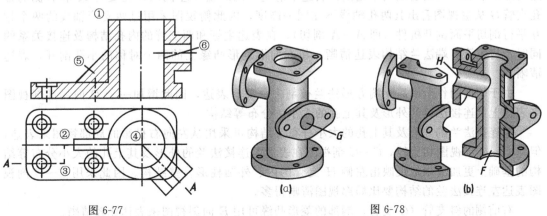

图 6-77　　　　　　　　　　　　　　　　　图 6-78

管路相连接，管端有各种形状的法兰。如图 6-78（b）所示，四通管柱体是空心圆柱，中间为上下两端都带台阶的通孔，主管两边通孔高低不同、轴线不在同一个平面内，由于安装需要，主管顶部为方形法兰，底部有圆形法兰，法兰上有均布等径的四个小孔。在左方支管的端部，有圆形法兰，均布等径的四个小孔，在右前方支管的端部则有带圆角菱形凸缘，对称分布着两个等径小孔。若将该四通管的结构形状完整、清晰地表达出来，仅用三视图是不够的。因为四通管内、外结构都复杂，因此在表达时，既要考虑表达外部结构，也要表达内部结构。

② 投影分析　对于图 6-78（a）所示四通管的外部结构，可以运用前面所讲的基本视图、局部视图和斜视图来实现并表达清晰。但对于四通管的内部结构，可采用剖视图来表达。由于左右两个通孔不在同一高度，前后方向不在同一平面上，因为机件的结构形状不同，所采用的剖切方法也不一样。

③ 表达方案分析　首先选择基本视图，考虑到四通管的形体特征和安放位置，基本视图采用主视图和俯视图来表达，主视图投影方向选择如图 6-79 所示，主视图反映了四通管的主体形状。为了表达管体内带阶梯通孔结构 F，主视图应采用全剖视来表达内部结构，同时由于左侧的带孔，因此主视图用通过两个主管轴线的两个相交的剖切平面剖开机件（即 B—B 剖切），来表达主管和两支管的内孔结构及连接关系。

为了表达两支管的夹角关系及立管底部法兰的

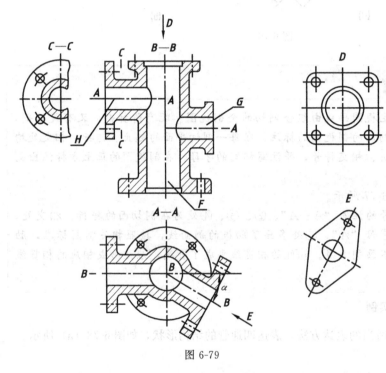

图 6-79

结构形状，采用俯视图来表达。如果俯视图不剖切，则从上往下投影时，主管上端法兰可表达清楚，下端法兰被上端法兰遮挡，表达不清楚，同时由于左侧的带孔支管 H 和右侧的带孔支管 G 从主视图看出其两孔轴线不在同一高度，因此俯视图采用过两支管轴线的两个相互平行剖切平面剖开机件（即 A—A 剖切），在表达主管和两支管的内孔结构及连接关系的同时，将主管下端法兰结构表达清晰，将右前端菱形凸缘上的两个对称的小孔剖开，表达清晰。

由于俯视图作全剖后上端方形法兰被剖去，没有表达，因此增加一个 D 向局部剖视图来表达上部连接法兰的外形及其上孔的大小、分布等结构。

左连接法兰的外形及其上孔的大小分布等结构可采用从左向右投影的局部视图来表达，但与 C—C 剖视图相比较，C—C 剖视图在表达左连接法兰的外形及其上孔的大小分布等结构的基础上更加清晰地反映出左侧 H 支管的内、外圆柱形管壁结构。因此采用 C—C 剖视图表达左连接法兰的结构要比局部视图清晰得多。

右前侧的斜支管（G 支管）端部的菱形凸缘可用 E 向斜视图来表达比较清晰。

作图过程

作图过程如图 6-79 所示。

① 画出用 *B—B* 相交面剖切的主视图。由于剖切面为相交剖切面，所以在俯视图中画出剖切位置，并在主视图上方标注视图名称"*B—B*"。

② 画出用 *A—A* 平行面剖切的俯视图。在主视图上画出剖切位置，并在俯视图上方标注视图名称"*A—A*"。

③ 画出 *C—C* 剖视图，用来表达左连接法兰的外形及其上孔的大小分布，反映左侧 *H* 支管的内、外圆柱形管壁结构，表达并标注。

④ 画出 *D* 向局部视图和 *E* 向斜视图，分别表达上连接法兰的形状和 *G* 支管端部的形状，并标注。

难点解析与常见错误

　　本题难点首先在于机件的内外空间形状结构的分析，既不左右对称，又不前后对称，外部形状和内部结构都需要表达清晰，需要运用前面所讲的基本视图、局部视图和斜视图来实现并表达清晰。但对于四通管的内部结构，则需要采用剖视图来表达。由于左右两个通孔不在同一高度，前后方向不在同一平面上，因为机件的结构形状不同，所采用的剖切方法也不一样。

　　本题常见的错误如图 6-80 所示。

　　①处没有注写相对应的局部剖视图名称"*C—C*"。②处缺少注写阶梯剖时剖切平面转折处的同一剖切符号"*A*"。③处缺少注写旋转剖时剖切平面相交处的同一切剖切符号"*B*"。④处的斜视图符号应水平标注"*E*"。⑤处是在局部剖时机件的中空处不画分界线（波浪线）。

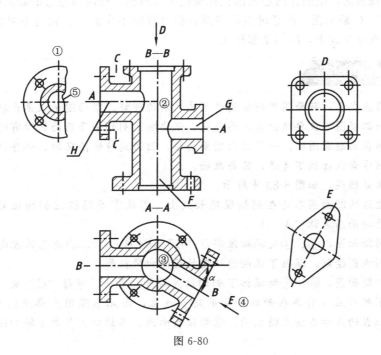

图 6-80

6.2.3 断面图的画法

6.2.3.1 移出断面图的分析与作图过程实例

实例6-34　　在指定位置画出阶梯轴的断面图，如图 6-81（a）所示。

解题分析

　　由主视图从左到右四个大矩形及里面的小矩形、圆、U 形图框分析，该零件为阶梯轴。左端前后被两个正平面为矩形平面，中间前后挖切一个前后相通的圆柱孔，右边在前后方挖切一个 U 形键槽，如图 6-81（b）所示。

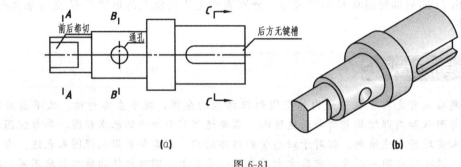

图 6-81

作图过程

　　作图过程如图 6-82 所示。

　　① 画出 A—A 断面图。因为它是对称图形，没有配置在剖切面延长线上，应标注剖切位置符号和字母，箭头可省略。

　　② 画出 B—B 断面图。注意圆柱孔的投影应画成水平的，由于剖切平面通过圆柱孔的轴线，应按剖视画图，故圆孔两边的圆柱积聚投影应画出，标注与左边的断面图相同。

　　③ 画出 C—C 断面图。注意键槽处的圆柱积聚投影不应画出；它为不对称图形，也没有配置在剖切面延长线上，应加全部标注。

难点解析与常见错误

　　本题难点在于：断面图与剖视图的主要区别的理解，断面图是仅画出机件断面的真实形状，而剖视图不仅要画出其断面形状，还要画出剖切平面后面的所有的可见轮廓线的投影。而在画断面图时，一般只画断面实形，但遇到特殊情况时，部分结构要按剖视图绘制，初学者往往搞不清楚，容易画错。

　　本题常见错误，如图 6-83 中所示。

　　由于左边的断面图不处在剖切线延长线上，因此①处漏标注剖切位置字母"A"，②处漏标注断面图名称"A—A"。

　　中间的断面图，③、④处漏标注字母"B"和"B—B"。⑤处孔的方向画错了，并且该孔按剖视图绘制，漏画了孔两边的圆柱面的积聚投影。

　　右边的断面图，⑥、⑦处漏标了剖切位置符号、箭头、字母"C"及"C—C"。由于断面图不对称且没有画在剖切平面的延长线上，因此不能用点画线表示剖切位置，⑧处剖切位置的表示方法是错误的。⑨处按断面画，不封口，多画了轮廓线。

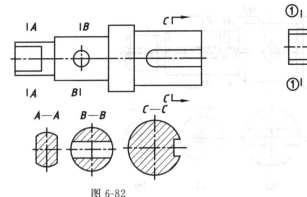

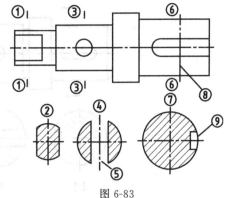

图 6-82　　　　　　　　　　　　　　图 6-83

实例6-35　画出指定位置的断面图（左面键槽深 4mm，右面键槽深 3mm），并对断面图进行标注，如图 6-84 所示。

解题分析

根据图 6-84 所示主视图分析可知，该机件为轴类零件，由同轴圆柱叠加而成，为表达轴上的孔、键槽等局部结构，常采用移出断面图来表示。机件的空间立体图如图 6-85 所示。

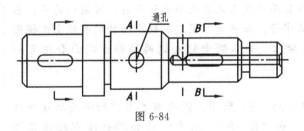

图 6-84

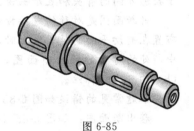

图 6-85

作图过程

① 先画左端的键槽移出断面图。注意按照投影方向，键槽应该画在断面图的右侧，如图 6-86（a）和图 6-87（a）所示。

② 画中间的通孔移出断面图。由于该孔为回转面，剖切面正好通过轴线剖切，所以该孔按照剖视图绘制，应画出两端的圆柱面轮廓投影，如图 6-86（b）和图 6-87（b）所示。

③ 画 A—A 位置的移出断面图。同上述理由，该孔也应该按剖视图绘制，因此不要忘记外圆柱面轮廓投影及内部轴线方向的孔的轮廓投影是全封闭的，如图 6-86（c）和图 6-87（c）所示。

④ 画出右侧键槽的移出断面图。同理，键槽应画在移出断面图的右侧，如图 6-86（d）和图 6-87（d）所示。

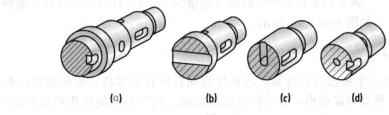

(a)　　　(b)　　　(c)　　　(d)

图 6-86

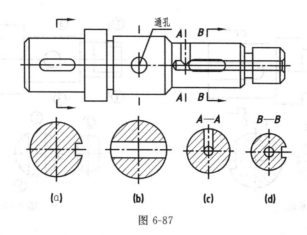

图 6-87

　　本题难点在于：移出断面图在作图过程中，要对移出断面的概念掌握清楚，并注意绘制和标注移出断面图的注意事项，这也是画图中的难点，初学者应特别注意。

　　标注问题：移出断面图的完整标注由三部分组成，即表示剖切位置的剖切符号、表示投影方向的箭头和表示剖视图名称的大写拉丁字母。

　　当断面图是对称的或按投影关系布置而中间又无其他图形隔开时，可省略箭头；当布置在剖切平面的延长线上时，可省略字母；如果是布置在剖切平面的延长线上或视图中断处的对称的移出断面图，可省略标注。如本例中的左边两处移出断面和图 6-87 (b) 均可省略标注。

　　本题常见的错误如图 6-88 所示。

　　移出断面图：如图 6-88 (c) 和图 6-88 (d) 所示，没有布置在剖切平面的延长线上，则必须在图的上方标注"A—A"和"B—B"，图中①处和②处没有标注是错误的。

　　投影方向的问题：在图 6-88 (a) 中，题目给出的投影方向为由左向右，正确的投影结果是键槽在圆形的右侧，图中③处将键槽画在了左侧，是错误的。

　　当剖切平面通过回转面形成的孔或凹槽的轴线时，这些结构按剖视绘制。如图 6-88 (b) 和图 6-88 (c) 中的④处和⑤处，都没有按剖视绘制，是错误的。

　　漏线的问题：如图 6-88 (d) 中⑥处所指的小圆画图是容易遗漏，这里尤其要注意。

　　剖面线问题：同一零件中所有图形的剖面线方向和间隔要保持一致。如图 6-88 (d) 中⑦处所指的剖面线与其余三个移出断面图方向不同，是错误的。

实例6-36
画出指定位置的断面图（键槽深 4mm，右面切平面只有前侧有），并对断面图进行标注，如图 6-89 (a) 所示。

解题分析

　　根据图 6-89 所示主视图分析可知，该机件为同轴回转类零件，由同轴圆柱叠加而成，为表达轴上的孔、槽等局部结构，常采用移出断面图。机件的空间结构形状如图 6-89 (b) 所示。

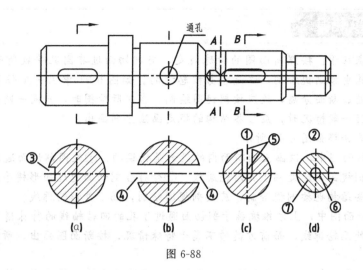

图 6-88

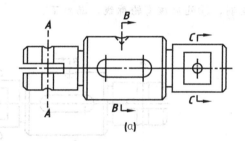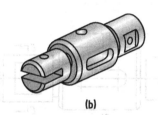

(a)   (b)

图 6-89

作图过程

① 画 A—A 移出断面图。自上而下方向的通孔由于是回转面，沿轴线剖切，因此按剖视图绘制，由前自后方向上的矩形槽造成了断面分离，因此也应该按剖视图绘制。由于左右对称，但不放在剖切平面的延长线上，可省略箭头，如图 6-90（a）和图 6-91所示。

② B—B 移出断面图。由于上方锥坑为回转面，按剖视图绘制，但键槽依然按断面图绘制。断面图既不对称，也不在默认位置，不能省略标注，如图 6-90（b）和图 6-91所示。

③ C—C 移出断面图。前后孔按剖视图绘制，前方切平面因不符合特殊情况，按断面绘制，同理标注不能省略，如图 6-90（c）和图 6-91所示。

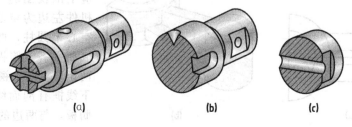

(a)   (b)   (c)

图 6-90

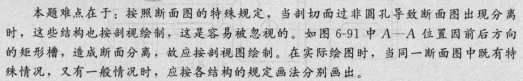

难点解析与常见错误

本题难点在于：按照断面图的特殊规定，当剖切面过非圆孔导致断面图出现分离时，这些结构也按剖视绘制，这是容易被忽视的。如图 6-91 中 A—A 位置因前后方向的矩形槽，造成断面分离，故应按剖视图绘制。在实际绘图时，当同一断面图中既有特殊情况，又有一般情况时，应按各结构的规定画法分别画出。

本题常见错误如图 6-92 所示。

A—A 断面图中，仅画出剖断面内的投影是错误的。①处因剖切面通过了孔的回转轴线，应按剖视画，此处漏了孔后轮廓线。②处符合剖切面通过矩形槽导致断面图出现分离时，这些结构也按剖视绘制，应按剖视图绘制，漏了外形轮廓线。

B—B 断面图中，上方锥坑属于剖切面通过了孔的回转轴线的特殊情况，应按剖视图绘制，③处漏轮廓线，而前方键槽不属于特殊情况，按断面图画出，所以④处应没有轮廓线。

C—C 断面图中，前后方向的孔属于剖切面通过了孔的回转轴线的特殊情况，应按剖视图绘制；前方的切平面按断面图绘制，⑤处应该有轮廓线，漏画了。

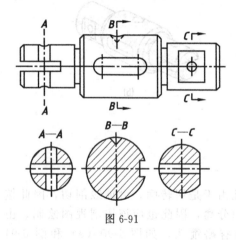

图 6-91

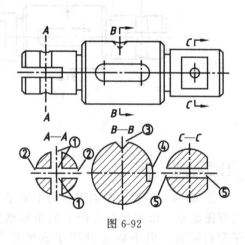

图 6-92

实例6-37 如图 6-93（a）所示机件的主、俯视图，请按要求表达"A—A"处的断面图。

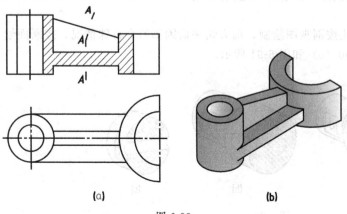

(a)　　　(b)

图 6-93

解题分析

① 空间分析　由图 6-93（a）所示的俯视图两侧的圆对应全剖视图的主视图可知，该机件左边为空心圆柱，右边为空心半圆柱，两边的空心圆柱底面平齐。俯视图中间的大小两矩形对应主视图中的两线框，下线框有剖面线表明上面的是肋板，与两边的空心圆柱相交，如图 6-93（b）所示。

② 投影分析　用相交的正垂面和侧平面分别垂直于连接板和肋板的棱面剖切，画出断面图，如图 6-94 所示。

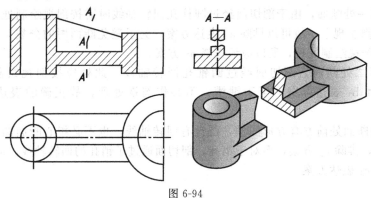

图 6-94

作图过程

作图过程如图 6-94 所示。

① 画出断面图。可画在图 6-94 所示位置，也可画在剖切面延长线上。两相交面间应用波浪线断开，但必须画在一起。

② 画在图 6-94 所示位置，该断面图为对称图形，应标注名称 $A—A$，箭头可省略。如果画在剖切面延长线上时，可省略标注。

难点解析与常见错误

本题难点在于：画移出断面时，由两个和多个相交的平面剖切得到的移出断面图，中间应该断开。

本题常见错误如下。

图 6-95 中，①处的轮廓线没有断开。另外，画图时，初学者经常不注意剖面线的方向和间隔，容易画错。②处有两个错误，一是上下两个断面剖面线的方向要相同，二是剖面线的方向和间隔要和主视图相同。

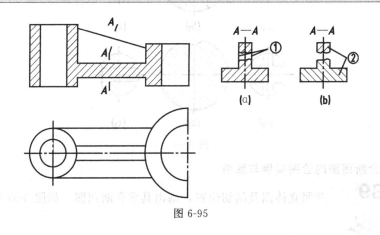

图 6-95

实例6-38　已知：轴的主视图和三个移出断面图的三种表达方案，如图 6-96 所示。请选择正确的移出断面图。

解题分析 ✍

① 左起第一处断面，由于剖切面经过圆柱孔回转轴线时需按剖视绘制处理，这一点在 a_1、a_2 方案中都实现了，故可以排除 a_3 表达方案；为了避免断面图的分裂，对于前后贯通的长槽需要按剖视绘制处理，所以应该选择 a_1 方案。

② 左起第二处断面，剖切面经过圆锥孔回转轴线，此处应按剖视绘制处理，由此可以排除 b_1 和 b_3 表达方案；至于键槽，不必作剖视处理，故正确的表达方案应为 b_2 方案。

③ 右侧的断面处前方有方形凹槽，既没有回转轴线，也不必担心断面图的分裂，所以只画断面即可，排除 c_2 方案，但对于销孔，剖切面通过了销孔的回转轴线，应按剖视处理，正确方案应为 c_3 表达方案。

结论 ▶

从左至右正确的移出断面图分别为 a_1、b_2 和 c_3。

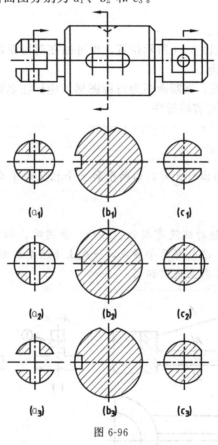

图 6-96

6.2.3.2 重合断面图的绘图实例与解析

实例6-39 参照立体图及剖切位置，画出其重合断面图，如图 6-97 所示。

解题分析 ✍

根据立体图可知，该机件为角钢，为表示断面实形，加上图形本身很简单，可将断面图画在图形轮廓内，即用重合断面表达。

作图过程

如图 6-98 所示，直接将断面图画在图形轮廓内。注意：重合断面的轮廓线用细实线画出，当重合断面轮廓与图中粗实线重合时，视图中的轮廓线仍应连续画出，不可间断。由于断面图不对称，因此标注不能省略。

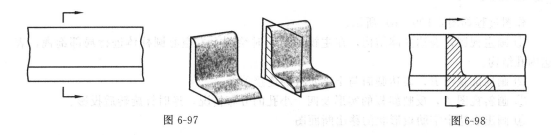

图 6-97　　　　　　　　　　　　　　　　　图 6-98

难点解析与常见错误

本题难点在于：重合断面图的轮廓线必须用细实线绘制，并在断面图上画上剖面线。当视图中的轮廓线与重合断面的图形重合时，视图中的轮廓线仍应连续画出，不可间断；重合断面的标注可参照移出断面的标注，配置在剖切线或剖切符号延长线上的不对称重合断面图，可省略字母。配置在剖切线或剖切符号延长线上的对称重合断面图，可不标注。

本题常见错误如图 6-99 所示。

图 6-99（a）中，①处轮廓线断开是错误的，在重合断面图中，当视图中的轮廓线与重合断面的图形重合时，视图中的轮廓线仍应连续画出，不可间断。

图 6-99（b）中，②处省略了标注，是错误的，由于机件不对称，不能省略标注，包括剖切平面位置和投影方向。

图 6-99（c）中，③处省略了投影方向，也是错误的。

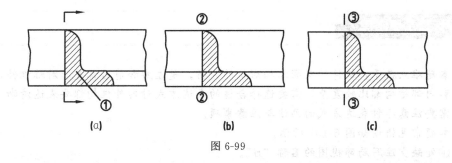

(a)　　　　　　　　　(b)　　　　　　　　　(c)

图 6-99

6.2.4　表达方法综合应用

实例6-40　　确定如图 6-100（a）所示支架的表达方案。

解题分析

经过形体分析，该机件主要由底板和上方的圆筒组成，底板和圆筒之间用"十"字形肋板相连，首先确定主视图方向，如图 6-100（b）所示。主视图用以表达机件的外部结构形状，圆筒上大孔和斜板上小孔的内部结构形状用局部剖视图来表达；为了明确圆筒与十字肋板的连接关系，采用一个局部视图来表达；为了表达十字肋板的形状，采用移出断面图来表达；为了反映斜板的实形及四个小孔的分布情况，采用斜视图来表达，可旋转配置（左边画波浪线的部分是为了表示肋板和底板之间的前、后相对位置关系）。

作图过程

作图过程如图 6-100（b）所示。

① 画主视图，表达主体结构，在主视图上同时绘制上方空心圆柱体进行局部剖视，表达内孔结构。

② 画局部视图 B，表达圆筒与十字肋板的连接关系。

③ 画斜视图 A，反映斜板的实形及四个小孔的分布情况，逆时针旋转后投影。

④ 画出表达十字肋板形状的移出断面图。

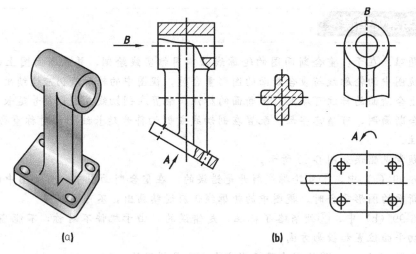

(a)　　　　　　　　　　(b)

图 6-100

难点解析与常见错误

　　本题难点在于：机件的空间结构形状的分析，是左右和前后都是非对称机件，外部形状和内部结构都比较复杂，需要选择合适的表达方式对内外机构都要表达清晰，同时尤其需要注意各种表达方式的画法与注意事项。

　　本题常见错误如图 6-101 所示。

　　①处缺少注写局部视图的名称"B"。

　　②处的旋转斜视图 A 的注写有错误，大写字母应该注写在旋转箭头一侧，即左侧。

　　③、④两处没有画出剖切位置及注写剖切平面符号"C"和"C"，因为移出断面图不是画在剖切平面的延长线上。

　　⑤处缺少注写剖切平面符号"C—C"。因为移出断面图不是画在剖切平面的延长线上，所以不能省略。

实例6-41　确定如图 6-102 所示倾斜支架的表达方案。

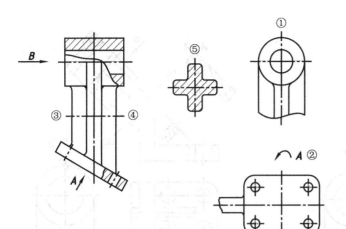

图 6-101　　　　　　　　　　　图 6-102

解题分析

① 空间分析　该倾斜支架主要结构分为三部分：底板部分的基本形状为带有四孔的长方形安装板，且上面有一加强肋板；顶部有起支撑作用的倾斜空心圆柱结构，圆柱端面有一小孔；中间为起连接作用的丁字形肋板，如图 6-102 所示。

② 投影分析　根据机件表达方案的选择要求，主视图要考虑三部分结构的关系及正常位置，特别要注意各部分不要压缩重叠。以底板在下，空心圆柱体向右倾斜作为主视图；并对底板小孔和倾斜空心圆柱等结构，在主视图中采用局部视图；对底板上的加强肋板采用重合断面图来表达。根据其他视图的选择要求，各图表达解题要明确，选择的表达方案要恰当，机件上的底板形状和孔的位置、加强肋板的形状等均需表达，还有空心圆柱体的位置倾斜，因此，俯视图采用倾斜圆柱体的局部视图，倾斜圆柱体断面的形状及与连接板的关系，采用斜视图表达，加强肋板的形状用移出断面图表达。为了绘图方便，斜视图和移出断面图也可旋转画出。

作图过程

根据以上分析，现确定如图 6-103 所示的表达方案，并根据视图的对应关系将图形布置在适当的位置。

难点解析与常见错误

本题难点在于：机件的空间结构形状的分析，是左右和前后都是非对称机件，外部形状和内部结构都比较复杂，需要选择合适的表达方式对内外机构都要表达清晰，同时尤其需要注意各种表达方式的画法与注意事项。

本题常见错误如图 6-104 所示。

①处少注写旋转符号"⌒"，因为斜视图 B 没有按照投影关系配置，而是向左旋转了，所以应该注写旋转箭头符号。

移出断面图"A—A"没有配置在剖切平面的延长线上，所以此处的"A—A"不能省略，同时视图中表剖切平面的位置及符号都不能省略，所以②处和③处分别少注写"A"和"A"。

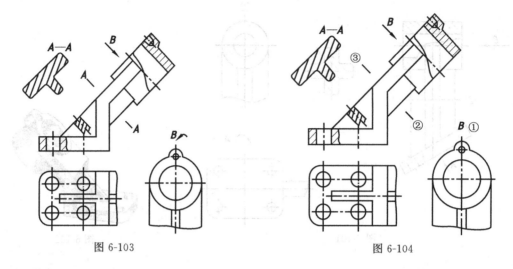

图 6-103　　　　　　　　　　　　　图 6-104

实例6-42　根据图 6-105 所示泵体的三视图，想象出它的结构形状，并按完整、清晰的要求，选用比较合适的表达方法改画这个泵体，并适当调整尺寸的标注。

解题分析

① 形体分析　根据投影关系可以看出，泵体的主体是一个带空腔的长圆形柱体（两端是半圆柱，中部是与两端半圆柱相接的长方体）。这个空腔由三个 φ106mm、深 70mm 的圆

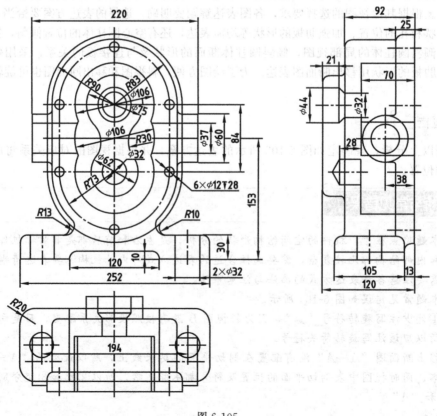

图 6-105

柱孔拼成。主体的前端还有一个厚度为 25mm 的凸缘。主体的后面有一个"8"字形凸台，凸台上部有 φ44mm、φ32mm 的同轴圆柱孔，φ32mm 的孔与主体的空腔相通。主体的左右两侧都分别伸出一个带孔的圆柱作为进出油管，孔与空腔相通。底部是一块有凹槽的矩形薄板，并有两个 φ32mm 的圆柱孔。经过这样分析，就可想象出这个泵体的整体形状。

② 表达方案分析　已知图中的主视图和左视图，分别能在某些方面较好地反映泵体的外部形状特征，都可选作主视图。今仍选用图 6-105 所示的主视图为主视图，泵体虽是左右对称，但根据这个泵体的具体形状，主视图不必画成半剖视图，而只要把左右两侧的圆柱和孔以及底板上的圆柱孔分别画成局部剖视图即可。因为在主视图中不能把"8"字形凸台表达清楚，故增加后视方向的 A 向局部视图。在左视图中，为了使泵体中许多内部结构都可以显示清楚，并由于泵体的前后、上下都不对称，故采用以左右对称面为剖切平面的全剖视图。由于泵体的主体、两侧的进出油管、"8"字形凸台都已由处于主视图地位的局部剖视图、处于左视图地位的全剖视图和后视方向的 A 向局部视图表达清楚，只要另加一个仰视方向的 B 向视图来表达底板的形状，俯视图便可省略不画，由此就能完整、清晰地表达这个泵体形状了。通过上面的分析和选择适当的表达方式，就可将图 6-105 改画成图 6-106 了，显然，后者比前者要清晰得多。

③ 重新标注尺寸　根据正确、完整、清晰地标注尺寸的要求，把图 6-105 中所注的凸台、底板上的一些尺寸，在图 6-106 中移到有关的局部视图中去，则更为明显。其他尺寸仍注在原处还是比较合适的。有关尺寸的调整请读者自行分析。

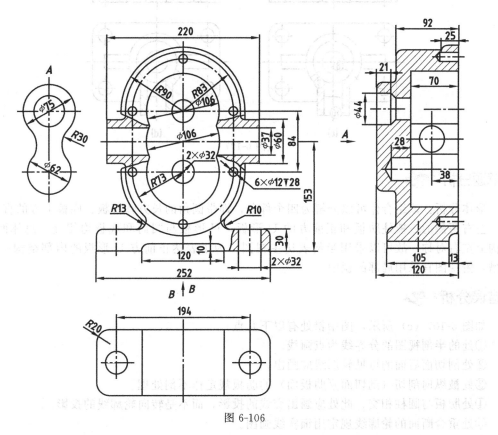

图 6-106

实例6-43　已知：组合体的立体示意图和一组视图如图 6-107（a）、（b）所示。求作：指出所给已知视图中的错误所在，并作出正确的主视图和俯视图。

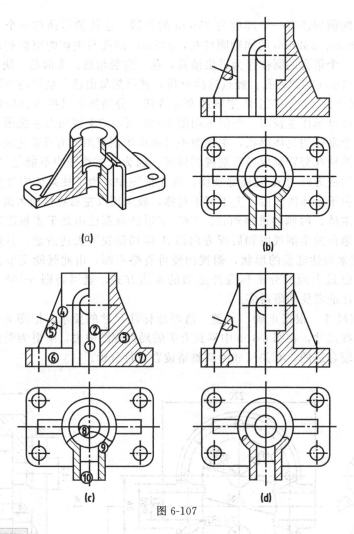

图 6-107

解题分析 ✎

形体分析：该组合体可以分解为四个部分，即带圆角的长方体底板、底板上方的直立圆筒、左右两侧的三棱柱肋板和正前方的 U 形板，U 形板与圆筒和底板均相交。总体而言，结构上左右对称，故可以采用半剖表达主视图。为了表达正前方 U 形板的内部结构——U 形槽，俯视图宜采用局部剖视图。

错误分析 ✎

如图 6-107（c）所示，图中错处有以下几点。

①处的半剖视图的分界线为点画线。

②处剖切面后面的可见轮廓线应画出。

③处被纵向剖切（剖切面∥肋板面）的肋板规定作不剖处理。

④处肋板与圆柱相交，此处应画出交线的投影，而不是转向轮廓线的投影。

⑤处重合断面的轮廓线规定用细实线画图。

⑥处的局部视图中，除避免出现不完整要素外，规定波浪线不能与现有轮廓线重合。

⑦处应画出底板上小孔的回转轴线。

⑧处的局部视图中，波浪线通过槽等空腔时应断开。

⑨处为同一机件在不同视图上的剖面线方向和间距均应一致。

⑩处剖切后无外形轮廓线。

正确的主、俯视图表达如图 6-107（d）所示。

实例6-44　已知：支架的轴测示意图如图 6-108（a）所示。求作：用合适的表达方案加以表达。

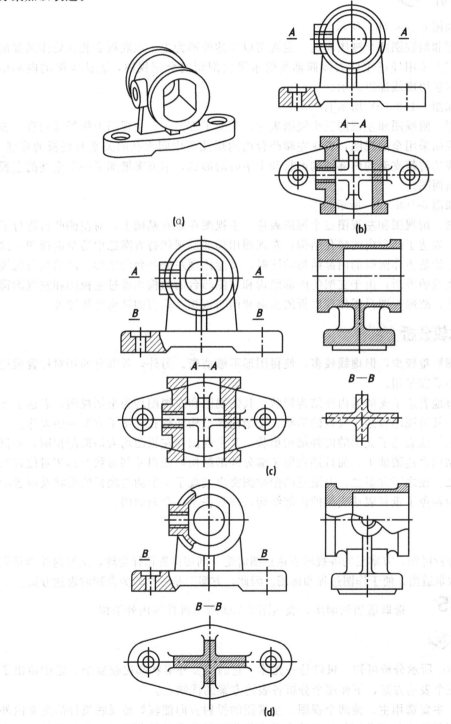

图 6-108

解题分析 ✍

　　支架内外结构均比较复杂，主要有底板、主体大圆筒、左侧小圆筒凸台和两相互垂直的肋板组成。

表达方案分析 ✍

　　方案一［如图 6-108（b）所示］：

　　采用主视图和俯视图两个视图表达。主视图以表达外形为主，在底板安装孔处作局部剖视处理。俯视图上采用经过主体大圆筒轴线的水平面剖切的全剖视图，表达支架的内部结构，十字肋的形状用虚线加以表示。

　　方案二［如图 6-108（c）所示］：

　　采用主视图、俯视图和左视图三个视图表达。类似于方案一，主视图上作局部剖视，表达安装孔；俯视图采用全剖视图，表达左端凸台内的螺孔与中间大孔的关系及底板的形状。但为了进一步表达清楚支架的内部结构形状和十字肋的形状，本方案增加了一个全剖的左视图和一个移出断面图。

　　方案三［如图 6-108（d）所示］：

　　采用主视图、俯视图和左视图三个视图表达。主视图在原有基础上，对左侧凸台进行了局部剖切处理，表达了凸台内的螺孔结构；左视图用局部剖视代替方案二中的全剖视图，这样可以在既表达清楚主体圆筒的内部结构的同时，又能体现左侧凸台的实形、两肋板与圆筒的连接关系和底板的外形；由于支架的内部结构和左侧凸台的结构均通过主视图和左视图得到了清晰的表达，故俯视图只需体现底板的实形和两肋板相互垂直的结构特征即可。

各方案的比较分析 ✍

　　方案一视图数量较少，但虚线较多，使得图形不够清晰。另外，各部分的相对位置表达不够明显，故不适宜采用。

　　方案二完整地表达了支架的内外结构形状。其俯视图和左视图均为全剖视图，表达了支架的内部结构；其俯视图表达了底板的形状、支架内部结构和螺孔。优于方案一的表达。

　　方案三也完整地表达了支架的内外结构形状。其主视图和左视图均为局部剖视图，不仅把支架的内部结构表达清楚了，而且还保留了部分外部结构，使得外部形状及其相对位置的表达优于方案二。较之于方案二，方案三的俯视图突出表现了十字肋与底板的形状及两者的位置关系，从而避免了重复表达支架的内部结构，并省去了一个断面图。

结论 ▶

　　综合以上分析可知，方案三的各视图表达意图清楚，剖切位置选择合理，支架内外形状表达完整，图形数量适当，便于作图过程和读图。因此，方案三是一个较为合理的表达方案。

◀实例6-45▶ 选取适当的画法，表达图 6-109 所示机件的内外结构。

解题分析 ✍

　　根据图 6-109 所示分析可知，机件是一壳体，它的内、外形状都比较复杂。题中给出了图（a）~（c）三个表达方案，下面逐个分析各表达方案的优缺点。

　　方案（a）　主要选用主、俯两个视图，主视图的投射方向能较好地反映机件的主要内外结构形状，为了保留主体部分圆筒的筒体和前方位靠下的凸台的外部形状，同时又能表达内

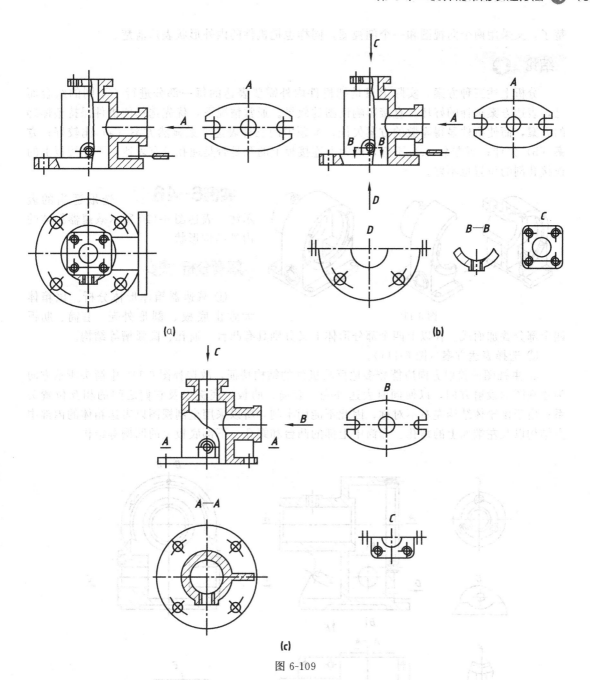

图 6-109

部结构形状，采用了局部剖视图。因此该主视图既表达了中间阶梯孔和右方水平孔的结构以及两者的连通情况，又表达了上、下两块连接板上的孔是通孔，还表达了前面凸台的形状结构，俯视图则表达了上、下两块连接板的形状以及连接板上孔的数量和位置，同时采用局部剖视表达出凸台上的螺纹孔是与内孔相通的通孔。这样主、俯两个基本视图已把机件的内、外结构形状基本表达清楚。但肋板的厚度和右边腰鼓形连接板的形状没有表达出来，因此再加一个移出剖面和一个 A 向局部视图分别予以表达。

　　方案（b）　实际上是将方案（a）中的俯视图所表达的 3 个主要内容分别用两个局部视图和一个局部剖视图来取代，这样使用 5 个图形，同样表达清楚了机件的内部和外部结构形状。

　　方案（c）　采取的是主视图局部剖，将机件的主体部分内部结构和小凸台的形状表达清楚了，又采用两个向视图和一个剖视图，同样也把机件的内外形状表达清楚。

结论 ⊙

分析上述三种方案，实际上只是把机件内外需要表达的每一部分进行了不同的组合而已，表达方案选择的好坏，直接影响读图的效果。通常情况下，优先选择使机件保持整体感的方案，而使机件显得零散的方案欠佳。本题中的三种表达方案显然方案（a）比较好；方案（b）欠佳；而方案（c）不好，因为上连接板上的孔是否是通孔没有表达，下连接板上的连接孔剖的位置也不好。

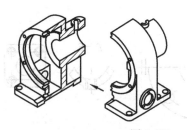

图 6-110

实例6-46 选取适当的表示法，表达图 6-110 所示减速器箱体的内外结构形状。

解题分析 ✍

① 减速器箱体形体分析。该箱体大致由底板、圆形外壳、套筒、肋板四个部分叠加而成。在以上四个部分形体上又分别具有凸台、通孔、圆弧槽等结构。

② 选择表达方案（图 6-111）。

a. 主视图的投射方向应能较多地反映机件的结构特征，故选择图 6-110 中箭头所示方向为主视图的投射方向，以便同时表达外壳、套筒、肋板、底板以及它们之间的相互位置关系；由于该箱体结构左右不对称，因此不能用半剖，所以采用全剖视图以表达箱体的内部中空结构以及左端面上的螺孔、套筒中上部的凸台和螺孔、下部底板上的凹槽等结构。

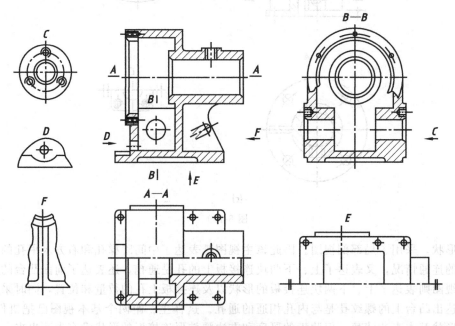

图 6-111　减速器箱体的表达方案

b. 该箱体前后对称，俯视图采用 $A—A$ 半剖视图，既表达了底板的形状和底板上小孔的分布、套筒上圆形凸台的外形，又同时反映出内部直径大小不等的孔及外壳上前后凸台和内壁上凸台的厚度。

c. 如果仅有主视图和俯视图，则壳体和套筒的形状不明确，所以左视图用来表达上部为圆柱形壳体的外形特征和螺孔的分布情况，同时采用 $B—B$ 局部剖以反映下部前后两端方形凸台及上面的螺孔，内壁上方形凸台的形状可以在主视图中反映，而前后外壁上的凸台形状则用 C 向视图反映。

d. 三个带有剖视的基本视图，表达了主体大部分结构形状，其余未表达的局部结构采用局部视图和断面图来表达。D 向视图表达底板上弧形槽和漏油小孔；F 向视图表达套筒的形状为圆形，肋板在中间位置；主视图中的重合断面表示肋板的断面形状；E 向视图表达底板上凹坑的形状大小，采用了对称机件的局部视图的简化画法。

第**7**章
螺纹、齿轮、常用标准件及其连接的表达方法

━━━━━━━━━ 本章指南 ━━━━━━━━━

目的和要求 掌握螺纹的基本知识、规定画法和标注方法；学会查阅标准件的相关国家标准，掌握它们的规定标记方法。

地位和特点 本章是进入工程图的开始，是介绍工程常识，培养工程文化素质的实践阶段，是综合运用前面所学知识，创新构型设计的阶段，为后续的装配图打下基础。

7.1 本章知识导学

在机器或部件的装配和安装中，一些机件和连接件被广泛使用。这些被大量使用的机件，有的在结构、尺寸等各个方面已经标准化，称为标准件。例如螺钉、螺栓、螺母、垫圈、键、销等。国家批准并发布了这些标准件的标准规定，并在画法、代号、标注等方面也进行了相应的规定。使用标准件的优点有：第一，提高零部件的互换性，利于装配和维修；第二，便于大批量生产，降低成本；第三，便于设计选用，以避免设计人员的重复劳动和提高绘图效率。而另外一些零件（如齿轮、弹簧等）虽常使用，但是只是部分结构的尺寸标准化为常用件。

7.1.1 内容要点

标准件及标准结构是用标准的切削刀具和专业设备加工的，在使用时可按规格选用和更换。因此国家对标准件及标准结构的图示方法、符号、代号、标记作了统一规定。常用的标准件有螺柱、螺钉、螺母、垫圈、键、销、轴承等，它们的种类很多，在结构形状和尺寸方面都已标准化。并由专门工厂进行批量生产，根据规定标记就可在国家标准中查到有关的形状和尺寸，如图 7-1 所示。

(a)双头螺柱　　　　(b)开口销　　　　(c)螺母　　　　(d)平键　　　　(e)弹簧垫圈

图 7-1　螺纹紧固件的种类

（1）螺纹连接件

常用的螺纹紧固件有螺栓、螺柱、螺钉、螺母、垫圈等，它们的种类很多，在结构形状和尺寸方面都已标准化。螺纹紧固件的规定标记由名称、标准代号、型号与尺寸、性能等级组成。

螺纹连接件的画法：

① 查表取值法　根据紧固件的受力情况及使用环境选择并确定紧固件连接种类、螺纹规格 d；

② 比例画法　绘制螺纹连接件的零件图和装配图时，为了提高绘图速度，通常采用比例画法，即螺纹紧固件的各有关尺寸都取与螺纹大径 d 成一定比例。

常用的几种螺纹紧固件及其标记示例如图 7-2 所示。

(a) 螺栓　　(b) 螺母　　(c) 双头螺柱　　(d) 垫圈

图 7-2　典型的螺纹紧固件画法及其标记示例

（2）键与销

① 键　键是用来连接轴和轴上的传动件（如齿轮、带轮等），常与键槽配合使用，并通过键传递力矩和旋转运动。常用的键有普通平键、半圆键和钩头楔键。键连接具有结构简单、紧凑可靠、装拆方便和成本低廉等优点。

键的画法：键连接的装配画法除遵循装配图的规定画法外，当剖切平面通过键的轴线或键的纵向对称平面剖切时，轴和键均按未被剖切绘制，但为了表达键在轴上的安装情况，可在轴上采用局部剖视。普通平键和半圆键连接的作用原理相似，其工作面均为键的两侧面，即装配时键的侧面与键槽的侧面接触，工作时靠键的侧面传递转矩；键的底面与轴槽的底面接触。因此，在绘制装配图时，键侧面与键槽侧面之间以及键的底面与轴槽的底面之间均无间隙，画一条线；而键的顶面是非工作面，与轮毂键槽顶面之间有间隙，应画两条线；键的倒角或倒圆可省略不画，典型键的画法如图 7-3 所示。

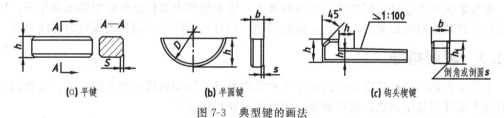

(a) 平键　　　(b) 半圆键　　　(c) 钩头楔键

图 7-3　典型键的画法

② 销　常用的销有圆锥销、圆柱销和开口销。圆柱销和圆锥销用于零件之间的连接或定位，开口销用于防止螺母的松动或固定其他零件。

销的画法：在连接图中，当剖切平面通过销的轴线时，销按不剖处理。销的三种基本结构形式、画法如图 7-4 所示。

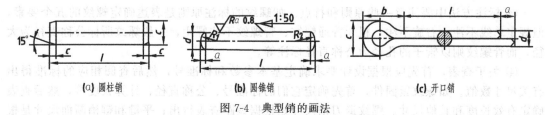

(a) 圆柱销　　　(b) 圆锥销　　　(c) 开口销

图 7-4　典型销的画法

（3）滚动轴承

滚动轴承是支承旋转轴的标准组件，它具有摩擦阻力小、效率高、结构紧凑、维护简单等优点，因此在机器中得到了广泛的应用。滚动轴承的种类很多，但其结构大体相同，按其受力方向可分为以下三类。

① 向心轴承，主要承受径向力，如图7-5（a）所示。

② 推力轴承，只承受轴向力，如图7-5（b）所示。

③ 向心推力轴承，能同时承受径向和轴向力，如图7-5（c）所示。

(a) 向心轴承深沟球轴承　　　　(b) 圆锥滚子轴承　　　　(c) 推力球轴承

图 7-5　常用的三种滚动轴承及结构

滚动轴承一般不必画零件图，在机器或部件的装配图中，滚动轴承可以用三种画法来绘制，这三种画法是规定画法、通用画法和特征画法，通用画法和特征画法同属于简化画法，在同一张装配图中可以只采用这两种简化画法中的任意一种。

7.1.2　重点与难点分析

（1）重点分析

螺纹是标准结构，螺纹及螺纹连接的规定画法和标注方法是本章的一个重点，画图时要注意区分粗实线和细实线，同时注意不同种类螺纹标注方法的区别；常用件直齿圆柱齿轮啮合的规定画法也是重点内容，牢记啮合区的画法，强化训练。

（2）难点分析

螺纹紧固件的连接装配画法是本章的难点，要求能够查阅标准件的相关国家标准，按要求绘制出其装配的规定画法，并且正确的标注，同时注意区分不同种类螺纹的标注方法。

7.1.3　解题指导

本章主要训练对机器设备中的标准件和常用件基本知识的理解和掌握能力，强化国家标准对此类零件的规定画法、简化画法、规定标记和规定标注。

针对具体题目时，应注意以下几点。

① 对本章的基本内容、基本概念必须深刻的理解，牢固掌握。基础知识在理解的基础上记忆，如螺纹的五要素、螺距和导程的概念、公称直径和大径的关系等。

② 对规定画法中的某些内容要求熟练掌握，如螺纹的画法、螺纹紧固件的连接画法、齿轮连接的画法、键连接、销连接的画法。

③ 标注方法中要注意一些原则和特点。如螺纹的标注原则是表达确定螺纹的五个要素，但规定单线不注、右旋不注、粗牙普通螺纹、管螺纹不注螺距，一般螺纹所标公称直径为大径，而管螺纹则以管子的孔径为公称直径标注等。

④ 关于查表，首先应根据设计要求确定基本参数和标准号，然后查阅相应的标准得出有关尺寸数值。如螺纹紧固件，首先确定它们的标准号、公称直径、计算长度等，然后查表确定有效长度和其他尺寸。螺纹退刀槽尺寸是根据螺距查表得出；平键和键槽断面尺寸是根

据轴径查表得出，长度则由设计确定。

7.2　实例精选

7.2.1　螺纹及螺纹紧固件连接的画法

7.2.1.1　螺纹画法与标注实例

实例 7-1　分析图 7-6 中的错误并改正。

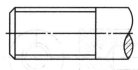

图 7-6

解题分析

根据外螺纹的规定画法，螺纹牙顶所在的轮廓线（即大径），画成粗实线；螺纹牙底所在的轮廓线（即小径），画成细实线，在倒角或倒圆部分也应画出。本题主视图中漏画倒角内小径的细实线，在图 7-7 中已标出。

作图过程

根据国家标准规定画法，外螺纹正确画法如图 7-8 所示。

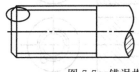

图 7-7　错误指出

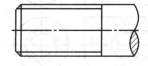

图 7-8　正确画法

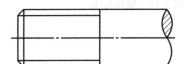

图 7-9

实例 7-2　如图 7-9 所示，分析外螺纹的剖视画法错误，并改正。

解题分析

如图 7-10 所示，外螺纹剖视图中，倒角线①处所指图线应去掉；②处所指区域应该画剖视线；③处所指多画了终止线，剖视图中螺纹终止线应该画到小径细实线为止。

作图过程

根据国家标准规定画法，其正确画法如图 7-11 所示。

实例 7-3　分析下列内螺纹的剖视画法错误，并改正。

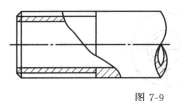

图 7-10　错误指出

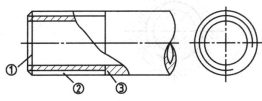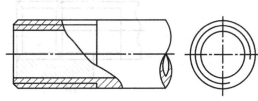

图 7-11　正确画法

解题分析 ✍

如图 7-12、图 7-13 所示内螺纹画法中，图 7-12（a）主视图中漏画螺纹终止线（粗实线）。图7-12（b）主视图中螺纹终止线应该画粗实线，左视图中螺纹的大径细实线圆应画约3/4 圈。图 7-12（c）主视图中孔底锥角应该画 120°。图 7-12（d）主视剖视图中，剖面线应该画到小径粗实线为止，左视图中不应该画倒角圆的投影。

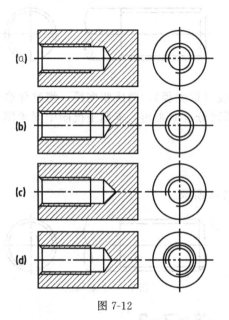

(a)

(b)

(c)

(d)

图 7-12

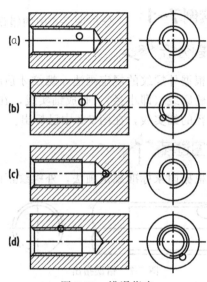

(a)

(b)

(c)

(d)

图 7-13　错误指出

作图过程 ✏

根据国家标准规定画法，其正确画法如图 7-14 所示。

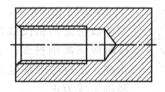

图 7-14　正确画法

实例7-4 如图 7-15 所示，分析螺纹连接画法的错误，并改正。

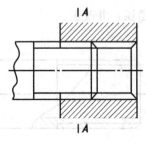
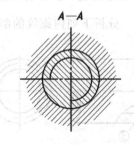

图 7-15

解题分析

如图 7-16 所示，主视图中，内、外螺纹旋合的公共部分及未旋入的外螺纹画法错误，①、②处应按外螺纹的规定画法画出（大径画粗实线，小径画细实线）；③处所指的零件左端面的投影线不应画进大小径之间，应画到螺纹大径粗实线为止；④处所指内螺纹的未旋合部分的画法错误，剖面线应画到粗实线为止。

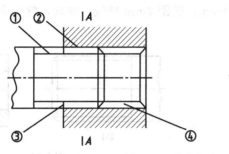

图 7-16 错误指出

作图过程

根据国家规定画法，其正确的画法如图 7-17 所示。

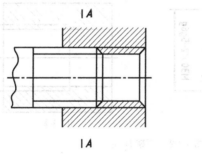

图 7-17 正确画法

实例7-5 如图 7-18 所示，分析下列螺纹连接画法的错误，并改正。

解题分析

如图 7-19 所示，内、外螺纹旋合部分画法错误。①处所指外螺纹不能全部旋入孔内，外螺纹终止线应该画在孔外部；②处所指内螺纹的小径画法错误，应该与外螺纹小径细实线对齐；③处所指剖面线画法错误，剖面线应画到小径粗实线为止；④处所指内螺纹的终止线应画成粗实线；⑤处所指圆锥角应画成 120°。

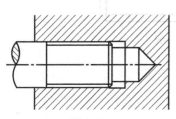

图 7-18

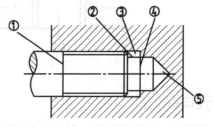

图 7-19 错误指出

作图过程

根据国家标准规定画法，其正确的画法如图 7-20 所示。

实例7-6 如图 7-21 所示，根据给定的螺纹要素，标注螺纹的公称尺寸。

图 7-21 （a）：普通螺纹，大径 30mm，螺距 2mm 单线，右旋，螺纹中径和大径公差带代号分别为 5g 和 6g，中等旋合长度。

图 7-21 （b）：普通螺纹，大径 16mm，螺距 2mm 单线，左旋，螺纹中径和大径公差带代号分别为 6H，中等旋合长度。

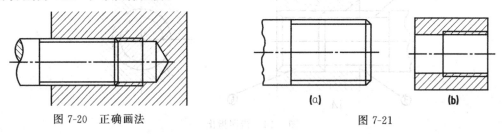

图 7-20　正确画法　　　　　　　　　　图 7-21

标注详解

根据螺纹的规定标注，其标注结果如图 7-22 所示。

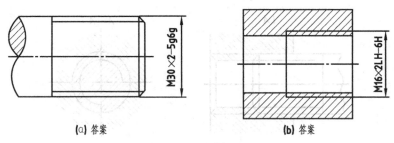

图 7-22　正确标注

实例7-7 如图 7-23 所示，根据给定的螺纹要素，标注螺纹的公称尺寸。

图 7-23 （a）：梯形螺纹，大径 20mm，螺距 4mm 双线，左旋，中径公差带代号 6H，中等旋合长度。

图 7-23 （b）：非螺纹密封的圆柱管螺纹，尺寸代号为 3/4，外螺纹公差带代号 A。

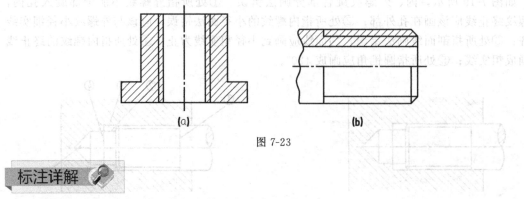

图 7-23

标注详解

根据螺纹的规定标注，其标注结果如图 7-24 所示。

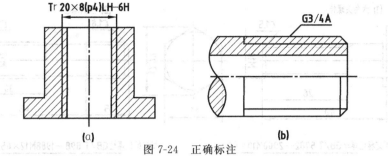

图 7-24　正确标注

难点解析与常见错误

　　螺纹标注的难点首先是必须弄清公制螺纹与英制螺纹的标注形式不同，公制螺纹与尺寸标注形式相同，而英制管螺纹必须用指引线引出标注。

7.2.1.2　螺纹紧固件连接画法与标注实例

实例7-8　　如图 7-25 所示，查表确定各紧固件的尺寸，并写出其规定标记。

作图过程

　　根据国家规定画法，其正确画法如图 7-26 所示。

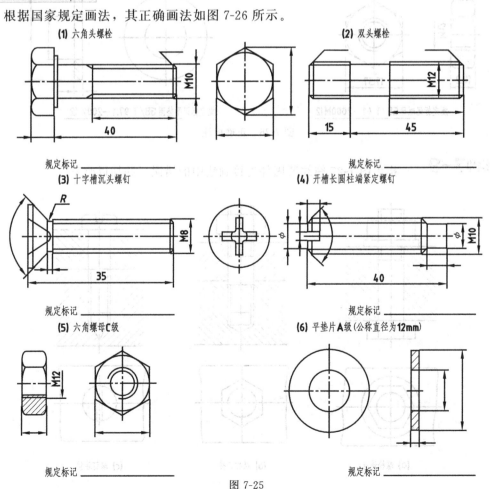

图 7-25

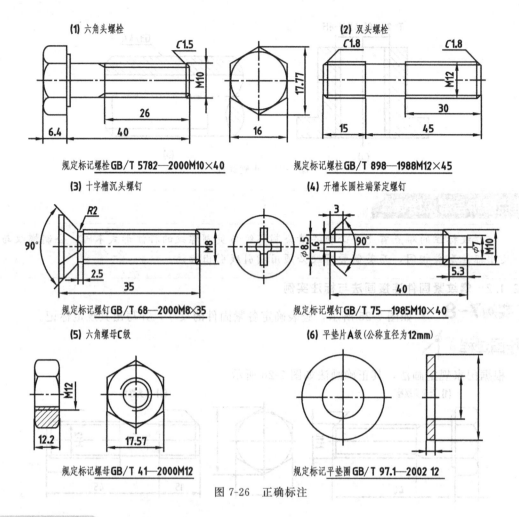

图 7-26 正确标注

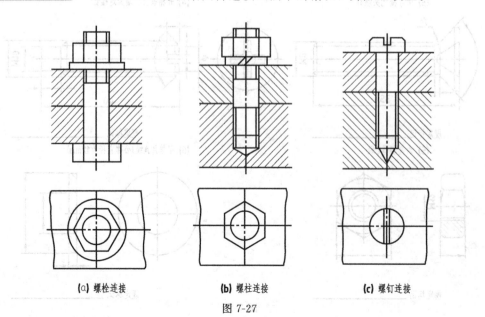

实例7-9 指出图 7-27 螺纹紧固件连接画法中的错误，并加以改正。

(a) 螺栓连接　　　　(b) 螺柱连接　　　　(c) 螺钉连接

图 7-27

解题分析

如图 7-28 所示。图 7-28（a）：螺栓连接：①处外螺纹终止线应为粗实线。②处螺栓与孔径为非配合面，应画成两条线。③处为非配合面，有间隙，应画成两条线。④处相邻两零件表面剖面线方向应相反。⑤处漏画外螺纹小径，应画 3/4 圈细实线圆。

图 7-28（b）：螺柱连接：①处外螺纹终止线应为粗实线。②处螺栓与孔径为非配合面，应画成两条线。③处应为螺孔，大径画细实线，小径画粗实线。④处为钻孔底部，应画成120°，锥坑口部应与螺孔小径对应。⑤处漏画外螺纹小径，应画 3/4 圈细实线圆。⑥处为外螺纹，漏画细实线。⑦处螺纹终止线应与两板分界面平齐。⑧处六角方向不对，与主视图不对应。⑨处弹簧垫圈的开口方向反了。

图 7-28（c）：螺钉连接：①处螺纹终止线应上移，否则上板可能压不紧。②处螺钉与孔径为非配合面。应画成两条线。③处应为螺孔，要按内螺纹画出。④处为钻孔底部，应画成120°，锥坑口部应与螺孔小径对应。⑤处一字槽应画成 45°方向。

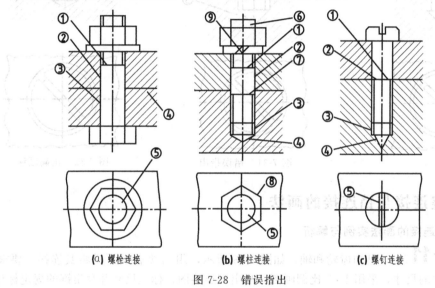

图 7-28　错误指出

作图过程

根据国家规定画法，其正确画法如图 7-29 所示。

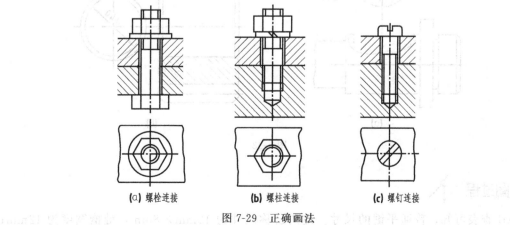

图 7-29　正确画法

实例 7-10 指出图 7-30 螺钉连接画法中的错误，并加以改正。

解题分析

如图 7-31、图 7-32 所示，螺钉连接画法中的错误：①处上板没有画成光孔。②处剖面线应画到内螺纹的粗实线处。③处螺纹终止线画法错误。

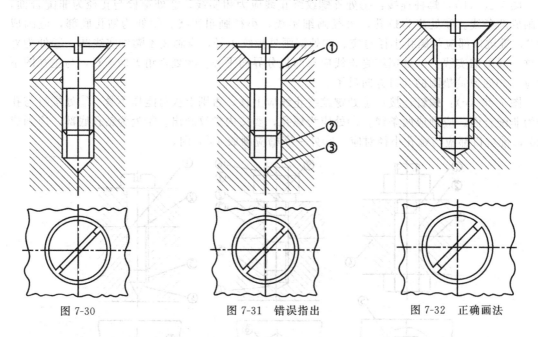

图 7-30   图 7-31 错误指出   图 7-32 正确画法

7.2.2 键连接与销连接的画法

7.2.2.1 键连接的画法实例与解析

实例 7-11 已知齿轮和轴，如图 7-33 所示，用 A 型普通平键将其连接。要求查表确定键和键槽的尺寸，采用 1:2 比例画图；画出键连接图；标注尺寸并写出键的规定标记。

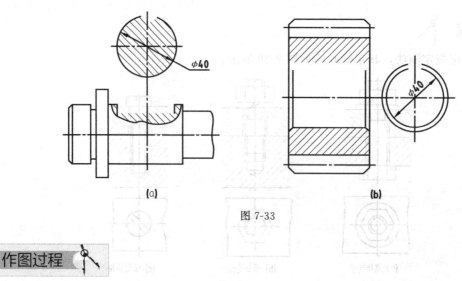

(a)   (b)

图 7-33

作图过程

① 查表可知，普通平键的尺寸。键的公称尺寸为 12mm×8mm，键槽宽度为 12mm；

按一般键连接，取轴上的键槽宽度极限偏差为 -0.043^{0}，取轴孔上的键槽宽度极限偏差为 ±0.0215，具体作图如图 7-34 所示。

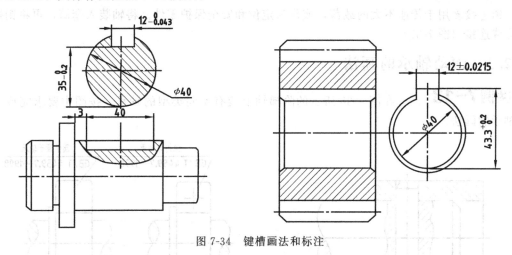

图 7-34　键槽画法和标注

② 键的连接画法：键与轴上的键槽和轮毂键槽的两侧均为接触面，只画一条线；键的顶面与轮毂键槽底面有间隙，必须画成双线。键的连接画法如图 7-35 所示。

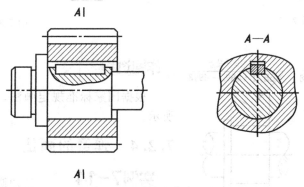

图 7-35　平键连接的画法

难点解析与常见错误

画键连接图时，必须弄清各个零件的连接关系，然后根据连接图画法画图。

7.2.2.2　销连接的画法实例与解析

实例7-12　根据图 7-36 所示零件图，完成销连接图。

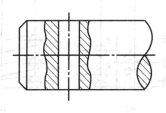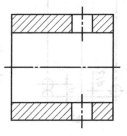

图 7-36

作图过程 ✎

销连接多用于传递不大的载荷，或作为定位和安全保护零件。将轴装入套筒，再将销插入完成连接（图7-37）。

7.2.3 滚动轴承的画法

实例7-13 在图7-38所示的阶梯轴上装有不同类型的轴承，按图中要求完成滚动轴承的画法。

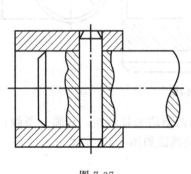

图 7-37

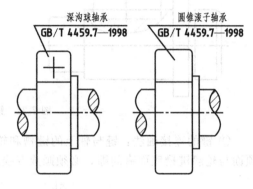

图 7-38

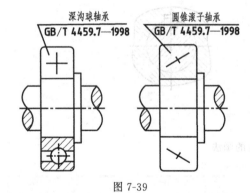

图 7-39

作图过程 ✎

根据国家标准规定画法，作图结果如图7-39所示。

7.2.4 弹簧的画法

实例7-14 已知圆柱螺旋压缩弹簧簧丝的直径 $d=6mm$，弹簧外径为 $D=42mm$，节距 $t=12mm$，有效圈数 $n=6$，支承圈 $n_2=2.5$，左旋。试画出弹簧的全剖视图。

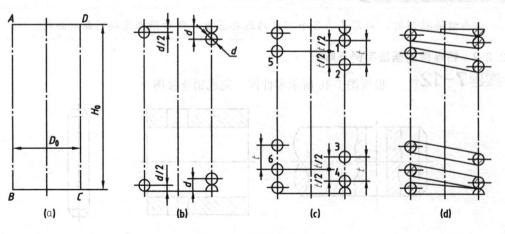

图 7-40 作图过程

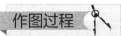

① 计算弹簧中径 $D_0 = D - d = 36mm$，自由高度 $H_0 = nt + 2d = 84mm$，画出长方形 $ABCD$，如图 7-40（a）所示。

② 根据簧丝直径 d，画出支承圈部分簧丝的剖面，如图 7-40（b）所示。

③ 画出有效圈部分簧丝的剖面。先在 CD 线上根据节距 t 画出圆 2 和圆 3；再从 1、2 和 3、4 的中点作垂线与 AB 线相交，画出圆 5 和圆 6，如图 7-40（c）所示。

④ 根据弹簧规定画法，按右旋方向作相应圆的公切线，再加画剖面线，完成作图，如图 7-40（d）所示。

7.2.5 齿轮的画法

7.2.5.1 单个齿轮的画法实例与解析

实例7-15　完成图 7-41 所示直齿圆柱齿轮的主、左视图。其主要参数为：模数 $m = 3mm$，齿数 $z = 33$，齿宽 $b = 20mm$。

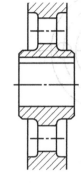
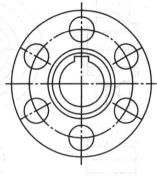

计算过程

分度圆直径 $d = mz = 3 \times 33 = 99mm$

齿顶圆直径 $d_a = m(z + 2) = 3 \times (33 + 2) = 105mm$

图 7-41

齿根圆直径 $d_f = m(z - 2.5) = 3 \times (33 - 2.5) = 91.5mm$

作图过程

根据国家标准规定，齿轮的轮齿按规定画出，其余结构仍然要按真实投影绘制，作图结果如图 7-42 所示。

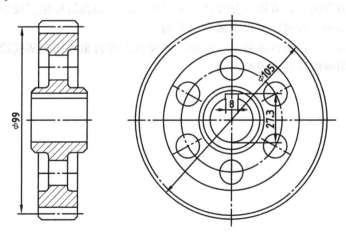

图 7-42　完成作图

7.2.5.2 齿轮啮合图的画法实例与解析

实例7-16　已知一对标准直齿圆柱齿轮啮合传动，其中，小齿轮齿数 $z_1 = 15$，大齿轮齿数 $z_2 = 30$，两齿轮的中心距 $a = 67.5mm$，完成图 7-43 所示齿轮啮合图。

计算过程

求两齿轮分度圆直径、齿顶圆直径和齿根圆直径。

根据　$a = m(z_1 + z_2)/2$，得 $m = 3$。

分度圆直径　$d_1 = mz_1 = 45 \text{mm}$

$d_2 = mz_2 = 90 \text{mm}$

齿顶圆直径　$d_{a1} = m(z_1 + 2) = 51 \text{mm}$

$d_{a2} = m(z_2 + 2) = 96 \text{mm}$

齿根圆直径　$d_{f1} = m(z_1 - 2.5) = 37.5 \text{mm}$

$d_{f2} = m(z_2 - 2.5) = 82.5 \text{mm}$

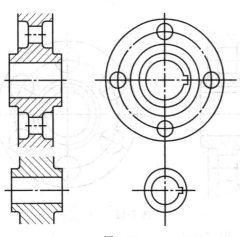

图 7-43

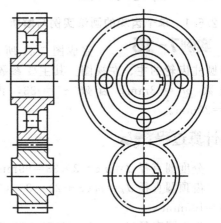

图 7-44　完成作图

作图过程

根据国家标准中标准齿轮的啮合图规定画法，作图结果如图 7-44 所示。

在投影为圆的视图中，节圆（分度圆）必须相切，齿顶圆均按粗实线绘制，但啮合区的齿顶圆可以省略不画；齿根圆可以全部省略不画。

在非圆剖视图中，在啮合区将某一齿轮的轮齿齿顶和齿根线用粗实线绘制，另一齿轮的轮齿被遮挡部分用虚线绘制或省略不画。

第**8**章

零件图

━━━━━━━━━━ 💡 **本章指南** ━━━━━━━━━━

目的和要求 了解零件与机器、零件图之间的关系，掌握零件图的内容，掌握一般零件的零件图画法和阅读。

根据所表达零件的功能和制造工艺过程，掌握分析典型零件表达方法和尺寸标注的方法和步骤。

能够查阅相关的技术标准文件，并在零件图样上正确标注尺寸公差、粗糙度等技术要求。

地位和特点 本章是在常见标准件表达方法的基础上，进一步详细介绍机械工程常识、培养工程文化素质的实践阶段，是综合运用前面所学知识、创新构型设计的阶段，是为拼画装配图作知识、技术和能力储蓄准备过程。

8.1 本章知识导学

8.1.1 内容要点

组成机器或部件的最基本的单一构件就是零件。一台机器拆散以后，就由一个一个的零件组成。任何机器都是由各种零件组成的。表达一个零件的图样，称为零件图。

零件图是制造和检测零件质量的依据，它直接服务于生产实际。

（1）零件图内容

① 一组视图　完整、清晰地表达零件内、外结构形状。

② 尺寸　完整、正确、清晰、合理地注出零件的全部尺寸，用以确定零件各部分结构形状的大小和相对位置。

③ 技术要求　标注或说明零件在制造和检验时应达到的技术规范。

④ 标题栏　填写零件的名称、材料、数量、比例、图号及责任签署等。

（2）零件的分类与特征

生产实际中的各种零件按作用与结构可以分为四类。

① 轴套类零件　细而长的回转体特征。

② 轮盘类零件　短而粗的回转体特征。

③ 叉架类零件　形状各异，主要起支撑、连接的作用。

④ 壳体类零件　中空结构，形状各异，主要起支撑、连接和包容的作用。

（3）零件图的视图选择

绘制零件图时，应首先考虑看图方便。根据零件的结构特点，选用适当的视图、剖视、断面等表达方法。在完整、清晰地表示零件形状的前提下，力求制图简便。要达到这个要求，选择视图时，必须将零件的外部形状和内部结构结合起来考虑，尽可能地了解零件在机器或部件中的位置和作用。

首先要选好主视图，然后选配其他视图，同时考虑尽量减少视图的数量，将零件表达清楚。因此，表达零件结构形状的关键是合理地选择主视图和其他视图，确定一个比较合理的表达方案。

（4）零件图中尺寸标注的基本要求

零件图的尺寸是零件加工制造和检验的重要依据。在前述章节中已详细地介绍了标注尺寸时必须满足正确、完整、清晰的要求。在零件图中标注尺寸时，还应使标注尺寸合理。合理标注尺寸的要求如下。

① 满足设计要求，以保证机器的质量。

② 满足工艺要求，以便于加工制造、测量和检验。

（5）尺寸基准的选择

尺寸基准就是标注尺寸的起点。零件的长、宽、高三个方向至少要有一个尺寸基准，当同一方向有几个基准时，其中之一为主要基准，其余为辅助基准。可以作为尺寸基准的有设计基准和工艺基准。

① 设计基准。

设计基准是根据零件在机器中的作用和结构特点，为保证零件的设计要求而选定的一些基准。

② 工艺基准。

工艺基准是确定零件在机床上加工时的装夹位置，以及测量零件尺寸时所利用的点、线、面。

从设计基准出发标注尺寸，能保证设计要求；从工艺基准出发标注尺寸，则便于加工和测量。因此，最好使工艺基准和设计基准重合。当设计基准和工艺基准不重合时，所注尺寸应在保证设计要求的前提下，满足工艺要求。

（6）合理标注尺寸时应注意的问题

① 功能尺寸必须直接注出。

② 非功能尺寸的注法要符合制造工艺要求。

③ 不能注成封闭尺寸链。

（7）零件图的技术要求

① 表面结构的表示。

② 尺寸极限与配合的标注。

③ 几何公差的标注。

加工后的零件不仅存在尺寸误差，而且几何形状和相对位置也存在误差。为了满足零件的使用要求和保证互换性，零件的几何形状和相对位置由形状公差和位置公差来保证。

形状误差是指单一实际要素的形状对其理想要素形状的变动量。单一实际要素的形状所允许的变动全量称为形状公差。

位置误差是指关联实际要素的位置对其理想要素位置的变动量。理想位置由基准确定。关联实际要素的位置对其基准所允许的变动全量称为位置公差。

（8）零件测绘方法

零件测绘就是根据实际零件画出它的生产图样。在仿造机器、改革和修理旧机器时，都要进行零件测绘。在测绘零件时，先要画出零件草图，零件草图是画装配图和零件图的依据。在修理机器时，往往将草图代替零件图直接交车间制造零件。因此，画草图时就绝不能潦草从事，必须认真绘制。

零件草图和零件图的内容是相同的。它们之间的主要区别是在作图方法上，零件草图一般徒手绘制，并凭目测估计零件各部分的相对大小，以控制视图各部分之间的比例关系。合格的草图应当表达完整，线型分明，字体工整，图面整洁，投影关系正确。

（9）读零件图

读零件图就是要求在了解零件在机器中的作用和装配关系的基础上，弄清零件的材料、结构形状、尺寸和技术要求等，评论零件设计上的合理性，必要时提出改进意见，或者为零件拟订适当的加工制造工艺方案。

8.1.2　重点和难点分析

（1）重点分析

重点是零件图的各项内容及含义、零件图的视图选择（主视图的选择原则、其他视图的选择原则）、典型零件的表达方案分析、零件图的尺寸标注、零件图的读图方法、零件的测绘方法步骤。

（2）难点分析

难点是零件表达方案的确定与尺寸标注在零件表达中灵活而恰当的应用。

8.1.3　解题指导

零件图是机械制图的重要内容，解题时要综合应用组合体画图、读图的基本方法、机件各种表达方法的画法和标注，以及螺纹等结构的画法和标注等有关知识。

为了顺利地解题，必须增强零部件结构和零件制造加工工艺知识，了解零件毛坯的制造方法，如铸造、锻造等；了解零件的加工方法，如车、铣、刨、钻、磨等；了解常见零件（如轴套、轮盘、叉架、箱体等）和常见工艺结构（如倒角、圆角、退刀槽、砂轮越程槽、钻孔、镗孔和螺孔等），以获得零件构造和加工工艺的一般感性认识，使绘制的零件图能符合实际，提高读图的效果。

具体的解题方法如下。

① 根据实际零件或零件立体图绘制零件图，关键在于结合零件的作用，对零件进行结构形状分析，弄清零件的基本形状及其相对位置，以及各表面的相互连接关系，零件的主要结构和次要结构。只有在分析清楚的基础上，才能恰当地运用视图、剖视、断面和简化画法等表达方法，完整、清晰地表达出零件的结构形状；才能恰当地选择尺寸基准，从零件的主要结构着手，逐个标注出各部分的定形尺寸和定位尺寸；才能在给出零件各种技术要求的条件下，在图上按标准规定正确地进行标注。

② 读零件图要求遵循一定的方法和步骤，形体分析法仍是阅读零件图的基本方法。但要注意读零件图的特点，要结合零件的作用进行分析，把形体分析和线面分析与零件各个部分的作用和零件常见结构联系起来，如轴件、箱（壳）体零件，由于它们的不同作用，就形成它们结构作用上的不同特点。视图分析要与尺寸分析相联系。通过读零件图，对零件的结构形状、尺寸和技术要求要有全面的了解，特别是建立起零件结构形状的完整、清晰的概念，才能按题目要求进行解题。

③ 零件图绘制完成后，必须进行认真检查。

注意避免常见的下列错误。

a. 视图投影上的漏线、多线、画错零件表面上的交线。

b. 剖视、断面等画法和标注上的错误。

c. 标注尺寸基准概念不清，漏注尺寸的情况较为严重，尤其是漏注定位尺寸等。

④ 对于涉及极限与配合的题目，要注意以下几点。

a. 表示公差带和配合的拉丁字母和孔的偏差代号用大写字母；轴的偏差代号用小写字母；拉丁字母后面的数字表示公差等级。

b. 在表示配合的代号中，上面的表示孔的公差带，下面的表示轴的公差带。

c. 配合分基孔制配合和基轴制配合，如果是基孔制配合，必有基准孔代号 H，如果是基轴制配合，必有基准轴代号 h。故在装配图中表示配合时，必有一个 H 或 h，如有 H 即为基孔制配合，如有 h 即为基轴制配合，如既有 H 又有 h，则可理解为基孔制，也可理解为基轴制，两者基本偏差是相同的。

d. 根据基本尺寸和公差等级查表可得标准公差数值。根据基本尺寸和基本偏差代号查表可得基本偏差数值。如果是优先、常用配合，查优先、常用极限偏差表可直接得到极限偏差数值。当某些公差带在极限偏差表中未列出时，必须通过 IT＝ES−EI 或 IT＝es−ei 等关系计算。

e. 查标准公差表和偏差表时，要找准已知的基本尺寸在表中的尺寸段，还要注意数值的正、负号及单位等。

f. 在零件图上标注偏差值时，不要遗漏偏差数值前面的"＋""－"号，不要忘记把查得的数值换算成毫米。偏差数字比基本尺寸数字小一号。上偏差注在基本尺寸的右上方，下偏差注在基本尺寸的右下方，且与基本尺寸底线平齐。当偏差值为零时，应注写出"0"字，并且与另一偏差的个位数对齐。

8.2 实例精选

8.2.1 零件图的视图表达

零件的种类很多，结构形状千差万别。根据结构和用途相似的特点以及加工制造方面的特点，将一般典型零件分为轴套、轮盘、叉架、箱体四类典型零件。

8.2.1.1 轴套类零件视图表达实例与解析

轴套类零件大多数由同轴心线、不同直径的数段回转体组成，轴向尺寸比径向尺寸大得多。轴上常有一些典型工艺结构，如键槽、退刀槽、螺纹、倒角、中心孔等结构，其形状和尺寸大部分已标准化，常见的轴套类零件如图 8-1 所示。

(a)轴   (b)柱塞   (c)钻套

图 8-1　轴套类零件

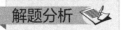 根据图 8-2 所示的轴零件立体图，选择适当的表达方案进行表达。

解题分析

如图 8-2 所示的零件属于轴类零件，主要是由大小不同的同轴回转体组成，轴上有键槽、退刀槽、螺纹、倒角、中心孔等结构。首先，按照加工位置将轴零件水平放置，画出主视图来表达零件的主体结构，必要时可以采用局部剖视或其他辅助视图表达局部结构形状。

图 8-2　轴零件

确定表达方案 ?

① 主视图的选择　轴零件采取轴线水平放置的加工位置画出主视图，反映轴的细长和台阶状的结构特点以及各部分的相对位置和倒角、退刀槽、键槽等形状。在主视图上采用局部剖视可以表达出上下通孔，如图 8-3 所示。

② 其他视图的选择　通过补充两个移出断面图和两个局部放大图，可以表达出前后通孔、键槽的深度和退刀槽等局部结构，如图 8-3 所示。

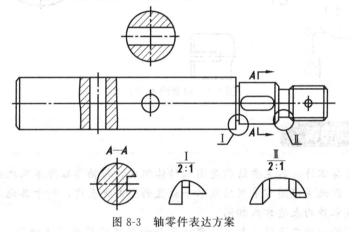
图 8-3　轴零件表达方案

实例8-2　根据图 8-4 所示轴套零件的立体图，选择适当的表达方案进行表达。

图 8-4　轴套零件

解题分析 ✎

如图 8-4 中所示的轴套零件由同轴线的不同直径的回转体组成，在机器中通常起支承与传递转矩的作用。零件上制有退刀槽、倒角、倒圆、中心孔等结构，该零件主体为圆筒状结构，外部中间是一个环形板状结构，环形板上有 3 个均匀分布的沉孔。圆筒内孔为台阶状，圆筒右端有深浅不同的十字槽。

确定表达方案 ?

① 主视图的选择　轴套类零件的主要加工方法是车削与磨削，为了便于工人对照图样

加工，主视图是将轴线水平放置，以垂直轴线的方向作为主视图的投影方向，就能清楚反映轴的各段形状及相对位置，也可以反映轴上各种局部结构的轴向位置，如图 8-5 所示。主视图为全剖视图，主要表达零件的厚度和内部复杂结构。

② 其他视图的选择 由于轴的各段形体为回转体，其直径在标注尺寸时加注"φ"表示，所以不必画其他基本视图。采用一个向视图表达零件的环形板状结构以及圆筒右端的深浅不同的十字槽结构。采用两个辅助视图，一个为局部放大图，表达退刀槽结构；一个为局部视图，表达圆筒右端的外形结构，如图 8-5 所示。

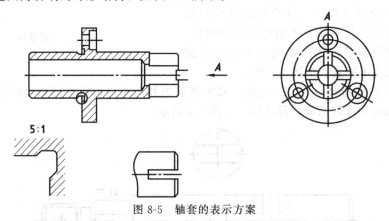

图 8-5 轴套的表示方案

难点解析与常见错误

　　对于轴套类零件，其主要结构是由回转体组成，与轴类零件不同之处在于轴套类零件是空心的，因此主视图常采用轴线水平放置的全剖视表达，对于其他局部结构，其表达方式与轴类零件的表达方式相同。

　　轴套类零件一般在车床上加工，要按形状和加工位置确定主视图，轴线水平放置，大头在左、小头在右，键槽和孔结构可以朝前。轴套类零件的主要结构形状是回转体，一般只画一个主视图。对于零件上的键槽、孔等，可作出移出断面。砂轮越程槽、退刀槽、中心孔等可用局部放大图表达。

8.2.1.2 轮盘类零件视图表达实例与解析

　　轮盘类零件的基本形状是扁平的盘状体，主体部分为回转体，大部分是铸件，如各种齿轮、皮带轮、手轮、端盖、法兰盘等都属于这类零件。它们的主要作用是传递动力和转矩，或起连接、轴向定位、密封等作用。为了与其他零件连接，这类零件还常带有键槽、螺孔、销孔、凸台、凹坑等结构。常见的轮盘类零件，分别为齿轮、尾架端盖、电机端盖，如图 8-6 所示。

实例8-3 根据图 8-7 所示法兰盘零件的立体图，选择适当的表达方案进行表达。

解题分析

　　法兰盘零件主要是由回转体结构组成。厚度方向的尺寸比其他两个方向的尺寸小，其上有凸台、凹坑、螺孔、销孔、轮辐结构。

确定表达方案

　　该法兰盘零件可以采用两个基本视图表达清楚。

(a)齿轮

(b)尾架端盖

(c)电机端盖

图 8-6 轮盘类零件

① 主视图的选择 法兰盘零件的主视图按加工位置将轴线水平放置，采用全剖视图，主要表达零件的厚度和阶梯孔的结构。

② 其他视图的选择 另一视图采用左视图，主要表达外形轮廓、三个安装孔的分布及左右凸缘的形状和各组成部分，如图 8-8 所示。

图 8-7 法兰盘零件

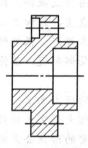

图 8-8 法兰盘的表示方案

实例 8-4 分析如图 8-9 所示轴承盖零件图的表达方法。

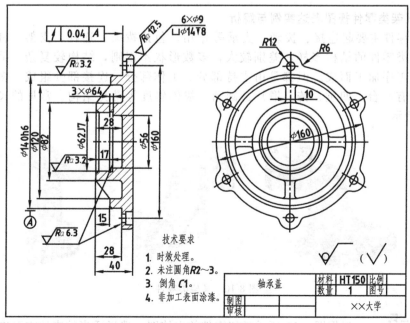

图 8-9 轴承盖零件图

解题分析

轴承盖零件的基本形状是扁平的盘状体，主体部分为回转体，是铸件。它主要起到连接、轴向定位、密封作用。为了与其他零件连接，该零件还带有键槽、螺孔、销孔、凸台、凹坑等结构。

确定表达方案

① 主视图的选择　轴承盖零件的主要加工方法是车削，所以主视图是将轴线水平放置，用垂直于轴线的方向作为主视图的投影方向，为了表达内部结构，主视图采用全剖视图，如图 8-9 所示。

② 其他视图的选择　轴承盖零件用两个基本视图表达，除主视图外，还要增加一个基本视图，用来表达零件的外形轮廓和其他各组成部分的相对位置，如图 8-9 所示。

难点解析与常见错误

轮盘类零件的毛坯有铸件或锻件，机械加工以车削为主，主视图一般按加工位置水平放置，但有些较复杂的盘盖，因加工工序较多，主视图也可按工作位置画出。

一般需要两个以上基本视图。根据结构特点，视图具有对称面时，可作半剖视；无对称面时，可作全剖视或局部剖视。其他结构形状如轮辐和肋板等可用移出断面或重合断面，也可用简化画法。

注意均布肋板、轮辐的规定画法。

由于轮盘类零件的毛坯大部分是铸件或锻件，往往在技术要求中应考虑铸造圆角、去应力处理等，并考虑必要的形位公差要求。

轮盘类零件的尺寸大部分集中在主视图上标注，而键槽、轴孔尺寸和辐板上孔的分布及大小等尺寸标注在投影为圆的左视图上，对于一些局部结构尺寸，也可标注在断面图上。

8.2.1.3　叉架类零件视图表达实例与解析

叉架类零件主要起连接、拨动、支承等作用，包括拨叉、连杆、支架、杠杆、摇臂等零件。这类零件的结构多样，差别较大，多数形状不规则，结构较复杂，毛坯多为铸件，经多道工序加工而成。但都是由支持部分、工作部分、连接部分组成，多数为不对称零件，具有凸台、凹坑、铸（锻）造圆角、拔模斜度等常见结构。常见的叉架类零件如图 8-10 所示。

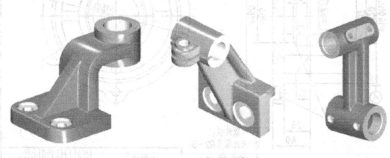

图 8-10　叉架类零件

实例8-5　根据图 8-11 所示叉架零件的立体图，选择适当的表达方案进行表达。

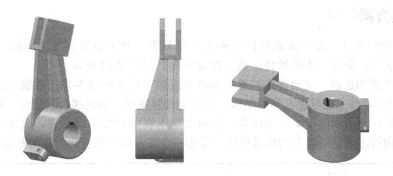

图 8-11　叉架零件

解题分析

该叉架零件的外形比较复杂，形状不规则，带有弯曲和倾斜结构以及肋板、轴孔、凸台等结构。局部结构有油孔和螺孔。

确定表达方案

① 主视图的选择　对于该叉架零件，在反映主要特征的前提下，按工作（安装）位置作为主视图。

② 其他视图的选择　表达叉架类零件通常需要两个以上的基本视图，并多用局部剖视兼顾内外形状来表达。倾斜结构常用向视图、斜视图、旋转视图、局部视图、斜剖视图、断面图等表达。如图 8-12 所示的叉架，采用了主、左两个基本视图并作局部剖视，表达主体的结构形状。采用 A 向斜视图表达圆筒上的拱形形状，采用 B—B 移出断面图表达肋板的断面形状为十字形状。

实例8-6　分析支架零件图的表达方案，如图 8-13 所示。

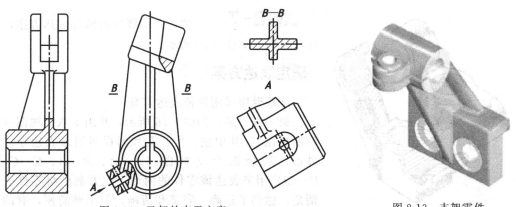

图 8-12　叉架的表示方案

图 8-13　支架零件

解题分析

该支架包括拨叉、连杆、支架等结构，形状不规则，结构较复杂，毛坯为铸件，经多道工序加工而成，其结构大致分为三部分，即支撑、工作、连接部分。圆筒为支撑部分，叉架为工作部分，肋板为连接部分，如图 8-13 所示。

确定表达方案 ❓

① 主视图的选择 由于支架零件的加工工序较多，加工位置多变，因此，选择主视图时，常以工作位置安放，按形状特征确定投影方向，如图 8-14 所示。

② 其他视图的选择 支架零件一般需要两个或两个以上的基本视图才能表达清楚其主体形状结构，对于零件上的弯曲、倾斜结构，还需要用斜视图、斜剖视、断面图、局部视图等表达方法。如图 8-14 所示的支架，采用主、左两个基本视图并作局部剖视，表达主体的结构形状。采用 A 向视图表达圆筒上的拱形形状，采用一个移出断面图表达肋板的断面形状。

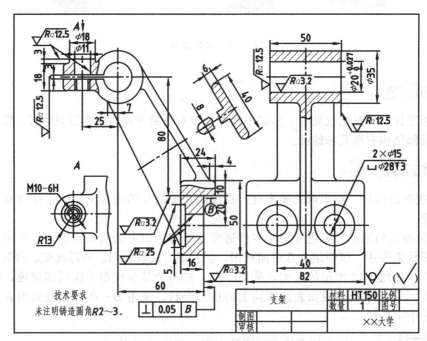

图 8-14 支架零件图

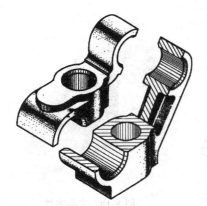

图 8-15 摇臂座轴测图

◀ 实例8-7 ▶ 试建立摇臂座的两种表达方案，并比较分析，如图 8-15 所示。

确定表达方案 ❓

该摇臂座采用两种表达方案。

第一种方案，如图 8-16 所示，共用了八个视图（包括剖视图），其中主、俯、左和仰视图用来表达零件的外形，其余四个剖视图（A—A、B—B、C—C 和 D—D）用来表达该零件的内形，此方案已将零件表达清楚，做到了正确、完整和清晰，但不够简便，有的图形重复、多余。

第二种方案，如图 8-17 所示，共用四个视图（包括剖视图），在主、俯视图上采用局部剖视图，将内、外形结合起来表达，此方案将该零件的内部和外部结构形状都表达清楚了。

两种方案相比较，第二种方案除做到正确、完整、清晰外，还做到了简便，是一个较优的表达方案。

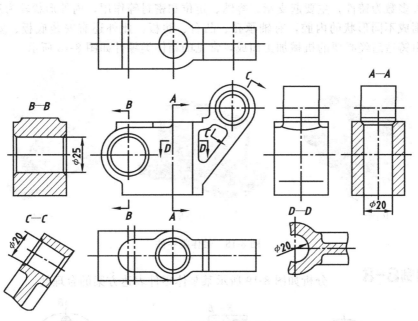

图 8-16 摇臂座表达方案一

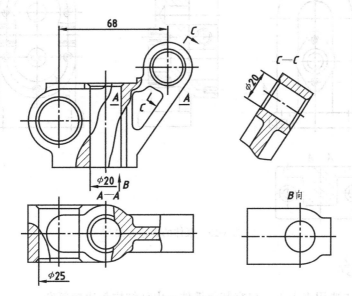

图 8-17 摇臂座表达方案二

难点解析与常见错误

　　对于叉架类零件，在反映主要特征的前提下，按工作（安装）位置作为主视图。当工作位置是倾斜的或不固定时，可将其放正后画出主视图。

　　叉架类零件的主要尺寸均有较严的尺寸要求、表面结构要求和形位公差要求，大多数零件还需要有热处理要求。

8.2.1.4 箱体类零件视图表达实例与解析

　　箱体零件是组成机器或部件的主要零件，阀体以及减速器箱体、泵体、阀座等均属于这类零件，大多数为铸件，主要起支承、容纳、定位和密封等作用，内外形状较为复杂。其上常用薄壁围成不同形状的内腔，有轴承孔、凸台、肋板，此外还有安装底板、安装孔等结构，多数由铸造后经必要的机械加工而成，常见的箱体类零件如图 8-18 所示。

(a)阀体　　　　　　　(b)支座　　　　　　　(c)泵体

图 8-18　箱体类零件

实例8-8　分析如图 8-19 所示某泵体零件表达方案的合理性。

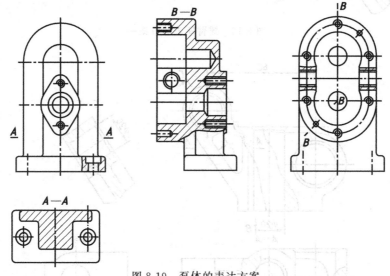

图 8-19　泵体的表达方案

解题分析

该泵体零件主要用来支承、包容其他零件，内外结构都比较复杂。

确定表达方案

① 主视图的选择　由于泵体在机器中的位置是固定的，因此，泵体的主视图经常按工作位置和形状特征来选择。

② 其他视图的选择　为了清晰地表达泵体的内外形状结构，需要三个或三个以上的基本视图，并以适当的剖视表达内部结构。如图 8-19 所示的泵体，主视图（见 $B—B$ 局部剖视图）按工作位置来选择，清楚地表达了泵体的内部结构及左、右端面螺纹孔和销孔的深度，而且明显地反映了泵体左右各部分的相对位置。左视图进一步表达了泵体的内部形状以及左端面上螺纹和销孔的分布位置及大小，还采用局部剖视表达进出油孔的大小及位置。右视图重点表达了泵体右端面凸台的形状。而 $A—A$ 剖视反映了安装板的形状、沉孔的位置

以及支撑板的端面形状。

实例8-9　试建立泵体的两种表达方案，并比较
分析，如图 8-20 所示。

确定表达方案

图 8-20　泵体轴测图

该泵体零件由安装板（底板）、工作部分和连接部分三
部分组成，加工工艺比较复杂，可以采用两种表达方案。

第一种方案，按照工作位置和形状特征选择主视图，如
图 8-21 所示。主视图主要用来表达泵体零件的外形，还对
主、次结构的形状、相对位置和连接关系进行了表达。从主
体结构考虑，主视图画外形图即可，安装板上的两个阶梯孔用局部剖视图表达清楚（虽然可
以用尺寸标注表明孔的结构，但不如用图表达直观、利于读图）。工作部分圆筒两侧的一样
的螺纹孔通过局部剖视图来表达。

为了表达泵体各部分的前后位置关系、安装板的厚度和宽度、肋板的形状及工作部分圆
筒结构的长度，可用左视图。考虑到为了表达清楚泵体的内部结构，以及螺纹孔的相对关系
和连接情况，左视图要画成全剖视图。

增加了 $A—A$ 剖视图用来表达连接部分的断面形状和安装板的外形；B 向视图表达工
作部分圆筒上的圆形凸缘形状。此方案已将泵体零件表达清楚，做到了正确、完整和清晰。

第二种方案，若以方案一中的左视图作为主视图，也能反映形体的结构特征，形成如图
8-22 所示的表达方案。在俯视图上进行简化，采用半剖视图，就可以将对称的结构表达清
楚。别的方面与方案一基本上是一致的。

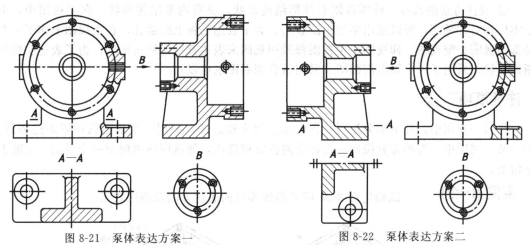

图 8-21　泵体表达方案一　　　　　图 8-22　泵体表达方案二

两种方案相比较，第一个方案在俯视图的视图平衡、稳定和图纸利用方面比较有优势，
而第二个方案在视图简化方面更具有优势。

实例8-10　试确定图 8-23 所示箱体零件的表达方法及视图数量。

解题分析

该箱体零件主要用来支承、包容其他零件，内外结构不太复杂。

确定表达方案

① 确定主视图的投影方向　以图 8-23（a）中箭头 A 的方向，作为主视图的投影方向。

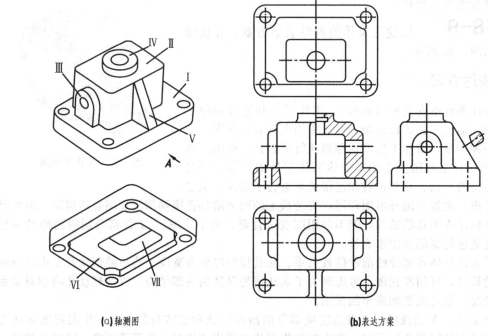

(a)轴测图   (b)表达方案

图 8-23 箱体零件视图表达方案

② 视图数量的选择   如图 8-23 （a）所示，该零件能分解为 7 个部分，可选用 5 个视图（主、俯、左、仰和剖面）来表达，如图 8-23 （b）所示。

③ 表达方法的选择   该零件既有外部结构形状，又有内部结构形状。在主视图中，由于零件有对称平面，所以选用半剖视图表达，为了表达底板上的通孔，在主视图上作了一个局部剖视图；俯视图、仰视图、左视图都采用视图来表达其外部结构形状；为了表达肋板的断面形状，采用了一个移出剖面图（采用重合剖面图也可以）。

注意事项

在同一视图中，几个部分按同一方向投影均未被遮住，则用一个视图就可以表达清楚。如果某一视图中，有的部分按同一投影方向投影被遮住，那就应该再增加一个视图，才能表达清楚。

实例 8-11   试确定图 8-24 所示箱体零件的表达方法及视图数量。

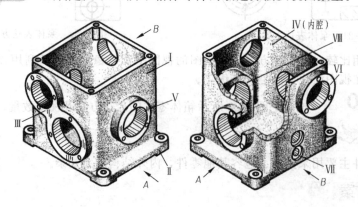

图 8-24 选择箱体零件的主视图投影方向

解题分析 ✍

如图 8-24 所示的箱体零件，由于内部要容纳一些其他零件，且因润滑、冷却、密封的需要，以及与相邻零件的定位、连接、安装的要求，所以做成图中所示的形状，其内外结构都非常复杂。

确定表达方案 ❓

① 确定主视图的投影方向　由于该箱体零件的结构形状复杂，加工位置多变，选择主视图时，要考虑其工作位置和主要形状特征，以图 8-24 中箭头 A 的方向，作为主视图的投影方向。

② 视图数量的选择　如图 8-24 所示，该零件由Ⅰ、Ⅱ、…、Ⅷ部分组成，可选用 7 个视图（主、俯、左、C—C、D 向、E 向、F 向）来表达，如图 8-25 所示。

由于该零件的内、外结构形状均较复杂，其外形前后相同，左右各异，上下不完全一样，因此在选择视图数量和表达方法时，在前后方向上要一个视图，在左右方向上各要一个视图，在上下方向上各要一个视图，这样至少需要 5 个视图来表达外形。

③ 表达方法的选择　该零件的内部结构形状前后基本相同，左右各异，在选择表达方法时，须同时考虑将内形表达清楚，即要看它的外形能否与内形结合起来表达，可以采用半剖视图或局部剖视图，如图 8-25 中的主视图。在主视图上，零件的内、外形都需表达，但内形较复杂，而外形较简单，故采用了"A—A"局部剖视图。若内、外形不能结合起来表达，则需要分别表达，这时需增加视图（包括剖视图）。本实例在左视图投影方向上采用了"D 向"局部视图表达零件的外部结构形状；用"B—B"全剖视图表达其内部结构形状。当然，在某一投影方向上，究竟是以视图为主，还是以剖视图为主，须根据零件的结构形状特点来决定。如果内部结构较复杂，应以剖视图为主；如果外部结构形状较复杂，应以视图为主。在某一投影方向上，究竟采用完整的基本视图还是局部视图，也须根据零件的结构形状特点来决定。如果零件的大部分形状未表达清楚，则采用完整的基本视图；如果仅是部分形状未表达清楚，则采用局部视图。如图 8-25 中，用"A—A"局部剖视图（在主视图中）和"C—C"局部剖视图来表达尚未表达清楚的内部结构形状Ⅷ；用"E 向"和"F 向"局部视图分别表达尚未表达清楚的外部结构形状Ⅶ和底座凸台。"A—A"视图中还采用虚线表达出内部结构形状和右壁上螺孔（Ⅶ）的结构及其位置关系。

难点解析与常见错误 🔍

箱体类零件一般经多种工序加工而成，在反映主要特征的前提下，按工作（安装）位置作为主视图。当工作位置是倾斜的或不固定时，可将其放正后画出主视图。

箱体类零件的结构较复杂，常需要三个以上的视图，并广泛地采用各种表达方法，因此，各类表达方法的综合、灵活使用是表达箱体类零件的重点和难点。

箱体类零件的主要尺寸均有一定的尺寸要求、表面结构要求和形位公差要求，大多数零件还需要有热处理要求。

总结 ▶

通过对轴套、轮盘、叉架、箱体四类典型零件的例题进行分析，可以归纳出选择表达方案的方法步骤如下。

（1）对零件进行分析

包括对零件进行形体分析、结构分析和工艺分析。

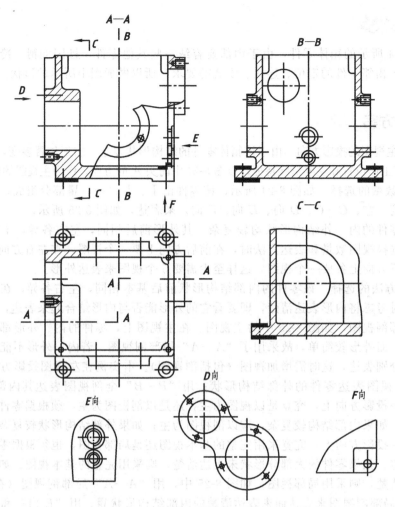

图 8-25　箱体零件视图表达方案

（2）选择主视图

在以上分析的基础上，选择主视图。首先按形状、结构特征确定主视图的投影方向，然后按零件的特点确定其安放位置，应尽量符合工作位置或加工位置原则。

（3）选择视图数量和表达方法

主视图选定后，根据零件内、外结构形状的复杂程度和零件的结构特点来选择视图数量和表达方法。在选择时，应处理好以下三个问题。

① 内、外部结构表达　为了表达零件的内、外结构形状，当零件的某一方向有对称平面时，可采用半剖视图，如图 8-25 中的主视图；当零件无对称平面，且外部结构形状简单时，可采用全剖视图；当零件无对称平面，内、外部结构形状都很复杂，但内、外部投影不重叠时，也可采用局部剖视图，如图 8-25 中的主视图；当内、外投影重叠时，应分别表达，如图 8-25 中的"D 向"局部视图与 B—B 全剖视图。

② 集中与分散表达　对于局部视图、斜视图和局部剖视图等分散表达的图形，当处于同一投影方向时，可以适当地集中，将其结合起来表达，并优先选用基本视图。当沿某一投影方向仅有一部分结构未表达清楚时，若采用一个分散图形表达，则更加清晰和简明。

③ 是否需要虚线表达　一般情况下，为了便于看图和标注尺寸，不提倡用虚线表达。如果零件上的某部分结构的大小已确定，仅形状或位置没有表达完全，且不会造成看图困难

时，可用虚线表达，如图 8-25 中的主视图。

8.2.2　零件图的尺寸标注实例与解析

实例8-12　　如图 8-26 所示，改正图中错误的标注，补全漏注的尺寸（按 1∶1 量取，取整数，不要的打"×"）。

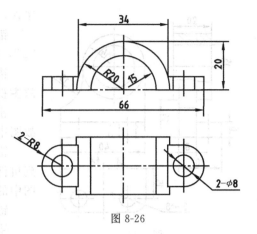

图 8-26

解题分析

错误 1：不能对截交线和相贯线标注尺寸，故图中的尺寸"34"错误。

错误 2：标注半径尺寸时，应在尺寸数字前加注半径符号"R"，故图中的尺寸"15"错误。

错误 3：标注了半圆的半径尺寸后，就不能再标注半圆的高度，故图中的尺寸"20"错误。

错误 4：标注零件的总长度，并不符合机件加工原则，而应该同时标注出左右耳板的半径以及两个耳板的中心孔的距离，故图中的尺寸"66"错误。

错误 5：左右两个完全一样的孔结构应该用"2×φ8"表示，故图中的尺寸"2-φ8"错误。

错误 6：左右耳板的结构是一样的，只标其中一个的尺寸就可以，故图中的尺寸"2-R8"错误。

错误 7：图中应该标出耳板的高度。

错误 8：图中应该标出半圆筒的前后宽度。

标注尺寸

在图 8-27（a）中指出上述各条错误，正确标注后如图 8-27（b）所示。

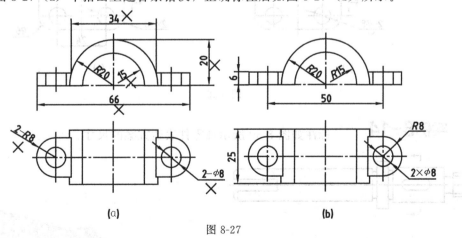

(a)　　　　　　　　　　(b)

图 8-27

实例8-13　　改正图 8-28 中错误的标注，补全漏注的尺寸（按 1∶1 量取、取整数，不要的打"×"）。

解题分析

错误 1：对于圆筒结构，整个圆或大于半圆的圆弧应标注直径，故图中的尺寸"R14"

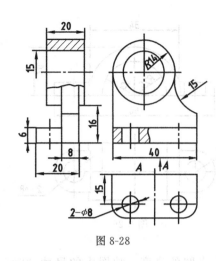

图 8-28

错误。

错误 2：圆筒中孔的直径尺寸要加注直径符号"φ"，故右视图中的尺寸"15"错误。

错误 3：小于半圆的圆弧结构应注半径符号"R"，故主视图中的尺寸"15"错误。

错误 4：两个一样的孔结构应该用"2×φ8"表示，故图中的尺寸"2-φ8"错误。

错误 5：圆筒所在的高度应该根据圆筒的中心轴线到机件所在的底面（即高度方向尺寸基准）量取，故图中的尺寸"16"错误。

错误 6：图中没有标注底板的圆角。

错误 7：图中没有标注支撑板右侧边缘的高度。

错误 8：图中没有标注底板上两个孔的距离。

标注尺寸

在图 8-29（a）中指出上述各条错误，正确标注后如图 8-29（b）所示。

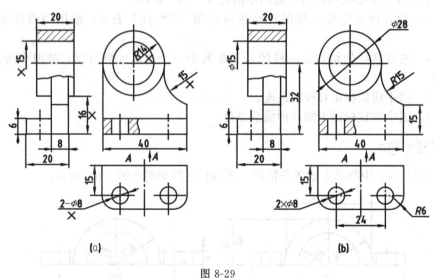

（a）　　　　　　　　　　　（b）

图 8-29

实例 8-14　标注如图 8-30 所示轴零件表达方案的尺寸。

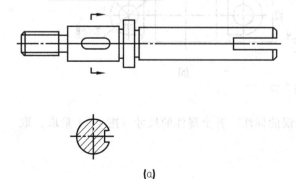

（a）

（b）

图 8-30

分析标注

分为以下三个步骤。

① 首先以轴线为基准，确定径向尺寸（图 8-31）。

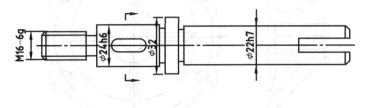

图 8-31　步骤 1

② 再以轴肩端面为基准，确定轴向尺寸（图 8-32）。

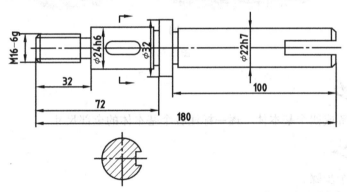

图 8-32　步骤 2

③ 最后标注每个轴段上的结构（考虑定形定位尺寸），完成标注尺寸（图 8-33）。

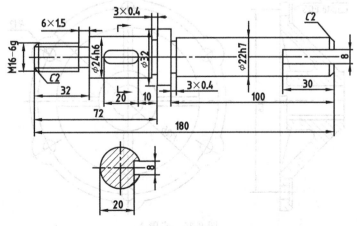

图 8-33　步骤 3

实例 8-15　标注如图 8-34 所示轮盘类零件表达方案的尺寸。

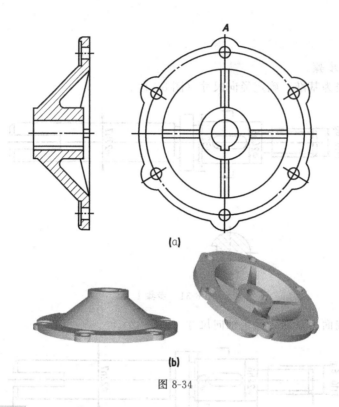

(a)

(b)

图 8-34

解题分析 📝

把该零件分解成四个基本体，逐一标注各个基本体的全部尺寸。

标注尺寸 📝

分成以下四个步骤。

① 标注右侧底板尺寸（图 8-35）。

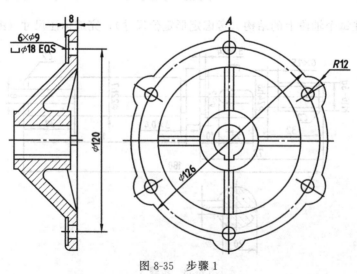

图 8-35　步骤 1

② 标注中心带键槽的圆柱尺寸（图 8-36）。

③ 标注轮辐尺寸（图 8-37）。

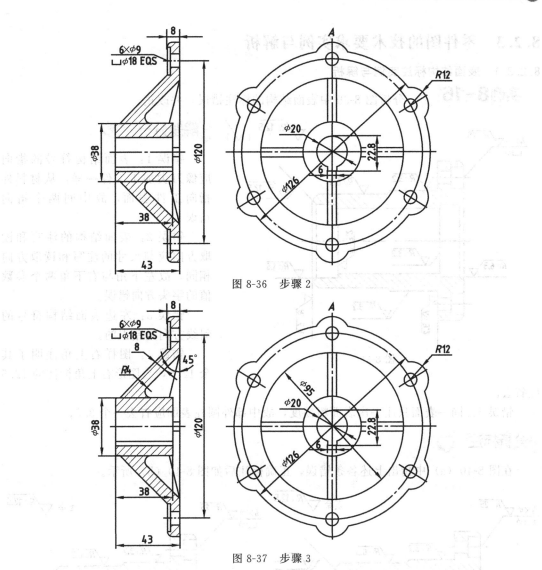

图 8-36　步骤 2

图 8-37　步骤 3

④ 标注肋板尺寸（图 8-38）。

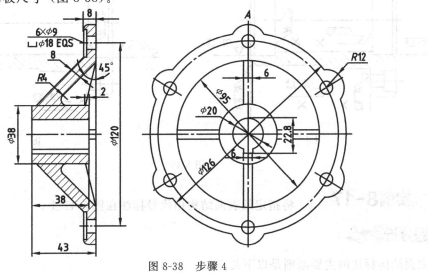

图 8-38　步骤 4

8.2.3 零件图的技术要求实例与解析

8.2.3.1 表面结构标注实例与解析

实例8-16 分析图8-39中表面结构的标注错误，并改正。

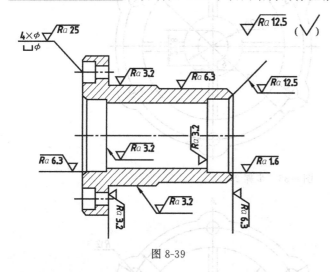

图 8-39

解题分析

错误1：表面结构符号的指向应像刀尖加工工件一样，从材料外指向工件表面，故中间两个指向错误。

错误2：表面结构的注写和读取方向应与尺寸的注写和读取方向相同，故左下角与右下角两个参数值的字头方向错误。

错误3：左边表面结构符号的斜线方向是错误的。

错误4：图样右上角注明了其余12.5，故图形右上角标注的12.5应省去。

错误5：同一表面只注一次表面粗糙度，故中部外圆柱表面应省去一个3.2。

分析标注

在图8-40（a）中指出上述各条错误，正确标注后如图8-40（b）所示。

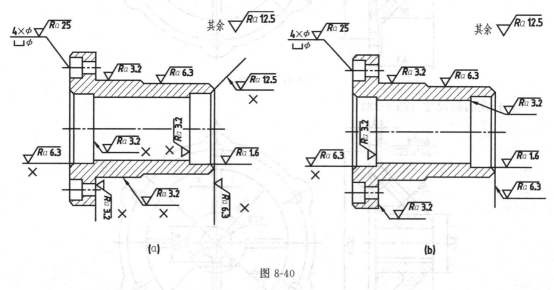

(a)   (b)

图 8-40

实例8-17 将指定的表面结构用代号标注在图8-41上。

解题分析

表面结构标注的主要原则是以下几点。

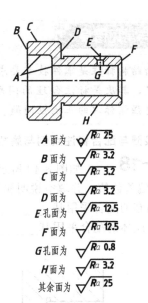

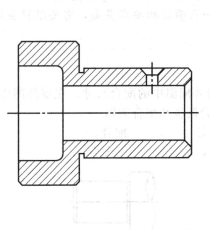

A 面为 $\sqrt{Ra\ 25}$

B 面为 $\sqrt{Ra\ 3.2}$

C 面为 $\sqrt{Ra\ 3.2}$

D 面为 $\sqrt{Ra\ 3.2}$

E 孔面为 $\sqrt{Ra\ 12.5}$

F 面为 $\sqrt{Ra\ 12.5}$

G 孔面为 $\sqrt{Ra\ 0.8}$

H 面为 $\sqrt{Ra\ 3.2}$

其余面为 $\sqrt{Ra\ 25}$

图 8-41

① 在同一张图样上，每一表面一般只标注一次代（符）号，并按规定分别注在可见轮廓线、尺寸界线、尺寸线和其延长线上。

② 符号的尖端必须从材料外指向表面。

③ 表面结构参数值的大小、方向与尺寸数字的大小、方向一致。

④ 必要时，表面结构符号可用带箭头或黑点的指引线引出标注。

⑤ 如果零件的多数（包括全部）表面有统一的表面结构要求，则其表面结构要求可统一标注在图样的标题栏附近。

分析标注

按照上述原则，正确标注指定的表面结构代号如图 8-42 所示。

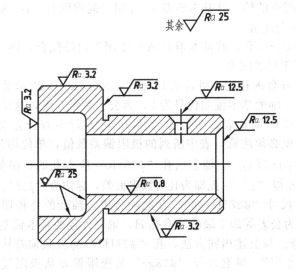

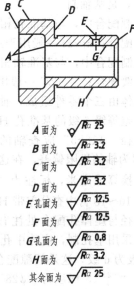

A 面为 $\sqrt{Ra\ 25}$

B 面为 $\sqrt{Ra\ 3.2}$

C 面为 $\sqrt{Ra\ 3.2}$

D 面为 $\sqrt{Ra\ 3.2}$

E 孔面为 $\sqrt{Ra\ 12.5}$

F 面为 $\sqrt{Ra\ 12.5}$

G 孔面为 $\sqrt{Ra\ 0.8}$

H 面为 $\sqrt{Ra\ 3.2}$

其余面为 $\sqrt{Ra\ 25}$

图 8-42

难点解析与常见错误

　　表面结构标注是零件技术要求中非常重要的一项指标，首先标注要正确，符合国家标准规定，其次是标注合理的问题，某一表面结构要求多高，需要根据实际需求来确定。主要强调标注的正确性问题。

8.2.3.2　极限与配合标注实例与解析

实例8-18　　如图 8-43 所示，根据装配图中的配合尺寸，在零件图中注出基本尺寸和上、下偏差数值。并填空说明属何种配合制度和配合类别。

① 轴和套的配合采用基_____制，是_____配合。

② 套和座体的配合采用基_____制，是_____配合。

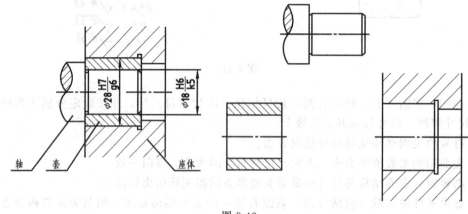

图 8-43

解题分析

　　在配合的表示中，若分子（孔的基本偏差）为 H 时，是基孔制；若分母（轴的基本偏差）为 h 时，是基轴制。

　　在基孔制配合中，与基准孔相配合的轴，其基本偏差 a～h 用于间隙配合；js、k、m 一般用于过渡配合；n～zc 一般用于过盈配合。

　　在基轴制配合中，与基准轴相配合的孔，其基本偏差 A～H 用于间隙配合；JS、K、M 一般用于过渡配合；N～ZC 一般用于过盈配合。

　　该装配体由三个零件组成，轴与套内孔配合处注有尺寸"$\phi18H6/k5$"，表示采用基孔制，孔为公差等级 6 级的基准孔 H，轴的基本偏差代号为 k，为公差等级 5 级，这是过渡配合。轴的直径"$\phi18k5$"应查轴的极限偏差表，在公称尺寸 10～18 行中查公差带 k5 得"$^{+9}_{+1}$"，此即为轴的极限偏差，在这里必须注意，表中所列的极限偏差数值，单位均为微米，标注时必须换算成毫米，标注为"$\phi18^{+0.009}_{+0.001}$"。轴套内孔"$\phi18H6$"应查孔的极限偏差表，在公称尺寸 10～18 行中查公差带 H6 得"$^{+11}_{+1}$"，此即为孔的极限偏差，标注为"$\phi18^{+0.011}_{+0.001}$"。

　　轴套外径与座体孔配合处注有尺寸"$\phi28H7/g6$"，在此配合中，轴套的外径即相当于"轴"，也是采用基孔制，座体中孔为公差等级 7 级的基准孔 H，轴套外径的基本偏差代号为 g，公差等级为 6 级，这是间隙配合。与上述相同方法，孔"$\phi28H7$"的极限偏差从极限偏差表查得为"$^{+21}_{0}$"，标注为"$\phi28^{+0.021}_{0}$"。轴套外径"$\phi28g6$"的极限偏差从极限偏差表查得为"$^{-7}_{-20}$"，标注为"$\phi28^{-0.007}_{-0.020}$"。

分析标注

① 轴和套的配合采用基　孔　制，是　过渡　配合。

② 套和座体的配合采用基　孔　制，是　间隙　配合。

在零件图中注出基本尺寸和上、下偏差数值后，如图 8-44 所示。

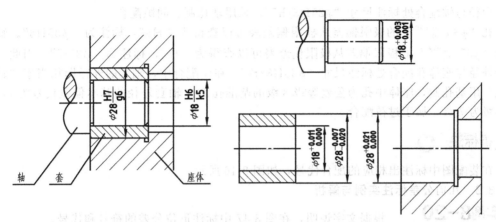

图 8-44

难点解析与常见错误

在标注极限与配合尺寸时，难点是正确理解零件和装配之间的对应关系。在标注时一是容易将孔、轴的对应关系搞错；二是从极限偏差表中查到的尺寸没有进行单位换算，直接标注在公称尺寸的后面，这是错误的。

实例8-19　根据零件图上标注的偏差数值（图 8-45），在装配图上标注出相应的配合代号。

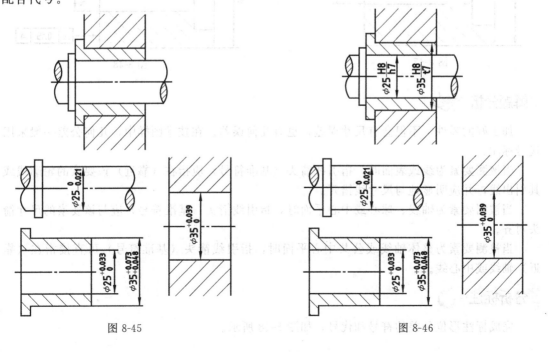

图 8-45　　　　　　　　　　　　　　　　　　　　图 8-46

解题分析 ✍

该装配体由三个零件组成，与上述例题分析相同方法，只是采用逆向思维。

轴 "$\phi25_{-0.021}^{0}$" 的极限偏差从极限偏差表可以查得为 "h7"，标注为 "$\phi25h7$"。轴套内径 "$\phi25_{0}^{+0.033}$" 的极限偏差从极限偏差表可以查得为 "H8"，标注为 "$\phi25H8$"。因此，在轴套内径与轴配合处标注尺寸 "$\phi25H8/h7$"，采用基孔制、间隙配合。

孔 "$\phi35_{0}^{+0.039}$" 的极限偏差从极限偏差表可以查得为 "H8"，标注为 "$\phi35H8$"。轴套外径 "$\phi35_{+0.048}^{+0.073}$" 的极限偏差从极限偏差表可以查得为 "t7"，标注为 "$\phi35t7$"。因此，在轴套外径与座体孔配合处标注尺寸 "$\phi35H8/t7$"，在此配合中，轴套的外径即相当于 "轴"，也是采用基孔制，座体中孔为公差等级 8 级的基准孔 H，轴套外径的基本偏差代号为 t，公差等级为 7 级，属于过盈配合。

分析标注 ◉

在装配图中标注出相应的配合代号，如图 8-46 所示。

8.2.3.3 几何公差标注实例与解析

◀ **实例8-20** ▶ 　根据文字说明，在图 8-47 中标注形位公差的符号和代号。

① $\phi40g6$ 的圆柱度公差为 0.03mm。

② $\phi40g6$ 的轴线对 $\phi20H7$ 轴线的同轴度公差为 $\phi0.05$mm。

③ 右端面对 $\phi20H7$ 轴线的垂直度公差为 0.15mm。

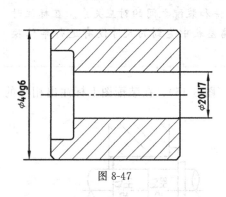

图 8-47

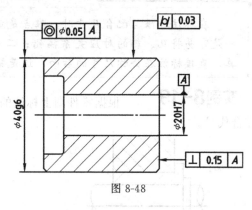

图 8-48

解题分析 ✍

加工好的零件，不但会有尺寸误差，也有几何误差。在技术图样中，几何公差一般采用代号标注。

当被测要素为线或表面时，指引线箭头（基准符号）应指在（靠近）该要素的轮廓线或其引出线，并应明显地与尺寸线错开。

当被测要素为轴线、球心或中心平面时，指引线箭头（基准符号）应与该要素的尺寸箭头对齐。

当被测要素为整体轴线或公共中心平面时，指引线箭头（基准符号）可直接指在（靠近）轴线或中心线。

分析标注 ◉

完成标注形位公差的符号和代号，如图 8-48 所示。

实例8-21 找出图 8-49 中标注的各形位公差，并对其含义作出正确解释。

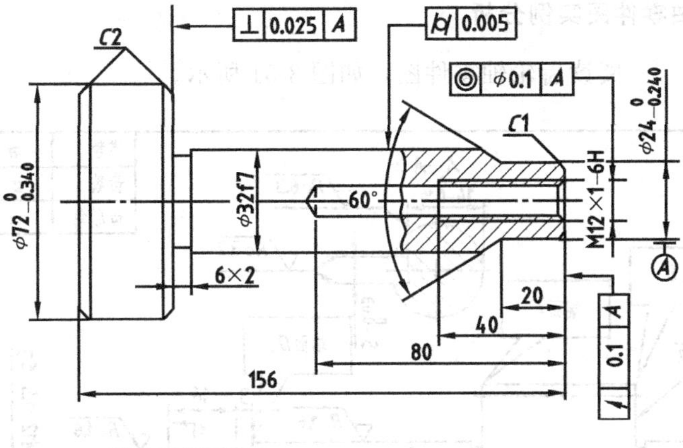

图 8-49

标注解释

① ⌭ 0.005 表示 ϕ32f7 圆柱面的圆柱度误差为 0.005mm，即该被测圆柱面必须位于半径差为公差值 0.005mm 的两同轴圆柱面之间。

② ◎ ϕ0.1 A 表示 M12×1 的轴线对基准 *A* 的同轴度误差为 0.1mm，即被测圆柱面的轴线必须位于直径为公差值 ϕ0.1mm，且与基准轴线 *A* 同轴的圆柱面内。

③ ↗ 0.1 A 表示 ϕ24 的端面对基准 *A* 的端面圆跳动公差为 0.1mm，即被测面围绕基准线 *A*（基准轴线）旋转一周时，任一测量直径处的轴向圆跳动量不得大于公差值 0.05mm。

④ ⊥ 0.025 A 表示 ϕ72 的右端面对基准 *A* 的垂直度公差为 0.025mm，即该被测面必须位于距离为公差值 0.025mm，且垂直与基准线 *A*（基准轴线）的两平行平面之间。

实例8-22 用文字说明图 8-50 中各个框格标注的含义。

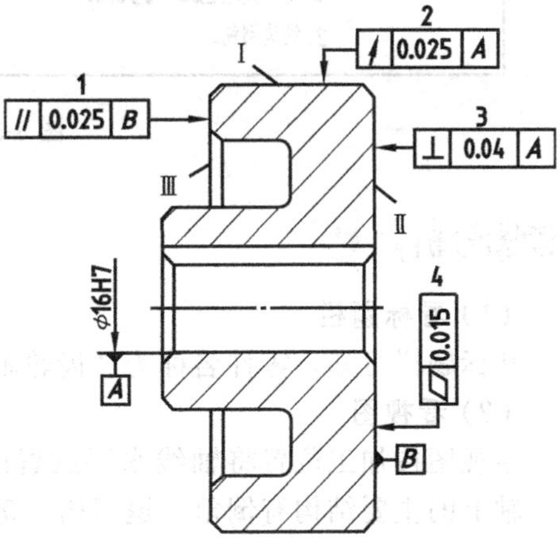

图 8-50

标注解释

① // 0.025 B 表示平面Ⅲ对基准平面 *B*（平面Ⅱ）的平行度公差为 0.025mm。

② ↗ 0.025 A 表示圆柱面Ⅰ对基准轴线 *A*（ϕ16H7 孔轴线）的圆跳动公差为 0.025mm。

③ ⊥ 0.04 A 表示平面Ⅱ对基准轴线 *A*（ϕ16H7 孔轴线）的垂直度公差为 0.04mm。

④ ▱ 0.015 表示平面Ⅱ的平面度公差为 0.015mm。

难点解析与常见错误

在标注几何公差时，难点就是被测要素和基准要素位置标注，什么情况和尺寸线对齐，什么情况应该错开，初学者容易混淆。

8.2.4　读零件图

8.2.4.1　读传动轴零件图实例分析

实例8-23　　阅读齿轮轴零件图，如图 8-51 所示。

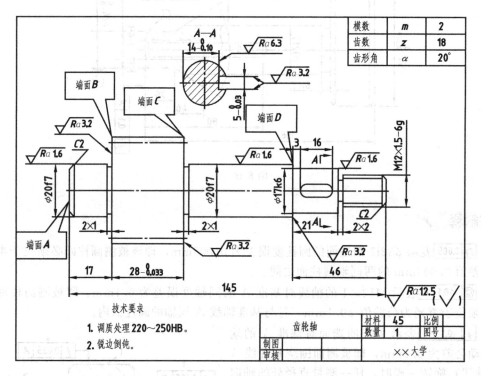

模数	m	2
齿数	z	18
齿形角	α	20°

技术要求

1. 调质处理220~250HB。
2. 锐边倒钝。

齿轮轴		材料	45	比例	
		数量	1	图号	
制图			××大学		
审核					

图 8-51　齿轮轴零件图

读图分析

（1）看标题栏

从标题栏可知，零件名称为"齿轮轴"，材料为 45 钢。

（2）看视图

主视图按加工位置将轴线水平放置画出，另外，采用一个断面图来表达键槽的局部结构，轴上的主要结构有倒角、退刀槽、键槽和螺纹。

（3）看尺寸

轴的径向基准是轴线，轴向主要基准是端面 A，辅助基准是端面 B、端面 C 和端面 D。

轴的主要尺寸有：由径向基准直接注出的直径尺寸；由轴向基准直接注出的各轴段长度尺寸，以及倒角、退刀槽、键槽、螺纹等结构的尺寸。

（4）看技术要求

轴上比较重要的表面尺寸都标注了偏差数值，与此对应的表面结构要求也比较高，Ra 值一般为 $1.6\mu m$；轴上不太重要的表面 Ra 值为 $3.2\mu m$。此外，在图中还用文字补充说明了有关热处理和形位公差的要求。

实例8-24　　读懂输出轴零件图，如图 8-52 所示，并填空。

① 此零件是_____类零件，主视图符合_____位置原则。

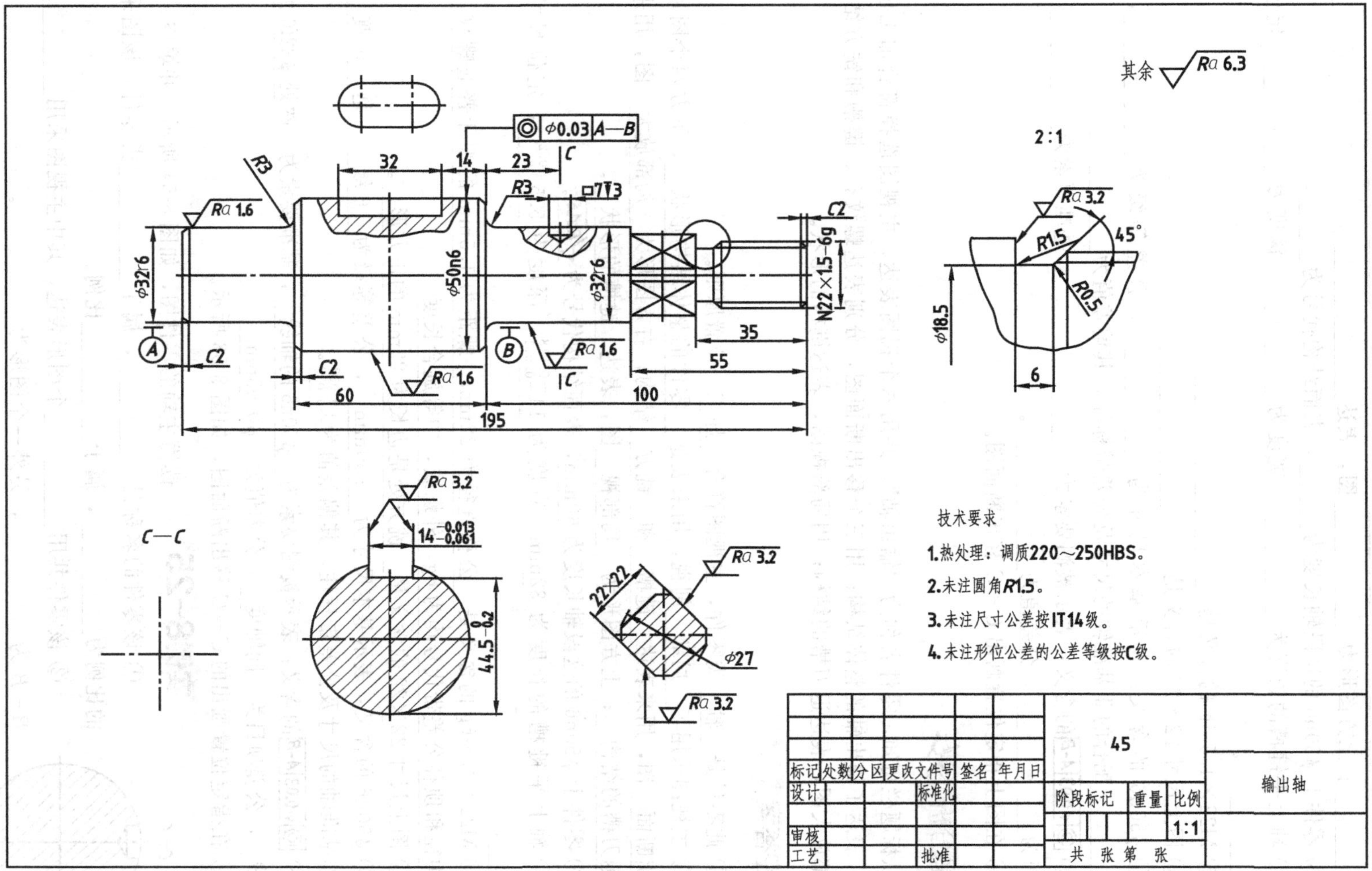
其余 Ra 6.3
2:1
Ra 3.2
R1.5
45°
R0.5
φ18.5
6
φ0.03 A—B
32
14
23
C
R3
□7▼3
Ra 1.6
C2
N22×1.5-6g
φ32r6
φ50n6
A
B
35
55
60
100
195
C—C
Ra 3.2
14 -0.013 -0.061
44.5 0 -0.2
22×22
φ27
技术要求
1.热处理：调质220~250HBS。
2.未注圆角R1.5。
3.未注尺寸公差按IT14级。
4.未注形位公差的公差等级按C级。
45
输出轴
标记 处数 分区 更改文件号 签名 年月日
设计 标准化
阶段标记 重量 比例
1:1
审核
工艺 批准
共 张 第 张

图 8-52 输出轴零件图

② 主视图采用了_____剖视，用来表达_____；下方两个图形为_____图，用来表达_____和_____结构；右方图形为_____图，用来表达_____；上方图形为_____图，表达_____。

③ 零件上 φ50n6 的这段轴长度为_____，表面结构代号为_____。

④ 轴上平键槽的长度为_____，宽度为_____，深度为_____，定位尺寸为_____。

⑤ M22×1.5-6g 的含义是_____。

⑥ 图上尺寸 22×22 的含义是_____。

⑦ φ50n6 的含义：表示基本尺寸为_____，公差等级为_____，是_____配合的非基准轴的尺寸及公差带标注，其偏差值为_____。

⑧ Ⓞ|φ0.03|A-B|的含义：表示被测要素为_____，基准要素为_____，公差项目为_____，公差值为_____。

⑨ 在图上指定位置画出 C—C 移出断面图。

解题分析

从标题栏可知，零件名称为"输出轴"，共用六个视图表达，主视图选择符合加工位置原则，表达了输出轴的整体结构；用三个移出断面图，分别表达螺纹孔、键槽和铣方结构；用局部放大图，表达退刀槽的结构；用局部视图，表达键槽的形状。

填空答案

① 此零件是 <u>轴</u> 类零件，主视图符合 <u>加工</u> 位置原则。

② 主视图采用了 <u>局部</u> 剖视，用来表达 <u>零件的整体结构形状</u> ；下方两个图形为 <u>移出断面</u> 图，用来表达 <u>键槽</u> 和 <u>铣方</u> 结构；右方图形为 <u>局部放大</u> 图，用来表达 <u>退刀槽的结构</u> ；上方图形为 <u>局部视</u> 图，表达 <u>键槽的形状</u> 。

③ 零件上 φ50n6 的这段轴长度为 60mm，表面结构代号为 $\sqrt{Ra1.6}$ 。

④ 轴上平键槽的长度为 32mm，宽度为 $14^{-0.018}_{-0.061}$，深度为 $5.5^{+0.2}_{0}$，定位尺寸为 14mm 。

⑤ M22×1.5-6g 的含义是 <u>公称直径为 22mm、螺距为 1.5mm 的细牙普通螺纹，右旋，中径和顶径公差带代号均为 6g，外螺纹，中等旋合长度</u> 。

⑥ 图上尺寸 22×22 的含义是 <u>铣方处是边长为 22mm 的正方形</u> 。

⑦ φ50n6 的含义：表示基本尺寸为 <u>φ50mm</u> ，公差等级为 <u>6 级</u> ，是 <u>过渡</u> 配合的非基准轴的尺寸及公差带标注，其偏差值为 $^{+0.033}_{+0.017}$。

⑧ Ⓞ|φ0.03|A-B|的含义：表示被测要素为 <u>φ50n6 的轴线</u> ，基准要素为 <u>两处 φ32f6 的公共轴线</u> ，公差项目为 <u>同轴度</u> ，公差值为 <u>φ0.03mm</u> 。

⑨ 在指定位置画出的 C—C 移出断面图，如图 8-53 所示。

实例8-25 读懂主轴的零件图，如图 8-54 所示，并填空。

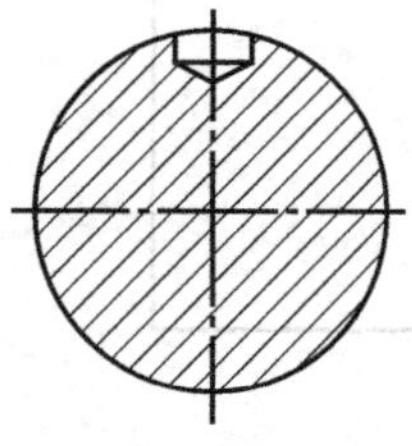

① 该零件的名称是_____，属于_____类零件，该图采用的比例为_____，属于_____比例。

② 该零件共用_____个图形表达，其中主视图采用_____，B—B 为_____，另外一个图形为_____。

③ 主轴上键槽的长度是_____，宽度是_____，深度是_____，其定位尺寸是_____。

C—C

图 8-53

④ 轴上埋头孔的定形尺寸是_____，其定位尺寸_____，其表面结构要求是_____。

⑤ 轴上 $\phi 40h6$ ($_{-0.016}^{0}$) 的基本尺寸是_____，上偏差是_____，下偏差是_____，最大极限尺寸是_____，最小极限尺寸是_____，公差是_____。

⑥ 图中尺寸 2×1.5 表示的结构是_____，其宽度为_____，深度为_____。

⑦ 解释 M16-6g 的含义：其中 M 表示_____，16 表示_____，螺距为_____，6g 表示_____。

⑧ 解释框格 ⊥ 0.025 A 的含义：其中⊥表示_____，0.025 表示_____，A 表示_____。

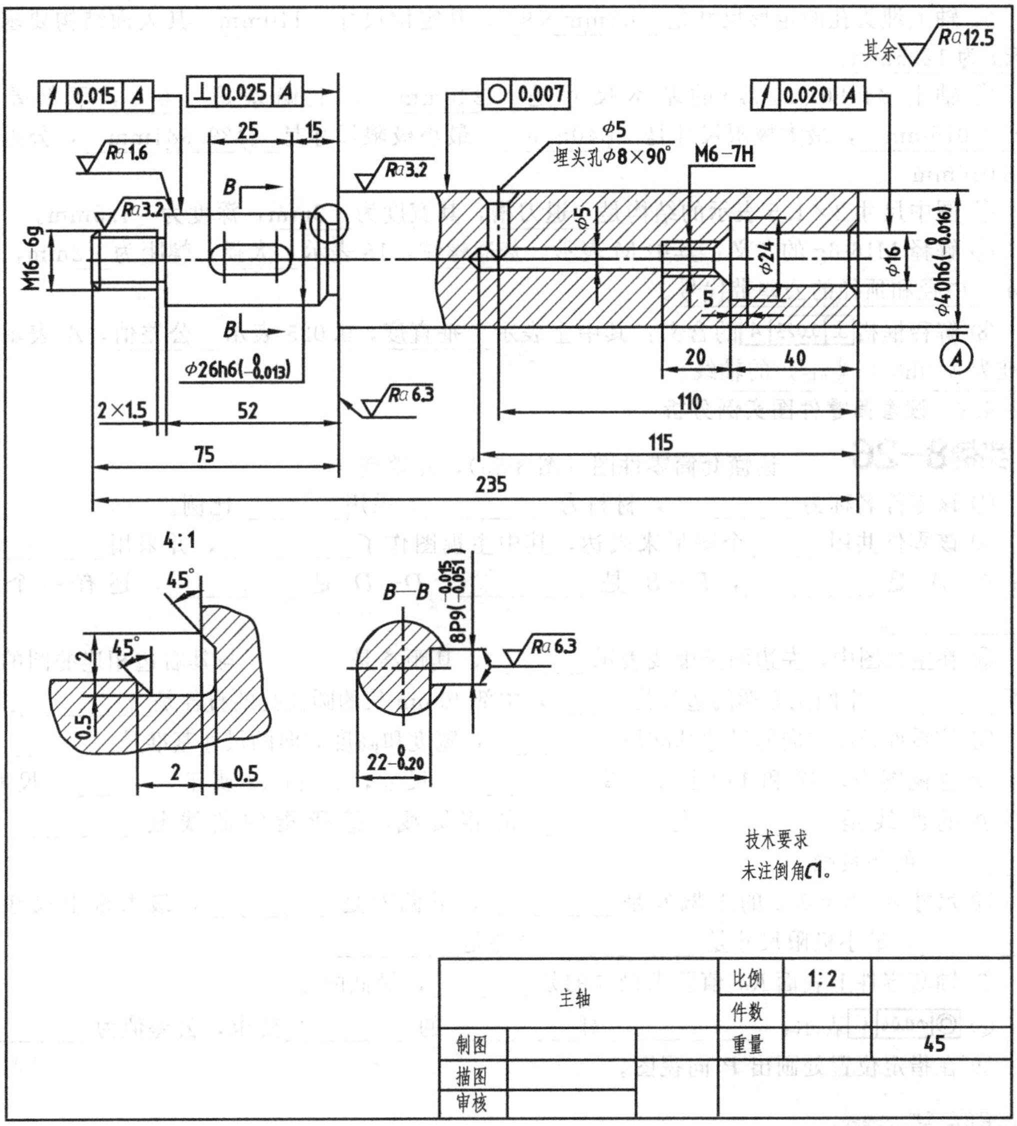

图 8-54　主轴零件图

标注分析

从标题栏可知，零件名称为"主轴"，共用三个视图表达，主视图选择符合加工位置原则，表达了主轴的整体结构；用一个移出断面图，表达键槽结构；用一个局部放大图，表达退刀槽的结构。

填空答案 ❓

① 该零件的名称是　主轴　，属于　轴套　类零件，该图采用的比例为　1∶2　，属于　缩小　比例。

② 该零件共用　3　个图形表达，其中主视图采用　局部剖视　，B—B 为　移出断面　，另外一个图形为　局部放大图　。

③ 主轴上键槽的长度是　25mm　，宽度是　8mm　，深度是　4mm　，其定位尺寸是　15mm　。

④ 轴上埋头孔的定形尺寸是　$\phi 8\text{mm} \times 90°$　，其定位尺寸　110mm　，其表面结构要求是 Ra 为 12.5mm 。

⑤ 轴上 $\phi 40\text{h}6$ ($_{-0.016}^{0}$) 的基本尺寸是　$\phi 40\text{mm}$　，上偏差是　0　，下偏差是　−0.016mm　，最大极限尺寸是　$\phi 40\text{mm}$　，最小极限尺寸是　$\phi 39.984\text{mm}$　，公差是 0.016mm 。

⑥ 图中尺寸 2×1.5 表示的结构是　退刀槽　，其宽度为　2mm　，深度为　1.5mm　。

⑦ 解释 M16-6g 的含义：其中 M 表示　普通螺纹　，16 表示　大径　，螺距为　2mm　，6g 表示　中径和顶径的公差带代号　。

⑧ 解释框格 $\perp\ |0.025|\ A$ 的含义：其中 ⊥ 表示　垂直度　，0.025 表示　公差值　，A 表示基准为 $\phi 40\text{h}6$ ($_{-0.016}^{0}$) 的轴线。

8.2.4.2　读套筒零件图实例分析

实例8-26　　读懂套筒零件图（图 8-55），并填空。

① 该零件名称为＿＿＿＿＿，材料为＿＿＿＿＿＿，采用＿＿＿＿比例。

② 该零件共用＿＿＿个图形来表达，其中主视图作了＿＿＿＿＿＿，并采用＿＿＿＿画法；A—A 是＿＿＿＿＿，B—B 是＿＿＿＿＿，D—D 是＿＿＿＿＿，还有一个图是＿＿＿＿。

③ 在主视图中，左边两条虚线表示＿＿＿＿，其距离是＿＿＿＿，与其右边相连的圆的直径是＿＿＿＿。中间正方形的边长为＿＿＿＿，中部 40mm 长的圆柱孔的直径是＿＿＿＿。

④ 该零件长度方向的尺寸基准是＿＿＿＿＿，宽度和高度方向的尺寸基准是＿＿＿＿＿。

⑤ 主视图中，67 和 142±0.1 属于＿＿＿＿＿尺寸，40 和 49 属于＿＿＿＿＿尺寸；①所指的曲线是＿＿＿＿＿与＿＿＿＿＿的相贯线，②所指的曲线是＿＿＿＿＿与＿＿＿＿＿的相贯线。

⑥ 尺寸 $\phi 132 \pm 0.2$ 的上偏差是＿＿＿＿＿，下偏差是＿＿＿＿＿，最大极限尺寸是＿＿＿＿＿，最小极限尺寸是＿＿＿＿＿，公差是＿＿＿＿＿。

⑦ 轴套零件上表面 Ra 值要求最高的是＿＿＿＿＿，最低的是＿＿＿＿＿。

⑧ $\bigodot\ |\phi 0.04|\ C$ 表示：＿＿＿＿＿对＿＿＿＿＿的＿＿＿＿＿要求，公差值为＿＿＿＿＿。

⑨ 在指定位置处画出 P 向视图。

解题分析 ✏

从标题栏可知，零件名称为"套筒"，共用 5 个视图表达，主视图的选择符合加工位置原则，作了全剖，并采用折断画法，表达了套筒的整体结构；用一个移出断面图，分别表达套筒不同的内部结构；用一个局部放大图，表达退刀槽的结构；用一个局部剖的放大图，表达锥坑；用一个向视图，表达套筒的外部形状。可以看出，该套筒是以圆柱为主体的同轴回转体，左端前后两侧有键槽，在 A—A 位置有上下和前后的通孔，在 B—B 位置有上下和前后的方孔。

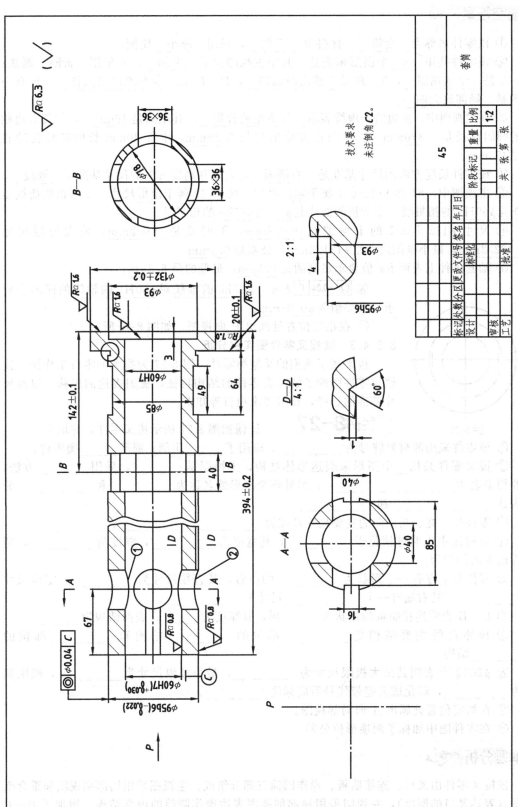

图 8-55　套筒零件图

填空答案

① 该零件名称为 __套筒__ ，材料为 __45 钢__ ，采用 __缩小__ 比例。

② 该零件共用 __5__ 个图形来表达，其中主视图作了 __全剖__ ，并采用 __折断__ 画法；$A—A$ 是 __全剖视图__ ，$B—B$ 是 __移出断面图__ ，$D—D$ 是 __局部剖的放大图__ ，还有一个图是 __局部放大图__ 。

③ 在主视图中，左边两条虚线表示 __后方槽的投影__ ，其距离是 __16mm__ ，与其右边相连的圆的直径是 __$\phi40$mm__ 。中间正方形的边长为 36mm，中部 40mm 长的圆柱孔的直径是$\phi78$mm。

④ 该零件长度方向的尺寸基准是 __右端面__ ，宽度和高度方向的尺寸基准是 __轴线__ 。

⑤ 主视图中，67 和 142±0.1 属于定位尺寸，40 和 49 属于定形尺寸；①所指的曲线是 $\phi40$ 与 $\phi60H7$ 的相贯线，②所指的曲线是 $\phi40$ 与 $\phi95h6$ 的相贯线。

⑥ 尺寸 $\phi132 \pm 0.2$ 的上偏差是 $+0.2$mm，下偏差是 -0.2mm，最大极限尺寸是$\phi132.2$mm，最小极限尺寸是$\phi131.8$mm，公差是 0.4mm。

⑦ 轴套零件上表面 Ra 值要求最高的是 0.8μm，最低的是 6.3μm。

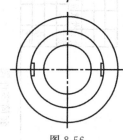

图 8-56

⑧ ⊚ $\boxed{\phi0.04}$ $\boxed{C}$ 表示：$\phi95h6$ 的轴线对 $\phi60H7$ 的轴线的同轴度要求，公差值为$\phi0.04$mm。

⑨ 在指定位置处画出 P 向视图，如图 8-56 所示。

8.2.4.3　读拨叉零件图实例分析

拨叉属于典型的叉架类零件，图 8-57 为拨叉的零件工作图。读懂该零件图能了解叉类零件的结构特征，视图表达的思路，以及尺寸基准的选择，技术要求项目等知识。

实例8-27　读懂如图 8-57 所示拨叉零件，并填空。

① 该零件采用的材料牌号为_____，应用了_____比例，属于_____类零件。

② 拨叉零件共用__个图形来表达形体结构，主视图是_____，采用_____方法，主要用来表达_____；另外两个图形的名称为_____和_____，分别表达_____和_____。

③ 零件长、宽、高三向的主要尺寸基准为_____、_____、_____。

④ 主视图中表明键槽位于_____，其宽度为_____，深度为_____，两侧面的表面结构为_____。

⑤ 零件右下方有一个形状为_____的凸台，其直径尺寸为_____，定位尺寸为_____；其右端有一个_____，尺寸为_____。

⑥ $B—B$ 表明连接肋板的形状为_____形，其厚度为_____，表面结构为_____。

⑦ 该零件的主要结构是_____部位的_____结构和_____部位的_____结构。

⑧ $\phi20^{+0.021}_{0}$ 表明其最大极限尺寸为_____，最小极限尺寸为_____，极限偏差为_____，转化成公差带代号后应标注_____。

⑨ 在指定位置处画出 A 向局部视图。

⑩ 在零件图中加标了两项形位公差。

解题分析

该拨叉零件由叉口、连接肋板、操作圆筒三部分组成。主视图采用局部剖视图和重合断面图（表达叉口的厚度），左视图采用局部剖视图表达操作圆筒的内部结构，增加了 $B—B$ 移出断面图表达连接肋板的厚度，其立体图如图 8-58 所示。

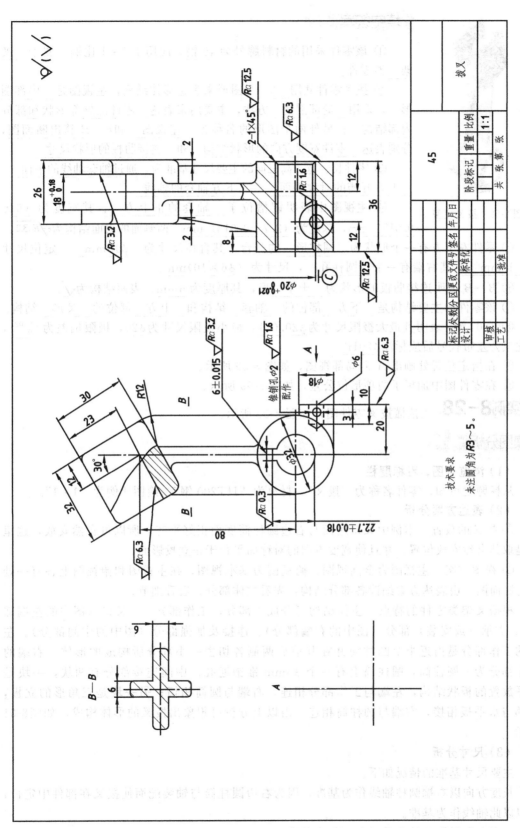

技术要求
未注圆角为 R3～5。

图 8-57　拨叉零件图

图 8-58 拨叉模型

填空答案 ❓

① 该零件采用的材料牌号为 45 钢，应用了 1∶1 比例，属于 __叉架__ 类零件。

② 拨叉零件共用 __3__ 个图形来表达形体结构，主视图是 __中部图形__ ，采用 __局部剖视__ 方法，主要用来表达 __零件的外部形状和部分内部结构__ ；另外两个图形的名称为 __左视图__ 和 B—B 移出断面图，分别表达 __零件宽度方向的形状结构__ 和 __连接肋板的形状尺寸__ 。

③ 零件长、宽、高三向的主要尺寸基准为 __通过轴套轴线的平面__ 、__上方开槽的对称平面__ 、__下方轴套的轴线__ 。

④ 主视图中表明键槽位于 __轴套的正上方__ ，其宽度为 (6±0.015) mm，深度为 (2.7±0.018) mm，两侧面的表面结构为 $\sqrt{Ra3.2}$。

⑤ 零件右下方有一个形状为 __圆柱形__ 的凸台，其直径尺寸为 __φ18mm__ ，定位尺寸为 __12mm__ ；其右端有一个 __圆柱孔__ ，尺寸为 (φ6×10)mm。

⑥ B—B 表明连接肋板的形状为 __十字__ 形，其厚度为 6mm，表面结构为 $\sqrt{}$。

⑦ 该零件的主要结构是 __下方__ 部位的 __轴套__ 结构和 __上方__ 部位的 __叉形__ 结构。

⑧ $\phi 20^{+0.021}_{0}$ 表明其最大极限尺寸为 φ20.021，最小极限尺寸为 φ20，极限偏差为 $^{+0.021}_{0}$，转化成公差带代号后应标注 φ20H7。

⑨ 在指定位置处画出 A 向局部视图，如图 8-59 所示。

⑩ 在零件图中加标了两项形位公差，如图 8-59 所示。

实例8-28 读懂拨叉零件图，如图 8-60 所示。

读图分析 👆

(1) 浏览全图，看标题栏

从标题栏可知，零件名称为"拨叉"，材料为"HT200 钢"，绘图比例为"1∶1"。

(2) 表达方案分析

① 拨叉的放置 本例中叉口底面与右边圆柱筒底面正好平齐，所以可自然安放，这里就是取其自然安放位置，并且使宽度方向的对称面平行于正立投影面。

② 视图方案 主视图为全剖视图，俯视图为基本视图，在主视图和俯视图上各有一处重合断面图。由表达方案细读各部分结构：先看主体部分，后看细节。

根据叉架类零件的特点，主体结构可分成三部分，工作部分——叉口（图中的左端部分）、支承（或安装）部分（图中的右端部分）、连接及加强部分（图中的中间部分）。左端的工作部分是由近半个圆柱筒并在其前后两侧各切去一小部分所构成的形体。右端的工作部分为一圆柱筒，圆柱筒上有一个 φ5mm 锥销通孔。中间连接部分有两块，一块是水平放置的板状结构，左端与工作部分相连，右端与圆筒相切；另一块是三角形的立板，下部与水平板相接，右端与圆柱筒相连。由以上分析可想象出拨叉的形体构成，如图 8-61 所示。

(3) 尺寸分析

主要尺寸基准的情况如下。

长度方向以右端圆柱轴线作为基准，因为右边圆柱筒与轴装配而使拨叉在部件中定位，所以以此轴线作为基准。

宽度方向以零件的前后对称面作为基准。

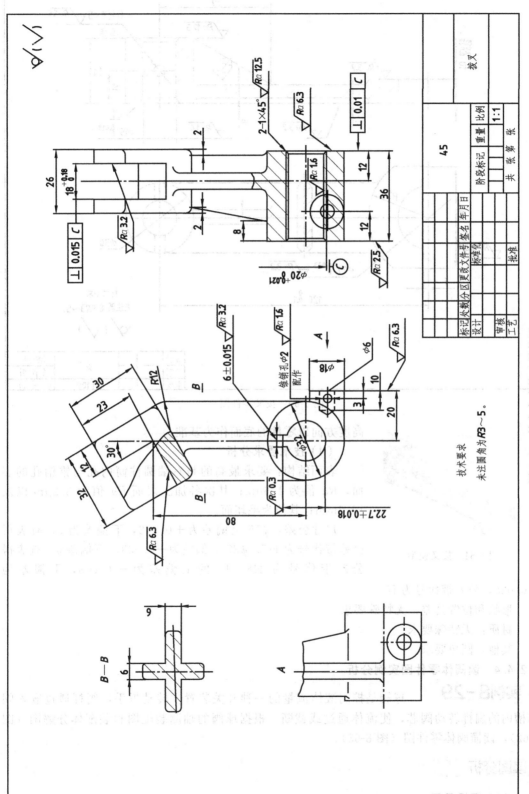

技术要求
未注圆角为 R3~5。

图 8-59　补充完成拨叉零件图

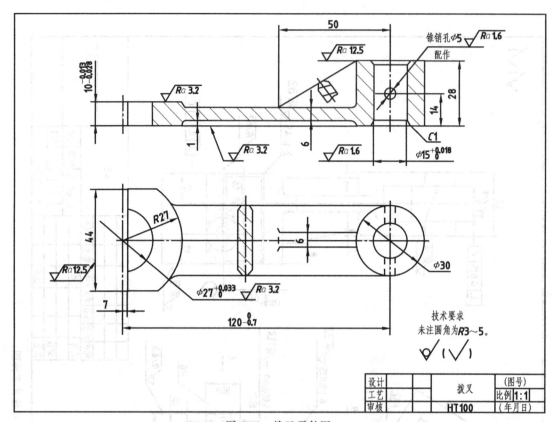

图 8-60　拨叉零件图

图 8-61　拨叉模型

高度方向以零件的底面作为基准。

（4）技术要求分析

表面结构：要求最高的是右端圆柱筒内孔与锥销孔的表面，Ra 值为 1.6μm；其次各加工表面 Ra 值为 3.2μm 以及 12.5mm；其他为毛坯面。

尺寸公差：$\phi15$ 上偏差为 $+0.018$，下偏差为 0，查表得公差带代号为 H7。$\phi27$ 上偏差为 $+0.033$，下偏差 0，查表得公差带代号为 H8。10 的上偏差为 -0.013，下偏差为 -0.028，公差带代号为 f7。

形状和位置公差：无特殊要求。

材质：无特殊要求。

其他：圆角要求。

8.2.4.4　读阀体零件图实例分析

实例8-29　球阀是控制液体流量的一种开关装置。转动扳手，阀杆通过嵌入阀芯槽内的扁榫转动阀芯，使流体通过或截断。根据球阀的轴测装配图和装配体分解图（图8-62），读懂阀体零件图（图8-63）。

读图分析

（1）概括了解

从标题栏可知，阀体按 1∶1 绘制，与实物大小一致，材料为铸钢。因阀体的毛坯为铸

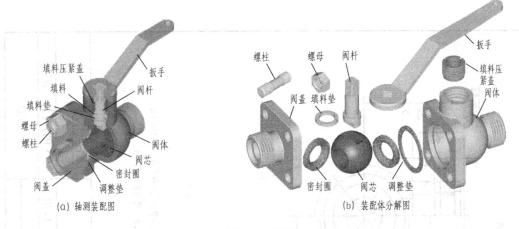

(a) 轴测装配图　　　　　　　　　(b) 装配体分解图

图 8-62　球阀

件，内、外表面都有一部分需要进行切削加工，因而加工前需要进行时效处理。阀体是球阀中的一个主要零件，其内部空腔是互相垂直的组合回转面，根据图 8-63 所示球阀的轴测装配图和装配体分解图可知，在阀体内部将容纳密封圈、阀芯、调整垫、螺柱、螺母、填料垫、中填料、上填料、填料压紧盖、阀杆等零件，属于箱体类零件。

（2）分析零件的结构形状

由球阀的轴测装配图（图 8-63）可知，阀体左端通过螺柱和螺母与阀盖连接，形成球阀容纳阀芯的 $\phi43$ 空腔。左端 $\phi50H11$ 圆柱形凹槽与阀盖上的圆柱形凸缘相配合。阀体空腔右侧 $\phi35H11$ 圆柱形槽用来放置密封圈，以保证在球阀关闭时不泄漏流体。阀体右端有用于连接管道系统的外螺纹 $M36\times2$；内部有阶梯孔 $\phi28.5$、$\phi20$ 与空腔相通。阀体上部 $\phi36$ 的圆柱体中，有 $\phi26$、$\phi22H11$ 和 $\phi18H11$ 的阶梯孔，与空腔相通。在阶梯孔内容纳阀杆、填料压紧套、填料等。阶梯孔的顶端有一个 $90°$ 扇形限位块，用来控制扳手和阀杆的旋转角度。在 $\phi22H11$ 的上端作出具有退刀槽的内螺纹 $M24\times1.5$，与填料压紧套的外螺纹旋合，将填料压紧。$\phi18H11$ 的孔与阀杆下部的凸缘相配合，使阀杆的凸缘在 $\phi18H11$ 孔内转动。将各部分的形状结构分析清楚后，即可想象出阀体的内外形状和结构。

（3）分析尺寸和技术要求

阀体的形状结构比较复杂，标注的尺寸较多，在此仅分析其中的重要尺寸。

以阀体的水平轴线为径向尺寸基准，在主视图上注出了水平方向上各孔的直径尺寸，如：$\phi50H11$、$\phi43$、$\phi35H11$、$\phi20$、$\phi28.5$、$\phi32$ 等；在主视图右端注出了外螺纹尺寸 $M36\times2$。把这个基准作为宽度方向的尺寸基准，在左视图上注出了阀体中下部圆柱面的外形尺寸 $\phi55$，方形凸缘的宽度尺寸 75 及其四个圆角和螺孔的定位尺寸 $\phi70$，在俯视图上注出了扇形限位块的一半的角度尺寸 $45°\pm30'$。把这个基准作为高度方向的尺寸基准，在左视图上注出了方形凸缘的高度尺寸 75，扇形限位块顶面的定位尺寸 $56^{+0.46}_{0}$，以限位块顶面为高度方向的第一辅助基准，注出有关尺寸 2、4 和 29，再以由尺寸 29 确定的垂直台阶孔 $\phi22H11$ 的槽底为高度方向的第二辅助基准，注出尺寸 13，由此再注出螺纹退刀槽尺寸 3。

以阀体的铅直轴线为径向尺寸基准，在主视图上注出了垂直方向上各孔的直径尺寸，如 $\phi36$、$\phi26$、$\phi25$、$\phi22H11$、$\phi18H11$ 等；在主视图上端注出了内螺纹尺寸 $M24\times1.5$。把这个基准作为长度方向和宽度方向的尺寸基准，在主视图上注出了垂直孔到左端面的距离 21；注出尺寸 8，表示阀体的球形外轮廓的球心位置，并标注出圆球半径尺寸 $R27.5$。将左端面作为长度方向的第一辅助基准，注出了尺寸 12、$41^{0}_{-0.16}$ 和 75。再以 41 右侧的 $\phi35H11$ 的圆柱形槽底和阀体右端面作为长度方向的第二辅助基准，注出 7、5、15 等尺寸。

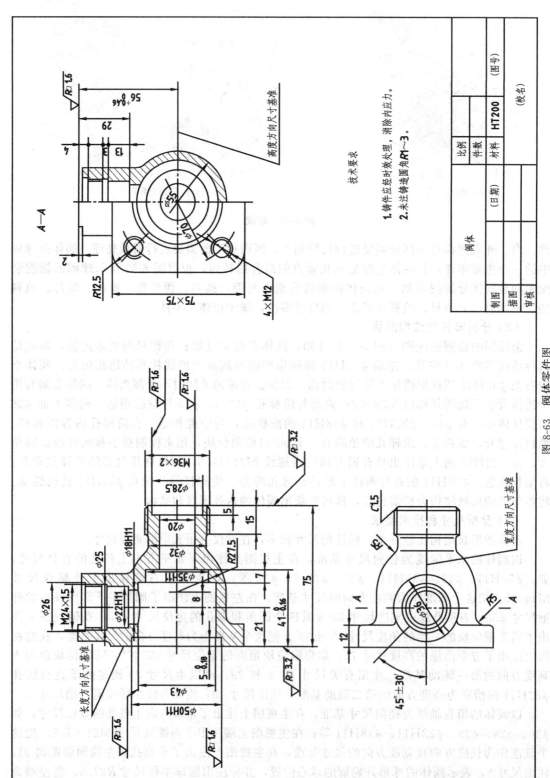

图 8-63 阀体零件图

此外，在左视图上还注出了左端面方形凸缘上四个圆角的半径尺寸 $R12.5$，四个螺孔的尺寸 $4\times M12$。

从以上分析看出，阀体中比较重要的尺寸都标注了偏差数值。其中 $\phi18H11$ 孔与阀杆的配合要求较高，注有 Ra 值为 $1.6\mu m$ 的表面结构。$\phi22H11$ 槽底与填料之间装有填料垫，不产生配合，表面结构要求不严。零件上不太重要的加工表面的 Ra 值为 $3.2\mu m$。

在图中还用文字补充说明了有关热处理和未注圆角 $R1\sim3$ 的技术要求。

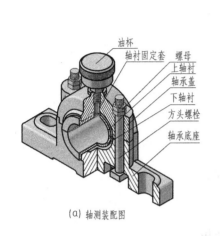

(a) 轴测装配图

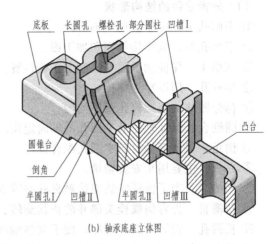

(b) 轴承底座立体图

图 8-64　油杯轴承底座

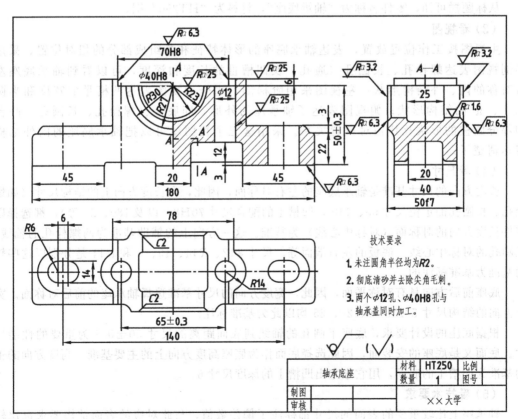

图 8-65　轴承底座零件图

8.2.4.5　读轴承底座零件图实例分析

实例8-30　根据油杯轴承的轴测装配图和轴承底座立体图，如图8-64所示，读懂轴承底座零件图（图8-65）。

读图分析

（1）分析零件的结构形状

① 半圆孔Ⅰ。用于支撑下轴衬。

② 半圆孔Ⅱ。减少接触面和加工面。

③ 凹槽Ⅰ。保证轴承盖与底座的正确位置。

④ 螺栓孔。用以穿入螺栓。

⑤ 部分圆柱。使螺栓孔壁厚均匀。

⑥ 圆锥台。保证轴衬沿半圆孔的轴向定位。

⑦ 倒角。保证下轴衬与半圆孔配合良好。

⑧ 底板。主要用来安装轴承。

⑨ 凹槽Ⅱ。为了保证安装面接触良好并减少加工面。

⑩ 凹槽Ⅲ。为容纳螺栓头部并防止其旋转。

⑪ 长圆孔。安装时放置螺栓，便于调整轴承位置。

⑫ 凸台。起着减少加工面和加强底板连接强度的作用。

（2）看标题栏

从标题栏可知，零件名称为"轴承底座"，材料为"HT250"钢。

（3）看视图

主视图按工作位置放置，表达轴承底座的形体特征和各组成部分的相对位置，采用半剖视图表达螺栓孔、长圆孔（通孔）及凹槽Ⅲ的长度和深度，可以看到轴承底座左右对称的内、外结构形状；左视图采用阶梯剖，用全剖视图表达凹槽Ⅲ的宽度和半圆孔Ⅰ、Ⅱ的结构形状；俯视图表达了轴承座的外形，即底座、螺栓孔、长圆孔、凸台和部分圆柱的形状及其相对位置关系。采用这三个视图就可以把轴承底座的内外结构表达清楚了。

（4）看尺寸

长度方向的尺寸基准是轴承底座的左右对称面，因此，在长度方向上的结构尺寸（如螺栓孔、长圆孔的定位尺寸65、140，凹槽Ⅰ的配合尺寸70H8，以及180、20等），都选择以零件长度方向的对称面（对称中心线）为基准。这一方向上的辅助基准为两螺栓孔的轴线，长圆孔的对称中心线，底板的左右端面等。尺寸ϕ12、R14、45、6和R14是分别以这些辅助基准为基准标注的。

底座前后方向具有对称平面，因此，宽度方向的尺寸基准选择轴承座的前后对称面。宽度方向的结构尺寸50f7、40、20、25均以此为基准标注。

根据底座的设计要求，底座半圆孔的轴线到底面距离的尺寸50±0.3为重要的性能尺寸。底面又是底座的安装面，因此选择底面作为底座高度方向上的主要基准。高度方向的辅助基准为凹槽Ⅰ的底面，用它来定出凹槽Ⅰ的深度尺寸6。

（5）看技术要求

轴承座上比较重要的表面的尺寸都标注了偏差数值，与此对应的表面结构要求也比较高，Ra值一般为6.3μm。

8.2.5　绘制零件图实例与解析

实例8-31　根据支架的立体图（图8-66）绘制其零件图。已知支架的材料是 HT200，未注明圆角 $R3\sim5$。

综合分析

① 结构形状分析。该零件属于叉架类零件，由水平圆柱筒和垂直半圆柱筒组成，其间由拱形板和三角肋板连接，另外还有平键键槽和四个光孔。

② 视图选择。从图 8-66 的正前方来观察，最能显示支架各部分结构及相对位置，且符合工作位置，因此，以此方向选作支架的主视图，并做全剖视表示内孔 L、通槽和壁厚。为了表达拱形板的形状和安装孔的位置，选择左视图；为了表达清楚垂直半圆柱筒的形状，选用俯视图，并做局部剖视表达了四个安装通孔；为了表达清楚三角肋板的截断面形状，在主视图中画出了重合断面。

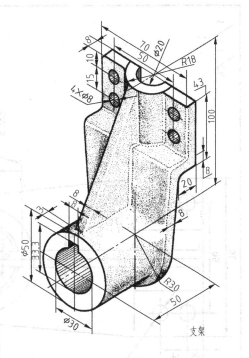

图 8-66　支架立体图

③ 尺寸标注。由于右侧板确定支架的安装位置，选择右侧板的右端面作为长度方向的主要尺寸基准，注出了拱形板和水平圆柱筒的位置尺寸 20。

支架前后对称，因此，选择支架前后对称平面作为宽度方向的尺寸基准，注出安装孔的定位尺寸 50。

支架高度方向的尺寸基准选择水平圆柱筒的中心轴线，由此注出了高度方向的定位尺寸 100、10 和 15。

定形尺寸的标注按形体分析法进行，在此不再赘述。

④ 确定技术要求。

尺寸公差：水平圆柱筒的内孔为配合基准孔，必须给出公差带代号 H7。

表面结构：水平圆柱筒的内孔为配合表面，表面结构要求为最高，选 $Ra=1.6\mu m$，其余表面结构的选定见图 8-67 中的标注。

其他要求：考虑支架为铸件，不经时效处理易产生变形，故提出了铸件须经时效处理的要求。

⑤ 填写标题栏。

作图过程

① 选比例，定图幅。

② 布置图面，画各视图，检查、加深，完成视图。

③ 确定尺寸基准，依次标注定形尺寸、定位尺寸和总体尺寸，检查、整理。

④ 标注表面结构，编写技术要求，填写标题栏。

完成后的支架零件图如图 8-67 所示。

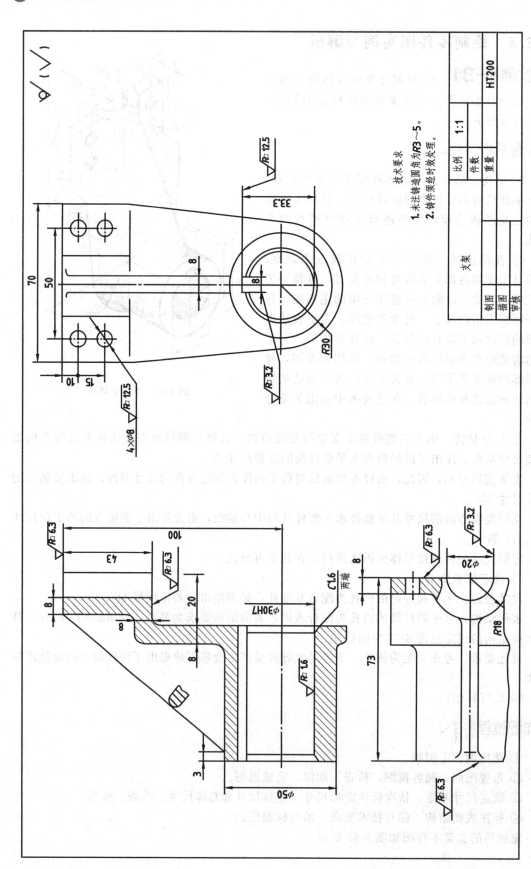

图 8-67　支架零件图

第9章
装配图

▷▷▷ ▶▶▶

━━━━━ 🕯️ 本章指南 ━━━━━

◀ 目的和要求　了解装配图的作用和内容，了解常见的合理装配机构，掌握绘制和阅读简单装配图的方法步骤，并且由装配图拆画零件图。

◀ 地位和特点　掌握装配图知识，是学习相关专业课的基础。

9.1 本章知识导学

　　任何机器或部件都是由若干相互关联的零件按一定的装配连接关系和技术要求装配而成的。装配图正是用来表达机器或部件整体结构形状和装配连接关系的。机器或部件在设计过程中，首先要画出装配图，反映设计者的意图，表达机器或部件的工作原理和性能，确定各个零件的结构形状及其之间的连接方式和装配关系，根据装配图绘制零件图。在制造过程中，制定装配工艺规程，进行装配、检验及维修均以装配图为依据。所以，装配图是工程设计人员的设计思想和意图的载体，是设计、制造、调整、试验、验收、使用和维修机器或部件以及进行技术交流不可缺少的重要技术文件。

9.1.1 内容要点

　　如图 9-2 所示为图 9-1 中滑动轴承的装配图，从图中可以看出，一张完整的装配图应具有下列内容。

　　① 一组视图。以适当数量的视图，正确、完整、清晰地表达机器或部件的工作原理、装配关系、连接方式、传动路线以及各零件的主要结构形状。

　　② 几种尺寸。在装配图中必须标注表示机器或部件的性能（规格）尺寸和装配尺寸、安装尺寸、总体尺寸和其他重要尺寸等。

　　③ 技术要求。用文字或规定的符号按一定格式注写出机器或部件的质量、装配、检验、调整和安装、使用等方面的要求。

　　④ 零件序号、明细栏和标题栏。根据生产组织和管理工作的需要，在装配图中对各零件应逐一进行编注序号，并顺序填入明细栏，用以说明各零件

图 9-1　滑动轴承的组成

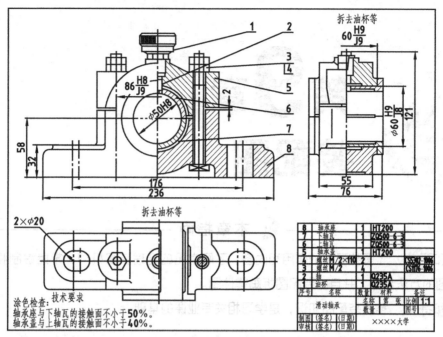

图 9-2 滑动轴承装配图

或部件的名称、数量、材料等有关内容。标题栏的格式与零件图的格式基本相同，填写机器
或部件的名称、重量、比例和图号等。

对于装配图，需要掌握的内容主要有以下几方面。

① 装配图的画法。表达机器或部件的方法与表达零件的基本方法相同，两者都是采用
各种视图、剖视、断面等表达方法。但装配图主要要求表达零件之间的相互关系，因而又有
规定画法和特殊的表达方法。例如，接触面与非接触面的画法、拆卸画法、简化画法、局部
放大画法、假想画法、展开画法等。

② 装配图的读图和拆图。读图是要把装配图所表达的部件的性能、工作原理及各零件
之间的相互关系读懂，并且进一步想象出每个零件的形状。拆图是在读懂装配图的基础上进
行的，其重点是要重新考虑被拆出零件的视图选择和完成零件的结构设计（即将零件的结构
形状完整画出），并决定其所有的定形、定位尺寸及技术要求。

9.1.2 重点与难点分析

（1）重点分析

① 装配图的视图选择是本章的一个重点。画装配图必须遵照画图的规定画法，运用各
种表达方法恰当地选择一组视图。

② 读装配图并拆画零件图是本章的重点之二。应先读懂装配图，然后分离出需拆画的
零件，并想象其基本结构形状，再确定该件的表达方案（选好一组视图），最后还要标注全
部尺寸和填写技术要求（包括表面粗糙度、尺寸公差、几何公差等）及标题栏等。

（2）难点分析

① 表达方案的选择 表达方案的选择是一个难点，同一种零件，表达的方案有好几种，
要对几种方案进行对比，选择合理正确的表达方案。表达方案选得好，投影简单，便于分析
零件的空间结构，对于理解零件的加工、安装很有帮助。

② 读装配图并拆画零件图 读装配图和拆画零件图是另一个难点，特别是拆画零件图。

拆画的零件图既要满足装配的结构要求，又要便于加工，并提出合理的技术要求。要分析和想象各组成零件的结构形状，对分析零件间的装配关系和搞清部件的工作原理有着重要作用。

9.1.3 解题指导

装配图的内容比较庞杂，具体规定也不少，但主要内容是画装配图和读装配图两部分。

（1）画装配图

① 分析部件 画装配图前，应先读懂全部给出的零件图及有关的资料，弄清各零件的结构形状、尺寸及技术要求。根据装配示意图或立体图或装配体实物了解清楚装配体的功用、结构特点、工作原理、零件间的装配连接关系等。

② 确定表达方案 对部件有了充分的了解后，就可选择视图和表达方法了。要求选择一组恰当的视图，把部件的工作原理、装配关系及结构形状能够完整、清楚、简洁地表达出来。

选好装配图表达方案的关键在于对部件的装配关系和工作情况进行分析，弄清有哪些装配轴线。然后将部件按工作位置放置，主视图的投影方向应尽量突出反映部件的主要装配关系和工作原理。进而考虑选用哪些视图，在各视图上应作什么剖视或采用特殊画法才能将各装配轴线上的装配关系表示清楚。最后再分析一下还有哪些需要表达的内容尚未表达清楚，并选用相应的视图、断面予以补充表达。

③ 画装配图 表达方案确定好后，仍应抓住各装配轴线，并将其上的有关零件严格依照零件图上的尺寸依次画出。这时要特别注意正确地确定各零件的位置，否则，一个零件的位置画错了，与它有装配关系或连接关系的零件的位置也就错了。画完底稿以后必须认真检查，擦去多余的线条后再加深。没有仔细检查底稿就匆忙加深，是造成图面上出错的主要原因。

④ 标注装配图的尺寸及技术要求 装配图用于研究部件的作用、各零件的装配连接方式、传动线路以及运动件之间是否协调或干涉等，并不要求完整地表示出零件的结构形状，所以在装配图上只需要注出与部件有关的几种尺寸，如规格尺寸、装配尺寸、安装尺寸及外形尺寸。

装配图的技术要求，主要说明机器或部件的性能、装配、检验、测试和使用等方面的具体要求，一般用文字、数字或符号注写在明细栏的上方或图纸的适当位置，必要时也可另外编写技术文件。

⑤ 编写零件序号和绘制填写明细栏 由于部件是由许多零件组成的，为了区分零件，便于读图，便于组织指导生产，必须对部件中的每种零件编写序号，并逐一填入明细栏。

（2）读装配图及由装配图拆画零件图

① 概括了解 通过调查研究和查阅明细栏或说明书，了解部件的名称和用途。对照零、部件序号，在装配图上查找各零、部件的位置，了解标准零、部件和非标准零、部件的名称与数量。再对视图进行分析，根据装配图上的视图表达情况，找出各视图、剖视、断面等配置的位置及投影方向，从而搞清各视图的表达重点。

通过以上这些内容的初步了解并参阅有关尺寸，可以对部件的大体轮廓与内容有一个大概的印象。

② 了解装配关系和工作原理 对照视图仔细研究部件的装配关系和工作原理，这是读装配图的重要环节。在概括了解的基础上，分析各条装配干线，弄清各零件间相互配合的要求，以及零件间的定位、连接方式、密封等问题，并进一步搞清运动零件与非运动零件的相对运动关系。经过这样的分析，就可以对部件的工作原理和装配关系有所了解。

　　③ 分析零件，读懂零件的结构形状　分析零件，就是弄清每个零件的结构及其作用。一般先从主要零件着手，然后是其他零件。当零件在装配图中表达不完整时，可对有关的其他零件仔细分析后，再进行结构分析，从而确定该零件的内、外形状。

　　④ 由装配图拆画零件图　在设计时，需要根据装配图拆画零件图，简称拆图。拆图时，应对所拆零件的作用进行分析，然后分离该零件（即把该零件从与其组装的其他零件中分离出来）。具体方法是在各视图的投影轮廓中画出该零件的范围，结合分析，补齐所缺的轮廓线。有时还需要根据零件图视图表达的要求，重新安排视图。由于零件图是指导零件生产的图样，故在装配图中被省略的工艺结构（如倒角、圆角以及退刀槽等）必须画出，尺寸及其他技术要求也应全部注出。因此，有的尺寸数值需从装配图移注到零件图上，有的尺寸数值需经计算或查手册，有的尺寸则从装配图上直接量取。

9.2　常见的合理装配结构

　　装配结构影响产品质量和成本，决定产品能否制造，因此装配结构必须合理，对其基本要求如下。

　　① 零件接合处应精确可靠，能保证装配质量。

　　② 便于装配和拆卸。

　　③ 零件的结构简单，加工工艺性好。

9.2.1　两零件接触时的结构

（1）接触面的数量

　　为了保证零件之间接触良好，又便于加工和装配，两个零件在同一方向上，一般只能有一个接触面。若要求在同一方向上有两个接触面，将加工困难，成本提高，而且不便于装配。如图 9-3（a）所示在水平方向有两个平行平面，图 9-3（b）在径向有两个圆柱面，图 9-3（c）在轴向有两个端面。

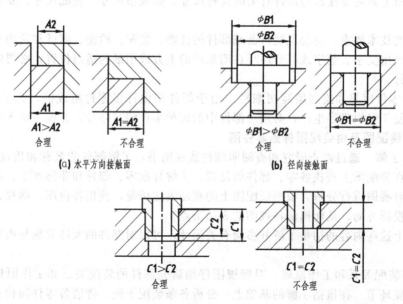

(a) 水平方向接触面　　　　(b) 径向接触面

(c) 轴向接触面

图 9-3　同一方向上接触面的数量

（2）接触面在转角处的结构

当要求两个零件在两个方向同时接触时，则两个接触面的交角处应制成倒角或退刀槽，以保证其接触的可靠性和紧密性，如图 9-4 所示。应该指出，装配图中零件的倒角或退刀槽可以省略不画。但是，在画零件图时，这些结构必须画出。

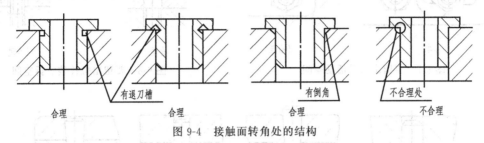

图 9-4　接触面转角处的结构

（3）锥面接触

由于锥面配合同时确定了轴向和径向两个方向的位置，因此要根据对接触面数量的要求考虑其结构，如图 9-5 所示。

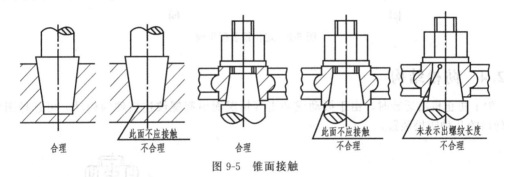

图 9-5　锥面接触

9.2.2　螺纹连接的合理结构

① 为了保证拧紧，要适当加大螺纹尾部，在螺杆上加工出退刀槽，在螺孔上做出凹坑或倒角，如图 9-6 所示。

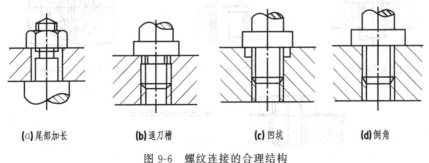

(a)尾部加长　　(b)退刀槽　　(c)凹坑　　(d)倒角

图 9-6　螺纹连接的合理结构

② 为了便于拆装，必须留出扳手的活动空间（图 9-7）和装、拆螺栓的空间（图 9-8）。

9.2.3　定位销的合理结构

要想保证安装后两零件相对位置的精度，常采用圆柱销或圆锥销定位。为了便于加工销孔和拆卸销子，尽可能将销孔做成通孔，如图 9-9 所示。

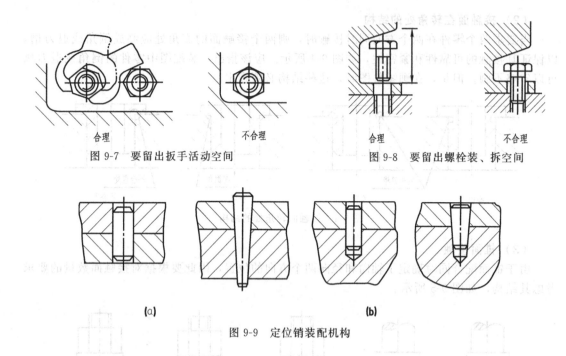

图 9-7　要留出扳手活动空间　　　图 9-8　要留出螺栓装、拆空间

（a）　　　　　　　　　　　（b）

图 9-9　定位销装配机构

9.2.4　防松结构

为了防止机器运转时，由于振动或冲击等情况而引起螺纹连接件的松动，可选择图 9-10 列出的几种防松装置。

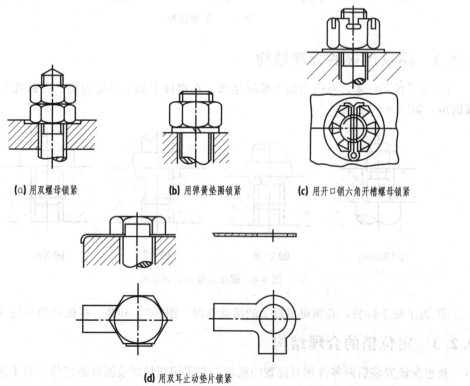

（a）用双螺母锁紧　　　（b）用弹簧垫圈锁紧　　　（c）用开口销六角开槽螺母锁紧

（d）用双耳止动垫片锁紧

图 9-10　定位销装配机构

9.2.5 密封装置结构

在一些部件或机器中，常用密封装置防止液体外流或灰尘进入。如图 9-11 所示的密封装置常用在泵和阀上，通常用浸油的石棉绳或橡胶作填料，拧紧压盖螺母，通过填料压盖即可将填料压紧，起到密封作用。填料压盖要画在开始压填料的位置，表示填料刚刚加满。

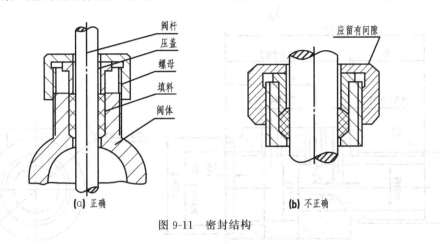

图 9-11 密封结构

9.3 实例精选

9.3.1 装配图的画法

9.3.1.1 由行程开关零件图拼画装配图实例与解析

◀ 实例9-1 ▶ 根据所给条件拼画行程开关装配图，如图 9-12 所示。

行程开关是能将机械运动瞬时转变为气动控制信号，是气动控制系统中的位置检测元件，其装配示意图如图 9-12 所示。在非工作状态下，阀芯 1 在弹簧力的作用下，使发信口与气源口之间的通道封闭，而与泄流口接通；在工作状态下，阀芯在外力作用下，克服弹簧力的阻力下移，打开发信通道，封闭泄流口，有信号输出，外力消失时阀芯复位。

行程开关中各零件的零件图如图 9-13 所示。

解题分析 ✍

由图 9-12 的行程开关装配示意图和图 9-13 所示的零件图，可看出其主要零件立体图如图 9-14 所示。

根据行程开关的工作原理和结构形状，其装配主干线是阀体 4 中 φ9 孔的轴线，主视图应沿此轴线作全剖视图，按阀关闭状态绘制，可按装配示意图的位置放置，也可以

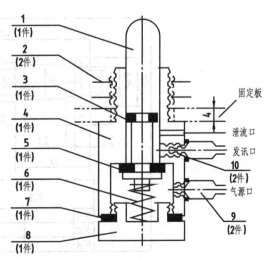

图 9-12 行程开关装配示意图

1—阀芯；2—螺母；3,5,7—O 形密封圈；4—阀体；
6—弹簧；8—端盖；9—管接头；10—密封圈

按阀体主视图的摆放位置放置，主视图基本表达了阀的装配关系、工作原理、主要零件的形状和结构特点，但主要零件阀体上方的 U 形凸台尚未表达清楚，为此可采用单独零件单独视图的表达方法。

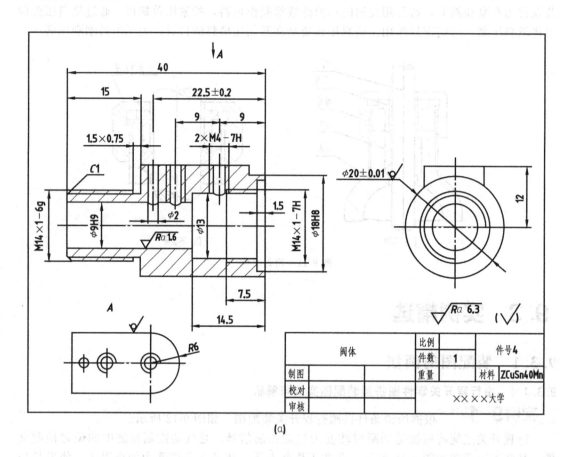

(a)

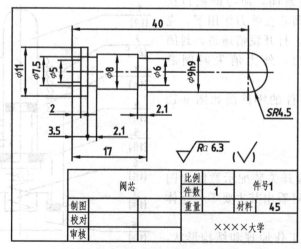

(b)

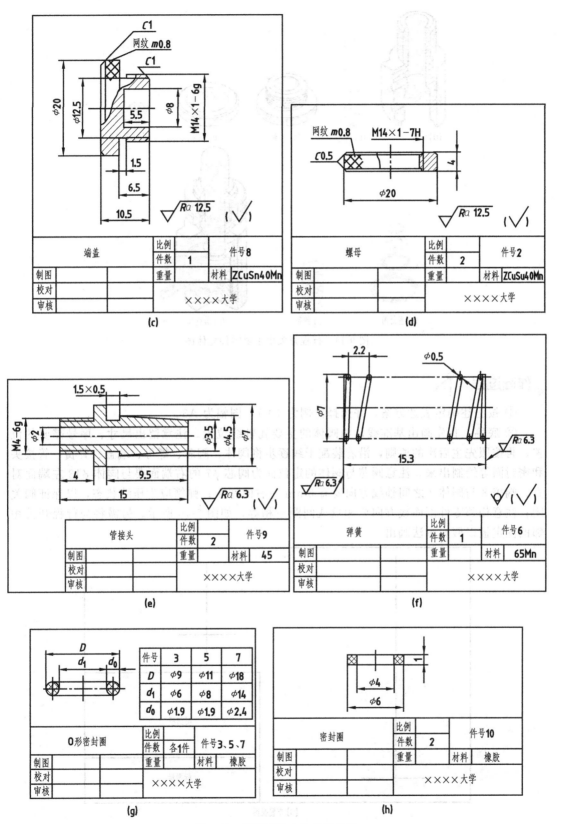

图 9-13　行程开关中的各零件图

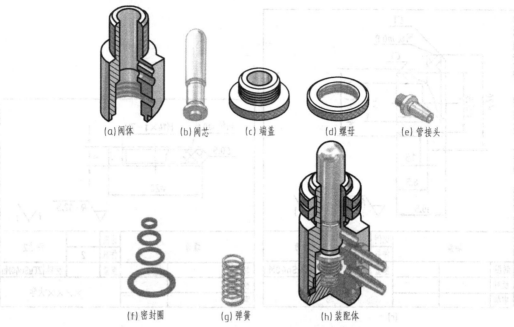

(a)阀体　　(b)阀芯　　(c)端盖　　(d)螺母　　(e)管接头

(f)密封圈　　(g)弹簧　　(h)装配体

图 9-14　行程开关中主要零件立体图

作图过程

① 按上述确定表达方案，并选择比例为 4：1，图幅为 A3。

② 底稿。首先画出基准线，如阀体的主要孔轴线位置。注意留出尺寸、序号需要的位置，再按照先主后次的原则，沿着装配干线逐步将阀体、阀芯、螺母、端盖、弹簧、管接头和密封圈等绘制出来。注意阀芯与阀体的定位面为阀芯 $\phi 7$ 的右端面要与阀体 $\phi 13$ 左端面对齐；端盖 8 与阀体 4 之间轴线方向要有 5mm 左右的间距；弹簧应为压缩状态，以保证阀关闭；注意相邻零件剖面线方向要相反或间距不相等，如图 9-15 所示。另需将与行程开关相邻的固定板以假想画法画出。

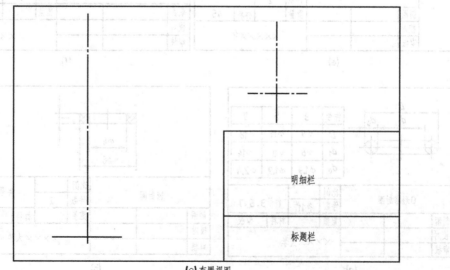

明细栏

标题栏

(a)布置视图

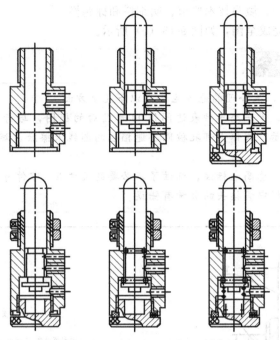

(b) 画阀体、阀芯、端盖、螺母、密封圈、弹簧等零件

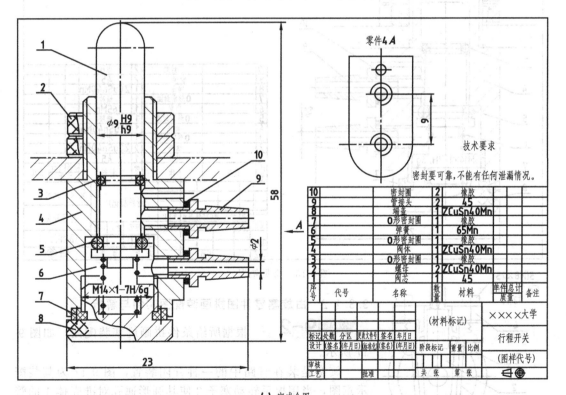

零件4 A

技术要求

密封要可靠,不能有任何泄漏情况。

10		密封圈	2	橡胶		
9		管接头	2	45		
8		端盖	1	ZCuSn40Mn		
7		O形封圈	1	橡胶		
6		弹簧	1	65Mn		
5		O形密封圈	1	橡胶		
4		阀体	1	ZCuSn40Mn		
3		O形密封圈	1	橡胶		
2		螺母	2	ZCuSn40Mn		
1		阀芯	1	45		
序号	代号	名称	数量	材料	单件 总计 / 质量	备注
				(材料标记)		×××× 大学
标记	处数	分区	更改文件号	签名	年月日	行程开关
设计	(签名)	(年月日)	(标准化)	(签名)	(年月日)	阶段标记 重量 比例	(图样代号)
审核						
工艺			批准			共 张 第 张

(c) 完成全图

图 9-15 画装配图的步骤

③ 标注尺寸。如规格性能尺寸 $\phi 2$,配合尺寸 $\phi 9H9/h9$,外形尺寸,安装尺寸管接头的 $\phi 2$,以及其他重要尺寸等。

④ 编写零部件序号。填写技术要求、明细栏和标题栏。

⑤ 检查、加深、完成全图，如图 9-15（c）所示。

如图 9-16 所示，不合理的地方主要有以下几个方面。

在视图表达上，少一个单独表达阀体 U 形凸台的视图，与行程开关相邻的固定板应该用双点画线表示，阀体上部孔被阀芯遮挡住的图线未擦除，端盖和阀体的剖面符号没有区分开。

在尺寸标注上，总高未标注，标注了不必要的尺寸 8；零件序号排列未按照顺序且格式不规范，明细栏中管接头的数量有错误。

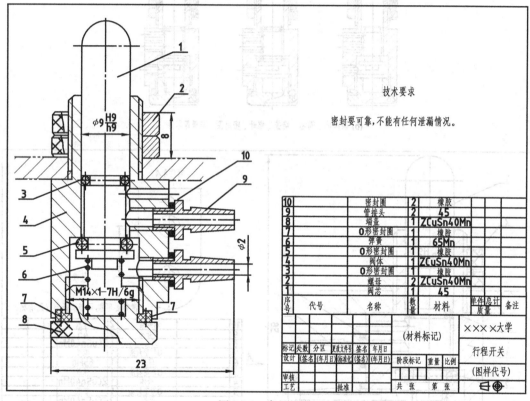

图 9-16 常见错误

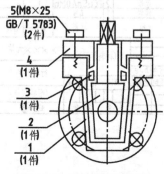

图 9-17 旋塞装配示意图
1—壳体；2—塞子；3—填料；
4—压盖；5—螺栓

9.3.1.2 由旋塞零件图拼画装配图实例与解析

实例9-2 根据所给条件拼画旋塞装配图，如图 9-17 所示。

旋塞是装在管路中的一种开闭装置，图 9-17 为其装配示意图，当用扳手转动塞子 2 使其圆形通孔对准壳体 1 的管孔时，则管路畅通；当用扳手将塞子 2 转动 90°时，使塞子 2 堵住壳体 1 的管孔，可使管孔不通，在塞子 2 的杆部与壳体 1 的内腔之间，装入填料 3，并装上填料压盖 4，拧紧螺栓 5，可使填料压盖 4 压紧填料 3，起到密封防漏的作用。

旋塞中各零件的零件图如图 9-18 所示。

解题分析

由图 9-17 的旋塞装配示意图和图 9-18 所示的零件图，可看出其主要零件立体图，如图 9-19 所示。

根据旋塞的工作原理和结构形状，其装配主干线是壳体 1 中 $\phi36$ 孔的轴线，主视图应沿此轴线作剖视图，宜采用全剖视图；为表达螺栓连接结构和壳体外形，在左视图中可采用半剖视图；为表达压盖的整体外形和壳体上部的外形，又结合旋塞整体是对称结构，俯视图可采用半剖视图；剖切面为压盖和壳体之间，而壳体左右部分已表达清楚，故可采用局部视图的半剖视图表达方法。这样，就可以把旋塞的结构、装配关系等表达完整。

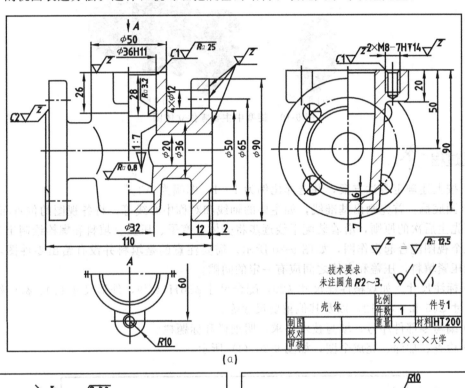

(a)

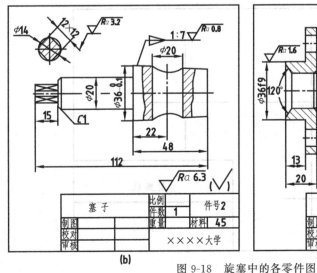

(b)

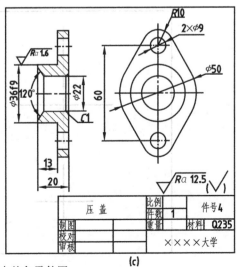

(c)

图 9-18 旋塞中的各零件图

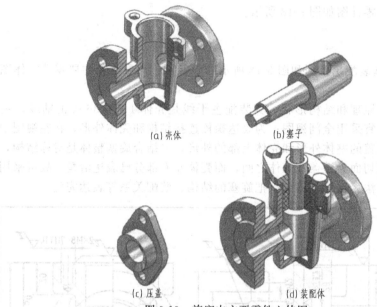

(a) 壳体　　　　　　　　　(b) 塞子

(c) 压盖　　　　　　　　　(d) 装配体

图 9-19　旋塞中主要零件立体图

作图过程

① 按上述确定表达方案，并选择比例为 1∶1，图幅为 A3。

② 画底稿。首先画出基准线，如主要的轴线和对称中心线等，将各视图的位置布置好，再按照先主后次的原则，沿着装配干线逐步将壳体、塞子、压盖、填料和螺栓绘制出来，要注意三个视图配合起来作图，如图 9-20 所示。需要注意的是填料并没有给出零件图，要使压盖能压紧填料，压盖和壳体之间应有一定的间隙。

③ 标注尺寸。如规格性能尺寸 $\phi20$，配合尺寸 $\phi36H11/f9$，外形尺寸 110、$\phi90$ 和 126，安装尺寸 $\phi65$ 和 $4\times\phi12$，以及其他重要尺寸等。

④ 编写零部件序号，填写技术要求、明细栏和标题栏。

⑤ 检查、加深、完成全图，如图 9-20 (f) 所示。

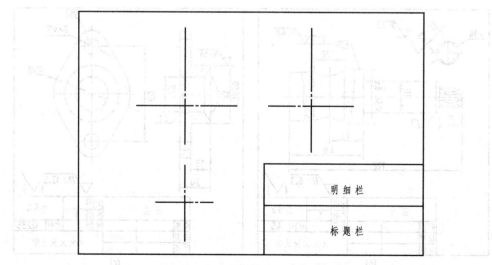

明细栏

标题栏

(a) 布置视图

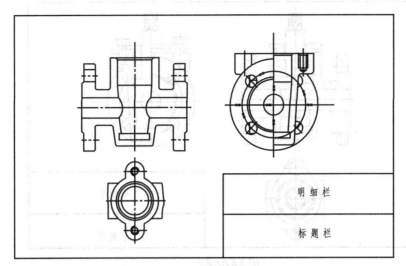

(b) 画壳体

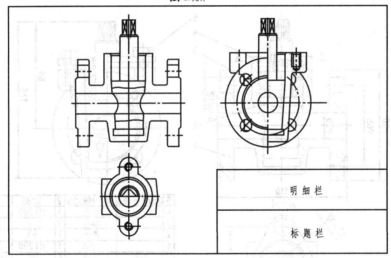

(c) 画塞子

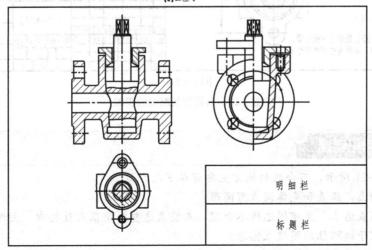

(d) 画填料压盖

图 9-20

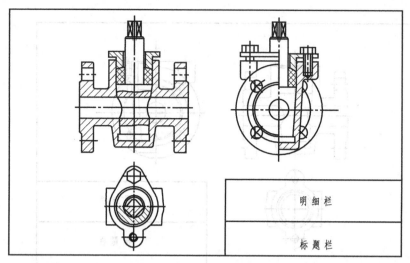

(e) 画填料和螺栓

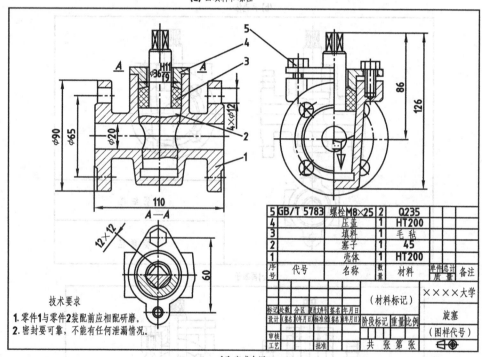

(f) 完成全图

图 9-20　画旋塞装配图的步骤

难点解析与常见错误

　　如图 9-21 所示，不合理的地方主要有以下几方面。

　　在结构上，压盖和壳体间未留间隙。

　　在视图表达上，主视图选择不合理，未能表达整个旋塞大致轮廓，主视图和左视图中压盖被塞子遮挡住的图线未擦除。

　　在尺寸标注上，总长并不是 80，而是 $\phi90$，规格尺寸 $\phi20$ 和安装尺寸 12×12 未标注；明细栏中零件序号排列次序颠倒。

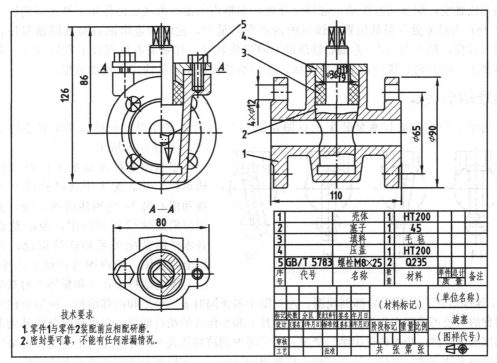

图 9-21　常见错误

表格内容：

1		壳体	1	HT200	
2		塞子	1	45	
3		填料	1	毛毡	
4		压盖	1	HT200	
5	GB/T 5783	螺栓M8×25	2	Q235	

技术要求
1. 零件1与零件2装配前应相配研磨。
2. 密封要可靠，不能有任何泄漏情况。

9.3.1.3　由偏心柱塞泵零件图拼画装配图实例与解析

实例9-3　根据所给条件拼画偏心柱塞泵装配图，如图 9-22 所示。

偏心柱塞泵是应用在液压系统中提供能源的装置，图 9-22 为其装配示意图，当偏心轴 10 转动时，其偏心轴径会带动柱塞 2 上下运动，柱塞 2 上部装入圆盘 3 的孔中，圆盘 3 中有一与柱塞 2 直径相同的孔，圆盘 3 装在泵体中，所以偏心轴 10 旋转时，柱塞 2 不仅上下运动，还随圆盘 3 绕其中心摆动，当偏心轴 10 顺时针运动时，柱塞 2 向下运动，油从进油口被吸入，当偏心轴 10 继续转动时，油从出油口被排出，所以偏心轴 10 每转一圈，完成一次进油和排油。

偏心柱塞泵工作原理图如图 9-23 所示，图 9-23（a）为柱塞处于最高位置，进出油口都被封住，图 9-23（b）为偏心轴顺时针旋转时，柱塞向左倾斜并下降，圆盘内腔空间逐渐增

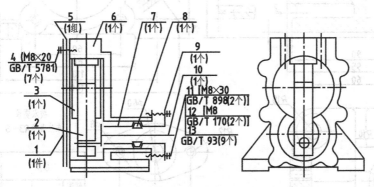

图 9-22　偏心柱塞泵装配示意图

1—侧盖；2—柱塞；3—圆盘；4—螺栓；5—垫片；6—泵体；7—衬套；8—填料；
9—填料压盖；10—偏心轴；11—螺柱；12—螺母；13—垫圈

大而形成真空，圆盘向左摆动，进油口开放，油箱内的油在大气压的作用下被吸进内腔；图
9-23（c）为柱塞处于最低位置，圆盘的内腔空间最大，此时的进出油口都被圆盘封住，完
成吸油过程；图 9-23（d）为偏心轴继续顺时针旋转时，柱塞向右倾斜并上升位置时，对油
进行挤压，圆盘向右摆动，出油口开放，压力油开始输出，从而完成输油过程。

解题分析 ✍️

由图 9-22 的偏心柱塞泵装配示意图和图 9-24 所示的零件图，可看出其主要零件立体
图，如图 9-25 所示。

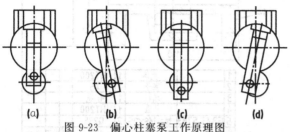

根据偏心柱塞泵的工作原理和结
构形状，其装配主干线是柱塞 2 的轴
线和偏心轴 10 的轴线两条干线，主视
图应沿此轴线作剖视图，为清楚表达
各零件的装配关系和连接情况，宜采
用全剖视图；俯视图可重点表达外形，
但为表达填料压盖 9 和泵体 6 的双头螺

图 9-23　偏心柱塞泵工作原理图

柱 11 连接情况，可采用局部剖视图；左视图中考虑同时表达外形和内部结构，而整个柱塞泵
是对称的，故可采用半剖视图，剖切面为垫片 5 和泵体 6 的结合面处，在半剖部分的基础上采
用局部剖视以进一步表达进出油口情况；最后考虑到填料压盖 9 的外形轮廓不清楚，可采用局
部视图的表达方法。这样，就可把偏心柱塞泵的结构、工作原理和装配关系等表达清楚。

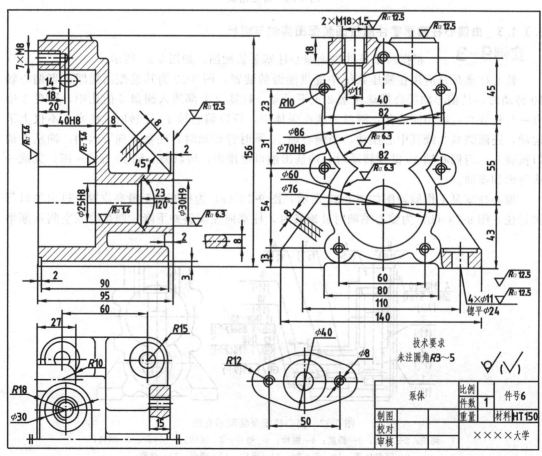

(a)

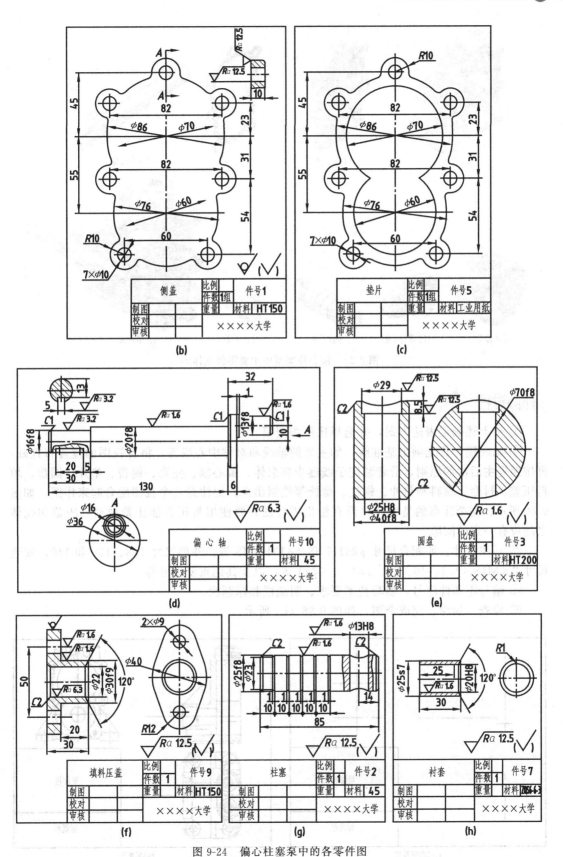

图 9-24　偏心柱塞泵中的各零件图

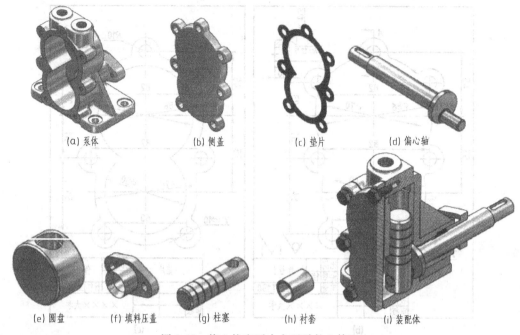

(a) 泵体　　　　(b) 侧盖　　　　(c) 垫片　　　　(d) 偏心轴

(e) 圆盘　　(f) 填料压盖　　(g) 柱塞　　(h) 衬套　　(i) 装配体

图 9-25　偏心柱塞泵中主要零件立体图

作图过程 ✎

① 按上述确定表达方案，并选择比例和图幅。

② 画底稿。首先画出基准线，如主要的轴线和对称中心线等，将各视图的位置布置好，再按照先主后次的原则，沿着装配于线逐步将泵体、偏心轴、柱塞、侧盖、垫片、圆盘、填料压盖、衬套、填料和垫片、螺柱、螺栓等绘制出来，要注意三个视图配合起来作图，如图 9-26 所示。需要注意的是填料并没有给出零件图，要使填料压盖能压紧填料，压盖和壳体之间应有一定的间隙。

③ 标注尺寸。如配合尺寸 $\phi 25H8/f8$、$\phi 13H8/f8$ 等，外形尺寸 188、156 和 140，安装尺寸 $2\times M18\times 1.5$、40、60、110、$4\times \phi 11$ 等，以及其他重要尺寸等。

④ 编写零部件序号，填写技术要求、明细栏和标题栏。

⑤ 检查、加深、完成全图，如图 9-26 (i) 所示。

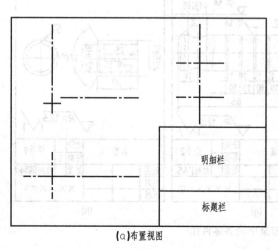

(a)布置视图

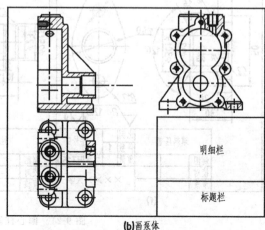

(b)画泵体

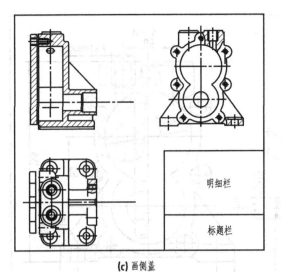

(c) 画侧盖

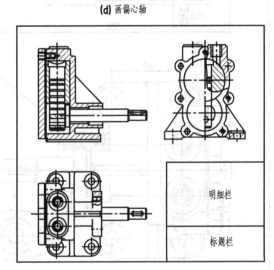

(d) 画偏心轴

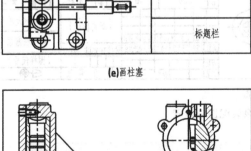

(e)画柱塞

(f)画圆盘

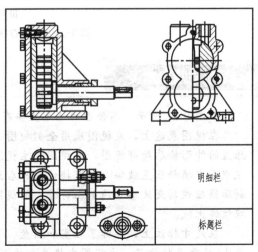

(g)画垫片、衬套、填料和填料压盖

(h)补全剩余零件和视图

图 9-26

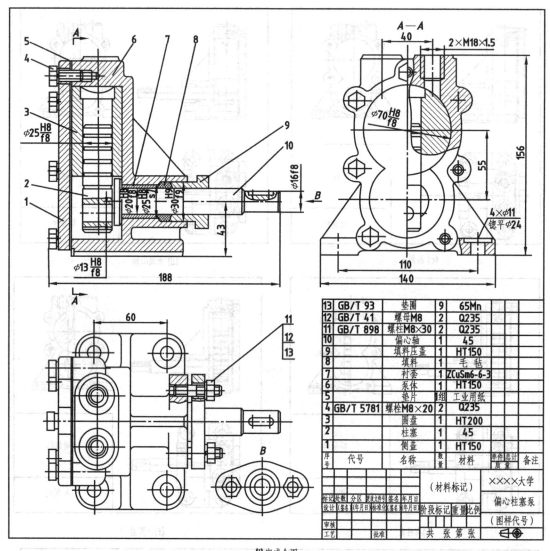

(i) 完成全图

图 9-26　画偏心柱塞泵装配图的步骤

难点解析与常见错误

　　如图 9-27 所示，不合理的地方主要有以下几方面。

　　在视图表达上，左视图采用全剖视图，侧板的外形轮廓未表达清楚，缺少表达填料压盖的外形轮廓局部视图，左视图和主视图中的泵体和圆盘各自的剖面线未对应一致，主视图中填料压盖被偏心轴遮挡住的孔后线未擦除，填料为非金属材料，其主视图中的剖面线应该用交叉形式的剖面符号，俯视图中的螺柱剖开后缺少非旋入端的螺纹小径和螺纹终止线。

　　在尺寸标注上，漏标了柱塞和圆盘、圆盘和泵体之间的配合尺寸；零件序号中的序号 13 被重复标注了，主视图中垫片 5 被剖开后剖面区域内涂黑，这时序号 5 的指引线末端应该用箭头。

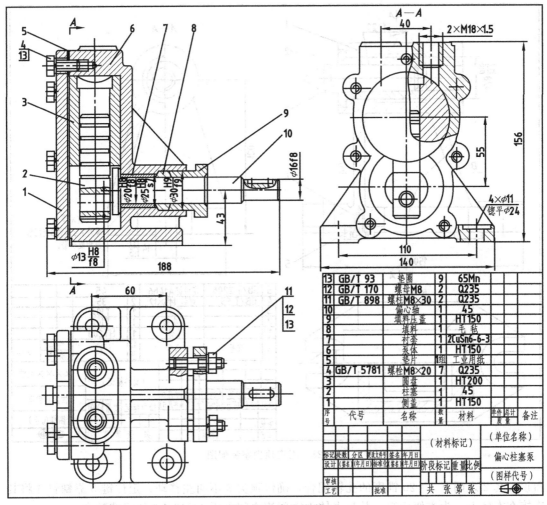

图 9-27 常见错误

9.3.2 读装配图和由装配图拆画零件图

9.3.2.1 读固定顶尖座装配图实例与解析

实例9-4 读固定顶尖座装配图，并拆画本体1的零件图，如图9-28所示。

解题分析

由图9-28所示的装配图中可看出装配体名称为"固定顶尖座"，大致用途是与活动顶尖座相配合共同支承被检验工件，由定位键5与检验工作台定位，靠工作台上的T形槽与螺钉把顶尖座固定住。

从明细表和图上的零件编号中可看出，该固定顶尖座由5种共7个零件组成，其中标准件有两种。

图中共用了3个视图：主视图为局部剖视图，表达了装配主干线（本体1上方 $\phi28$ 孔的轴线）、工作原理及相邻零件间的配合和连接关系，未剖部分表达了本体1底部的外形；左视图和俯视图均采用半剖视图，同时表达本体1的外部形状和内部结构。本体1和顶尖套2之间采用 $\phi28H7/m6$ 的过渡配合，而且用孔肩和轴肩结构防止顶尖套2向左侧移动；顶尖3

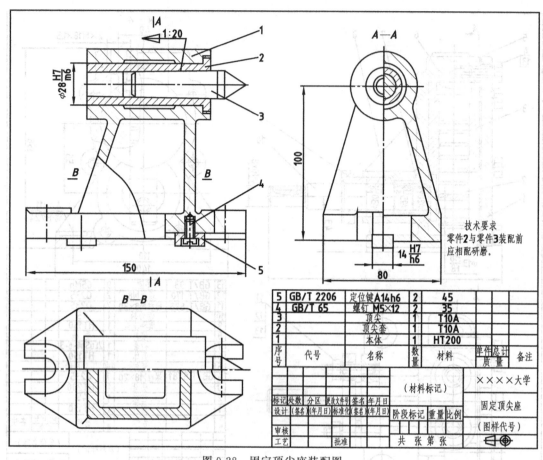

图 9-28　固定顶尖座装配图

和顶尖套 2 之间有 1∶20 锥度的孔轴配合，确保顶尖 3 不向左移动；定位键 5 靠螺钉 4 将其连接在本体上，为方便拆卸，其与本体 1 底部槽之间采用 14H7/h6 的间隙配合。

图中尺寸 φ28H7/m6 和 14H7/h6 属于配合形式的装配尺寸，100 属于装配时保证顶尖 3 轴线相对本体底部位置要求的装配尺寸，150 和 80 属于总体外形尺寸，锥度 1∶20 属于其他重要的尺寸。

固定顶尖座的拆卸顺序为：4→5→2→3→1。

从图中可看出固定顶尖座的主要零件立体图如图 9-29 所示。其中本体 1 的拆画步骤为：首先根据零件序号、装配关系、投影关系、剖面线的方向和间隔等将本体 1 分离出来，如图

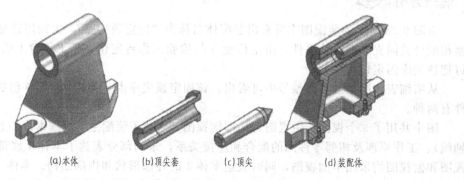

(a)本体　　(b)顶尖套　　(c)顶尖　　(d)装配体

图 9-29　固定顶尖座中主要零件立体图

9-30（a）所示；接着补画所缺的图线，如图 9-30（b）所示；所确定的表达方案与原装配图基本一致，最后进行尺寸标注、技术要求填写以及标题栏的填写，完成的零件图如图 9-30（c）所示。

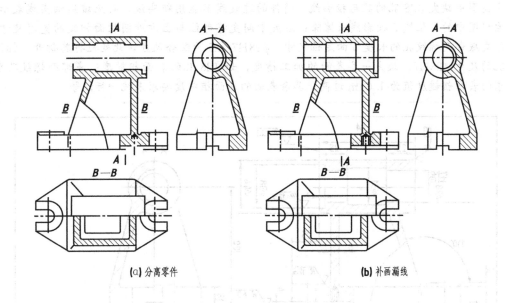

(a) 分离零件 　　　　　　　　(b) 补画漏线

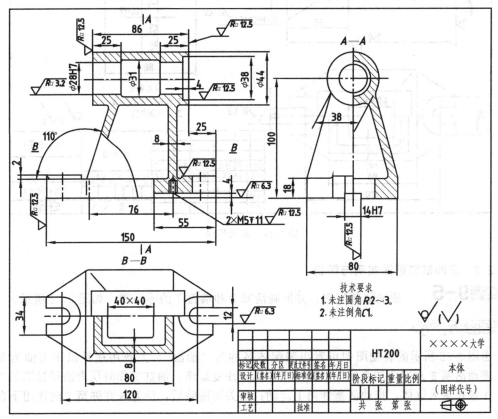

(c) 最后的本体零件图

图 9-30　拆画本体零件图

难点解析与常见错误

　　如图 9-31 所示，常见的错误地方主要有：俯视图为半剖，但其剖切位置未加标注；主视图中缺失 φ28 孔的孔后投影线，铸件的过渡线不能用粗实线表示，而应该用细实线表示；左视图中的定位键 5 投影线未擦除；缺失中间支撑部位与上方外圆柱面相交的宽度尺寸，缺失底部两螺纹孔的长度方向定位尺寸；φ28H7/m6 为配合尺寸，此处应将其拆开，标注孔的尺寸 φ28H7；缺失一些表面的加工精度，如 φ28 孔的表面粗糙度；底部两螺纹孔要求的表面粗糙度值为 1.6μm 过高；其余表面的表面粗糙度要求未统一标注等。

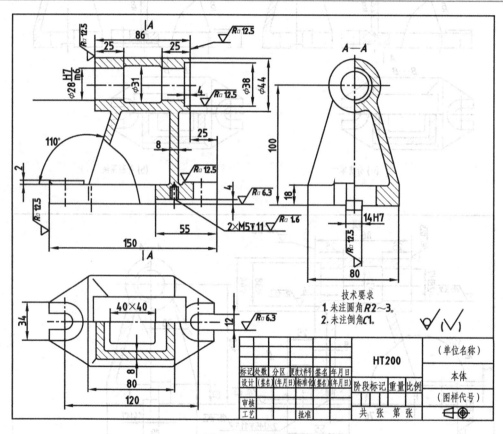

图 9-31　常见错误

9.3.2.2　读油缸装配图实例与解析

实例9-5　　读油缸装配图，并拆画活塞 3 和端盖 7 的零件图，如图 9-32 所示。

解题分析

　　由图 9-32 所示的装配图中可看出装配体名称为"油缸"，大致用途是以压力油为动力源，推动活塞 3 并带动与之相连的其他工作机械往复运动。油缸工作时压力油经过端盖 7 中 Rp1/4 螺孔进入缸体，推动活塞 3 向上运动；当关闭油路后，活塞 3 在弹簧 2 的作用下自动复位。

　　从明细表和图上的零件编号中可看出，该油缸由 7 种共 12 个零件组成，其中标准件有 1 种。

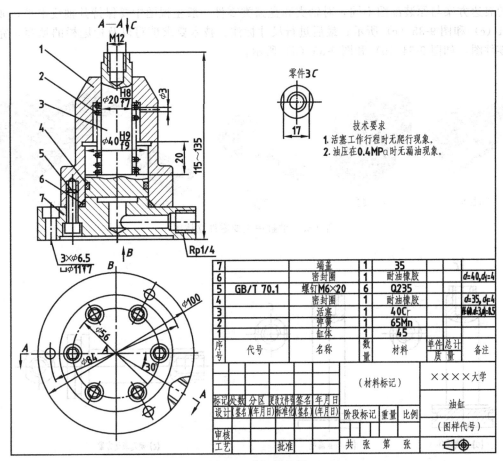

图 9-32　油缸装配图

7		端盖	1	35		
6		密封圈	1	耐油橡胶		d=40,d₁=4
5	GB/T 70.1	螺钉M6×20	6	Q235		
4		密封圈	1	耐油橡胶		d=35, d₁=4
3		活塞	1	40Cr		d₁=34,L=15
2		弹簧	1	65Mn		
1		缸体	1	45		
序号	代号	名称	数量	材料	单件 总计 质量	备注

标记 处数 分区	更改文件号	签名 年月日		（材料标记）		××××大学	
设计（签名）（年月日）	标准化（签名）（年月日）		阶段标记	重量	比例	油缸	
审核						（图样代号）	
工艺	批准		共 张 第 张				

图中共用 3 个视图：主视图采用两个相交的平面剖切后得到的全剖视图 A—A，用于表达工作原理和零件间的配合和连接关系，并在全剖基础上采用一个局部剖视表达活塞中的螺纹孔以及密封圈 4 与活塞间的连接关系；B 视图为带有局部剖视的向视图，用于表达端盖 7 的结构形状和螺钉 5 的分布情况；采用 C 向局部视图单独表达活塞 3 的端部结构。为使活塞 3 能顺畅做直线运动，它与缸体 1 之间的尺寸 $\phi20H8/f7$ 和 $\phi40H9/f9$ 均为基孔制的间隙配合，属于装配尺寸，并采用密封圈 4 进行密封，防止漏油；为使活塞向上运动时阻力不致过大，在缸体上开有 $\phi3$ 的小孔，使内部空腔与外界相连通。

图中尺寸 $\phi20H8/f7$ 和 $\phi40H9/f9$ 属于配合形式的装配尺寸；20 为活塞上下运动的极限距离，属于性能规格尺寸；115～135 为外形尺寸或规格尺寸；$\phi100$ 为外形尺寸。尺寸 M12 和 Rp1/4 决定了与油缸相连零件中螺纹的规格，属安装尺寸，尺寸 $3\times\phi6.5$ 和 $\phi100$ 是油缸安装到基础或其他部件上时所需的尺寸，也属于安装尺寸；剩下的尺寸均为其他一些重要的尺寸。

油缸中零件的拆卸顺序为：5→1→2→3→4→6→7。

在技术要求中指出活塞工作时应无爬行现象，并在油压为 0.4MPa 时无漏油现象，这既是对装配精度的要求，又是对装配后检验油缸整体性能提出的条件和要求，必须满足。

油缸的主要零件立体图如图 9-33 所示。其中活塞 3 和端盖 7 的拆画步骤为：首先根据零件序号、装配关系、投影关系、剖面线的方向和间隔等将所拆零件分离出来，如图 9-34 （a）和图 9-35 （a）所示；接着补画所缺的图线，如图 9-34 （b）和图 9-35 （b）所示；所确定的表达方案与原装配图不同，对轴类和盘盖类零件一般主视图中要保持其轴线水平，如图9-34（c）和图9-35（c）所示；最后进行尺寸标注、技术要求填写以及标题栏的填写，完成的零件图，如图9-34（d）和图9-35（d）所示。

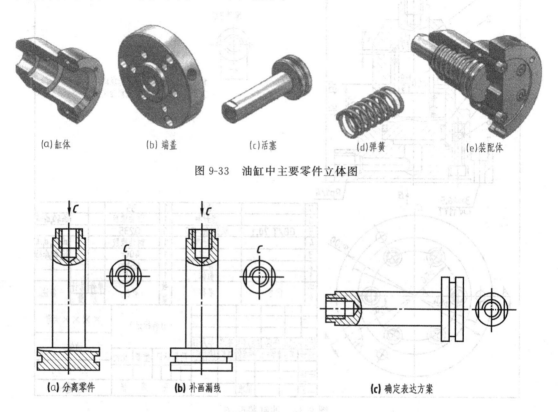

(a)缸体　　　　(b)端盖　　　　(c)活塞　　　　(d)弹簧　　　　(e)装配体

图9-33　油缸中主要零件立体图

(a) 分离零件　　　　(b) 补画漏线　　　　(c) 确定表达方案

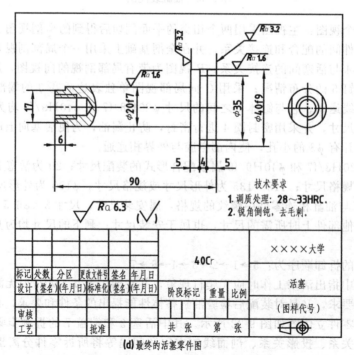

技术要求
1. 调质处理：28～33HRC.
2. 锐角倒钝，去毛刺.

标记	处数	分区	更改文件号	签名	年月日	40Cr		××××大学
设计	(签名)	(年月日)	标准化	(签名)	(年月日)	阶段标记	重量	比例	活塞
审核								
工艺			批准			共　张　第　张		(图样代号)

(d)最终的活塞零件图

图9-34　拆画活塞零件图

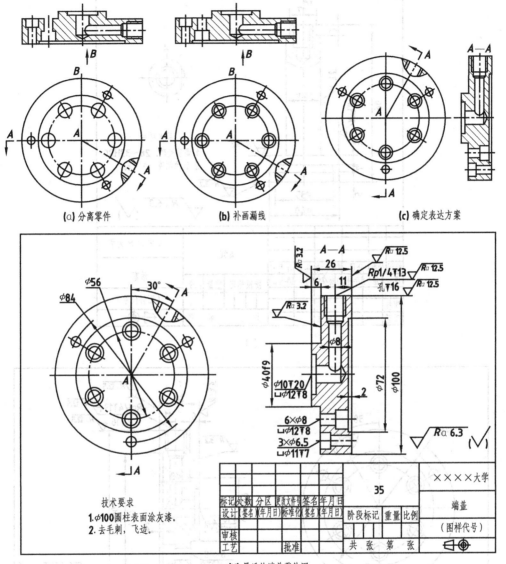

(a) 分离零件　　　(b) 补画漏线　　　(c) 确定表达方案

(d) 最后的端盖零件图

图 9-35　拆画端盖零件图

难点解析与常见错误

常见的错误主要有：图 9-36（a）的活塞零件图中，主视图选择不合理，应选择活塞的加工位置，即轴线应水平放置，图中的 $\phi 20$ 和 $\phi 40$ 均未把装配图中的公差带代号继承下来；图 9-36（b）的端盖零件图中，用两个相交平面剖切的位置符号未标注，4×$\phi 8$ 孔中少孔后线，且其定位尺寸未标注，管螺纹孔 Rp1/4 的长度方向定位尺寸未标，$\phi 40H9$ 为孔的尺寸，而此处为轴，因此将装配图尺寸 $\phi 40H9/f9$ 拆开后，应选择 $\phi 40f9$。

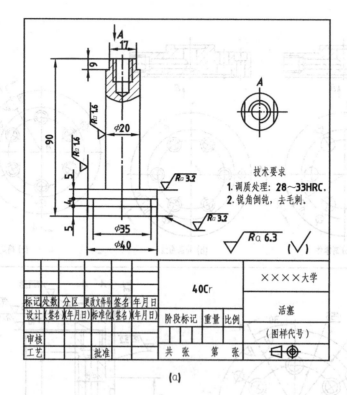

(a)

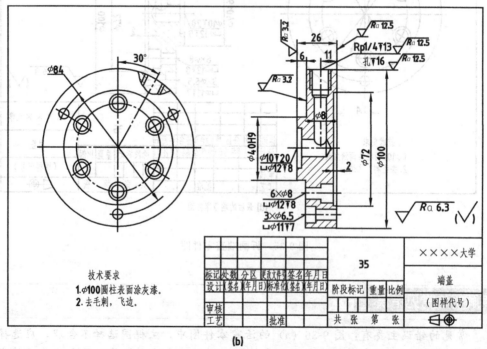

(b)

图 9-36 常见错误

9.3.2.3 读手压阀装配图实例与解析

实例9-6 读手压阀装配图，并拆画手柄 3 和阀体 8 的零件图，如图 9-37 所示。

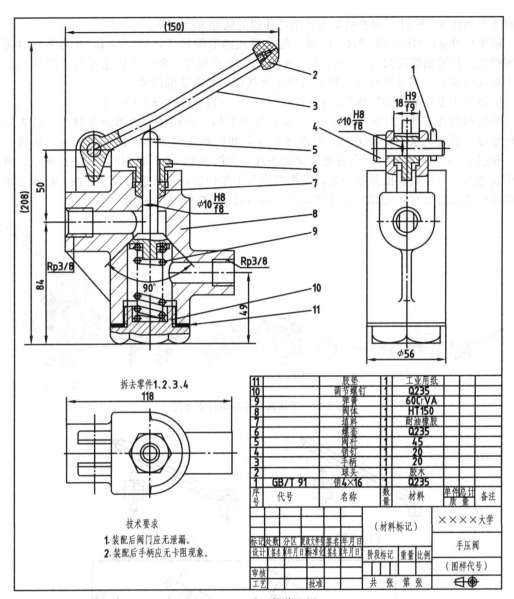

图 9-37　手压阀装配图

解题分析

由图 9-37 所示的装配图中可看出装配体名称为"手压阀"，大致用途是以手动方式控制管道的开和闭。按下手柄 3，使阀杆 5 下移，从而打开阀门。松开手柄 3，阀杆 5 在弹簧 9 的作用下，自动复位，将阀门关闭。

从明细表和图上的零件编号中可看出，该油缸由 11 种共 11 个零件组成，其中标准件有 1 种。

图中共用 3 个视图：主视图采用局部剖视图，表达了工作原理和大部分零件间的配合和连接关系，用了局部视图表达阀杆 5 和弹簧 9 之间的连接情况，为表达调节螺钉的端部，也使用了局部剖视；左视图主体上是局部视图，因为球头 2 和手柄 3 上部在主视图中已表达，而为了表达清楚销钉 4 和阀体 8、手柄 3 之间的配合情况，采用了局部剖视图；俯视图中采用拆卸画法，重点表达外形结构。为使手压阀在工作过程中无卡阻现象，阀杆 5 和阀体 8、销钉4和阀体8、销钉4和手柄3均采用基孔制的间隙配合方式。

图中尺寸ϕ10H8/8和18H9/f9属于配合形式的装配尺寸，50、84和49为装配时需保证零件之间位置的装配尺寸，208、150和ϕ56为外形尺寸；Rp3/8决定了与手压阀相连零件中螺纹的规格，属安装尺寸；剩下的尺寸为其他一些重要的尺寸。

手压阀中零件的拆卸顺序为：1→4→2→3→10→11→9→6→5→7→8。

手压阀的各零件立体图如图9-38所示。其中手柄3和阀体8的拆画步骤为：首先根据零件序号、装配关系、投影关系、剖面线的方向和间隔等将所拆零件分离出来，如图9-39（a）和图9-40（a）所示；接着补画所缺的图线，如图9-39（b）和图9-40（b）所示；所确定的表达方案与原装配图基本一致，主视图为其工作位置；最后进行尺寸标注、技术要求填写以及标题栏的填写，完成的零件图如图9-39（c）和图9-40（c）所示。

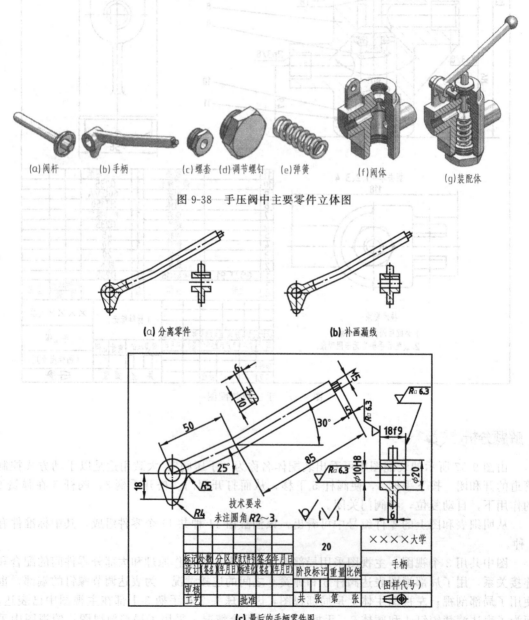

(a)阀杆　(b)手柄　(c)螺套　(d)调节螺钉　(e)弹簧　(f)阀体　(g)装配体

图9-38　手压阀中主要零件立体图

(a)分离零件　　　　(b)补画漏线

(c)最后的手柄零件图

图9-39　拆画手柄零件图

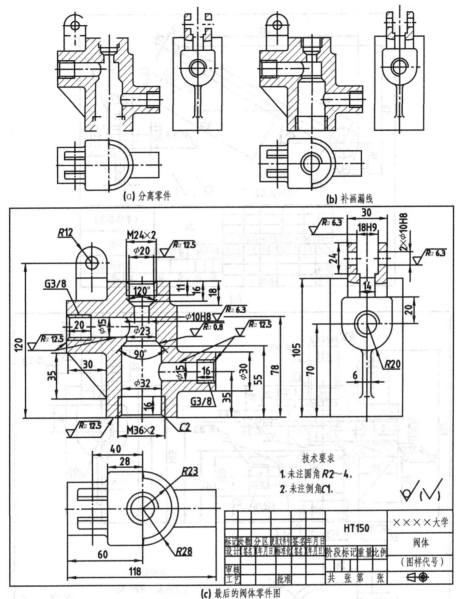

(a) 分离零件　　　(b) 补画漏线

(c) 最后的阀体零件图

图 9-40　拆画阀体零件图

难点解析与常见错误

　　常见的错误主要有：图 9-41 (a) 的手柄零件图中，缺少表达右上方长柄断面的视图，右上部为倾斜的。不宜标注总长和总高尺寸，φ10H8/f8 在所拆的手柄零件图中应取孔的公差带代号 H8。图 9-41 (b) 的阀体零件图主视图中 M36×2 螺纹处的剖面线未画到粗实线小径处，M24×2 螺纹孔的螺纹终止线未画出，主视图和左视图的剖面符号不一致，左视图中肋板和圆柱的过渡线应画成细实线，俯视图中缺少 M24×2 螺纹孔的大径，不宜标注总高，左端管螺纹 G3/8 标注应直接从其大径用引出线形式标注，统一标注的表面粗糙度不应是 Ra25μm，而是铸件未去除材料的精度，标题栏中的材料代号 HT200 与装配图中的材料代号不对应等。

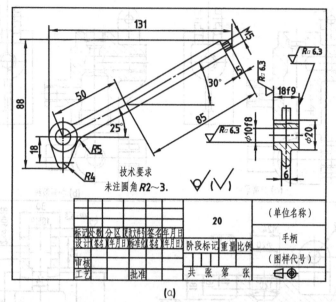

(a)

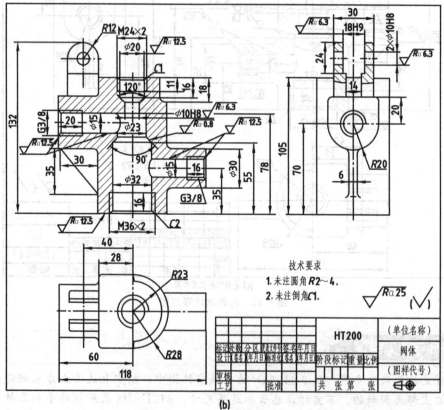

(b)

图 9-41　常见错误

[1] GB/T 16675.1—2012 技术制图 简化表示法 第1部分：图样画法.

[2] GB/T 16675.2—2012 技术制图 简化表示法 第2部分：尺寸注法.

[3] GB/T 4459.2—2003 机械制图 齿轮表示法.

[4] GB/T 4459.5—1999/ISO 6411：1982 机械制图 中心孔表示法.

[5] GB/T 4656—2008/ISO 5261：1995 技术制图 棒料、型材及其断面的简化表示法.

[6] GB/T 24741.1—2009/ISO 5845-1：1995 技术制图 紧固组合的简化表示法 第1部分：一般原则.

[7] GB/T 4459.1—1995 机械制图 螺纹及螺纹紧固件表示法.

[8] GB/T 131—2006/ISO 1302 产品几何技术规范（GPS）技术产品文件中表面结构的表示法.

[9] GB/T 1182—2008/ISO 1101：2004 产品几何技术规范（GPS）几何公差 形状、方向、位置和跳动公差标注.

[10] GB/T 4459.3—2000/ISO 6413：1988 机械制图 花键表示法.

[11] GB/T 4459.7—1998/ISO 8826-1：1989/ISO 8826-2：1994 机械制图 滚动轴承表示法.

[12] GB/T 271—2008 滚动轴承 分类.

[13] GB/T 272—93 滚动轴承 代号方法.

[14] GB/T 4459.4—2003 机械制图 弹簧表示法.

[15] GB/T 6567.5—2008 技术制图 管路系统的图形符号 管路、管件和阀门等图形符号的轴测图画法.

[16] GB/T 6567.3—2008 技术制图 管路系统的图形符号 管件.

[17] GB/T 6567.1—2008 技术制图 管路系统的图形符号 基本原则.

[18] GB/T 6567.4—2008 技术制图 管路系统的图形符号 阀门和控制元件.

[19] GB/T 6567.2—2008 技术制图 管路系统的图形符号 管路.

[20] 李学京. 机械制图国家标准应用图例. 北京：中国标准出版社，2008.

[21] 李学京. 机械制图国家标准应用指南. 北京：中国标准出版社，2008.

[22] 冯仁余，张丽杰. 机械制图简化画法及应用图例. 北京：化学工业出版社，2015.

[23] 孙开元，李长娜. 机械制图新标准解读及画法示例. 第3版. 北京：化学工业出版社，2013.

[24] [美] Neil Sclater，Nicholas P. Chironis. 机械设计实用机构与装置图册. 邹平译. 北京：机械工业出版社，2011.

[25] 陈光明，贾珂，范海蓉，彭朝勇. 航空装备中常用机构与零部件应用分析. 北京：国防工业出版社，2011.

[26] [日] 小栗富士雄，小栗. 机械设计禁忌手册. 北京：机械工业出版社，1990.

[27] [日] 藤森洋三. 机构设计实用构思图册. 贺相译. 北京：机械工业出版社，1990.

[28] 王帆，曾昭僖. 中外机械图样简化应用图册. 北京：机械工业出版社，1988.

[29] 成大先主编. 机械设计手册. 第5版. 机构. 北京：化学工业出版社，2010.

[30] 杨振宽. 机械产品设计常用标准手册. 北京：中国标准出版社，2010.

[31] 孙兰风，梁艳书. 工程制图. 第2版. 北京：高等教育出版社，2010.

[32] 王建华，毕万全. 机械制图与计算机绘图. 北京：国防工业出版社，2009.

[33] 高雪强. 机械制图. 北京：机械工业出版社，2009.

[34] 董祥国. 现代工程制图. 南京：南京大学出版社，2003.

[35] 高俊亭，毕乃全. 工程制图. 第2版. 北京：高等教育出版社，2003.

[36] 焦永和. 机械制图. 北京：北京理工大学出版社，2003.

[37] 陈锦昌，刘就女，刘林. 计算机工程制图. 第2版. 广州：华南理工大学出版社，2003.

[38] 谭建荣，张树有，陆国栋等. 图学基础教程. 北京：高等教育出版社，1999.

[39] 左宗义，冯开平. 工程制图，广州：华南理工大学出版社，2002.

[40] 王兰美. 机械制图. 北京：高等教育出版社，2004.

[41] 朱福煦，何斌. 建筑制图. 北京：高等教育出版社，1996.

[42] 齐玉来. 机械制图（非机类）. 天津：天津大学出版社，2004.

[43] 王桂梅. 土木工程图读绘基础. 北京：高等教育出版社，1999.

[44] 裘文言，张祖继. 机械制图. 北京：高等教育出版社，2003.

[45] 何铭新，钱玎强. 机械制图. 北京：高等教育出版社，1997.

[46] 大连理工大学工程画教研室. 画法几何学. 第6版. 北京：高等教育出版社，2007.

[47] 大连理工大学工程画教研室. 机械制图. 北京：高等教育出版社，2007.

[48] 贺匡国. 化工容器及设备简明设计手册. 北京：化学工业出版社，2000.

[49] 赵大兴，李天宝. 现代工程图学教程. 武汉：湖北科学技术出版社，2002.

[50]　王成刚，张佑林，赵奇平．工程图学简明教程．武汉：武汉理工大学出版社，2003．

[51]　丁红宇．制图标准手册．北京：中国标准出版社，2003．

[52]　王健石．工业常用紧固件优选手册．北京：中国标准出版社，2002．

[53]　杨东拜．机械CAD制图与标准应用．北京：中国标准出版社，1999．

[54]　王槐德．机械制图新旧标准代换教程，北京：中国标准出版社，2004．